西安石油大学优秀学术著作出版基金资助

安全信息学概论

罗通元　著

中国石化出版社

图书在版编目(CIP)数据

安全信息学概论/罗通元著.—北京:中国石化出版社,2020.11

ISBN 978-7-5114-6002-8

Ⅰ.①安… Ⅱ.①罗… Ⅲ.①安全信息论 Ⅳ.①X913.2

中国版本图书馆CIP数据核字(2020)第193674号

中国石化出版社出版发行

地址:北京市东城区安定门外大街58号

邮编:100011 电话:(010)57512500

发行部电话:(010)57512575

http://www.sinopec-press.com

E-mail:press@sinopec.com

北京柏力行彩印有限公司印刷

全国各地新华书店经销

*

710×1000毫米16开本13.5印张246千字

2021年6月第1版 2021年6月第1次印刷

定价:64.00元

前　　言

21世纪是高度信息化的时代，人类社会已经处在了海量信息的包围中。信息的广泛快速传播，意味着科学技术的迅速发展和社会文化的急剧更迭。信息不仅能带来财富也裹挟着灾祸。人类在利用信息创造物质财富的同时，也必须考虑这把“达摩克利斯之剑”带来的事故代价，如何杜绝信息带来的事故灾难成为人类社会发展中的一个亟待解决的问题。随着社会信息化程度的加深，安全科学学科内容还需要不断丰富。安全科学作为综合科学的典型，其学科体系尚不完善，信息价值的安全认知尚未形成，安全信息的基础和理论体系十分薄弱。如何让信息为人类带来安全感，也是安全科学面临的一个重要问题。安全科学的研究对象需要简化的信息，安全科学是以人为本的信息科学。预防事故的核心是对人行为的信息管理，研究人的认知与行为就是安全科学的核心，这个核心也包括了对信息的认知。

除了研究人因外，物质和能量也一直是安全科学研究者多年来十分关注的研究对象。因此，有关物质和能量的安全研究成果也逐渐趋于成熟。物质和能量对人造成的直接伤害是生理伤害，进而会演变成为心理的创伤。以前人们对物质关注得较多，物质的不安全状态往往被认为是造成事故的直接原因之一，但是，仅仅关注物质显然不利于安全科学的发展。之后的能量理论学说也红极一时，但是细细想来，物质和能量都可以被统一概括为“信息”一词。

随着人类社会进入信息时代，信息愈发无处不在，信息的作用也日益重要，信息传播和认知等过程带来的负面效应或事故灾难与日俱增，人们对信息引发的事故灾难的关注度不断提升。其实，从信息着手，可以把生产安全、社会安全、自然灾害、公共卫生等灾难问题都联系起来，比关注物质和能量产生的事故灾难更具有普适性和全面性，而且可以解释传统理论不能解释的许多新的事故灾难发生机理。因此，基于信息来开展安全科学研究，可以构建更加庞大的安全科学理论新体系，从信息入手，可以使安全科学研究更加广泛，更能关联一切，更能解释一切，而且更加符合现代信息社会的发展需求。

随着社会信息化程度和智能化程度的提升，基于信息要素的安全科学理论研究和应用必将越来越重要。例如，复杂系统中发生安全事故的原因，如果从信息视域去考察，大都是由于人对信息的认知缺陷或是信息不对称所造成的，信息的缺失、失真或错位必然导致事故的发生，而拥有对信息不敏感、不在意和不重视的思想很有可能导致事故的复发。从信息不对称和安全信息认知的角度去研究复杂系统安全问题和建立事故致因模型，更能够体现系统安全的本质关联和机理，更有利于构建符合社会需求的复杂安全系统。

安全科学的学科创建是一项复杂的系统工程。安全信息是安全科学基础理论的重要研究内容，随着安全技术系统和事故类型复杂程度的提高，系统事故的严重性和可能性都受到各类信息因素的影响。鉴于此，笔者依据信息传播和认知理论，深入研讨安全信息的原理与方法，从安全科学的角度尝试建立安全信息学，并通过构建安全信息模型和信息风险评价方法来论证其可行性与科学性。站在安全科学上游理论的角度创建安全信息学，也进一步填充和完善了安全科学的分支学科，具有奠基性作用。

作者曾在吴超课题组进行三年的科研工作，一直致力于安全学科分支的理论构建研究，取得了一些成果。本书的撰写分为基础理论和实践分析两部分，理论部分还显得不够成熟完善，尚需后人在此书的基础上进行完善和修订。实践部分也需要进一步验证理论成果的有效性。作者愿与同领域研究人员一起为安全信息学理论的充实而不断努力。有关安全信息学的研究内容非常丰富，建立相对独立的知识体系也是时代所需。安全信息学的进一步夯实和推广将对安全科学的发展起到积极的促进作用。

本书引用了吴超、黄浪、王秉和贾楠等学者的部分研究文献，在此表示感谢。此外，感谢赵雪珊对本书进行校对和统稿。衷心感谢本书所引用参考资料的各位作者。本书的研究和出版得到西安石油大学新进青年博士教学科研能力助推计划(0103—134010025)的资助，特此说明。感谢本书责任编辑及相关人员在出版过程中所付出的辛勤劳动。

由于作者学术水平有限，书中难免有疏漏和不足之处，恳请读者批评指正。

目　　录

第1章　安全信息学绪论

1.1　安全信息学的创建背景

1.1.1　安全信息现状

1）国外现状

谈起安全信息学的研究现状，就有必要站在全球化的维度来审视该学科建设。从高屋建瓴的角度来提出科学问题，可知信息存在于世界万事万物中，无论从客观的人、物和环境还是主观的精神现象、心理活动和意识形态层面，均为人类提供了浩瀚的信息。正如美国数学家C. E. 香农所言“信息就是能够用来消除不确定性的东西”，从认知主体也就是人的角度说明了人可以通过对信息的掌握来了解客观对象，从安全科学角度来讲就是消除了由于信息缺失导致的误会、错误、事故甚至灾难。安全与信息的联合研究在国外已有开展，信息安全研究较为深入，它是一种建立在以密码论为基础的计算机安全领域的研究。信息及信息学相关研究在计算机和经济学领域比较热门，国外许多文献就是侧重于这两方面的研究，但是这些安全信息学的研究从属于不同分支领域，因而不具有借鉴价值。总体来看，安全信息学的研究在国外尚处于空白阶段，但是与安全信息相关的研究主要集中在以下两个方向。

(1)安全认知模型。

这是安全信息学研究的重点内容之一，近几年的国外文献中对安全认知相关的研究集中在生产生活的各个方面。关于认知的研究绝大部分都属于心理学范畴，还有些经济学和食品学领域的，而与安全科学结合的文献量并不多。检索近几年与安全认知模型相关并且引用率较高的外文文献后发现，其研究的热点侧重于解决实际问题，并非基础理论性的研究，诸如：通过三种社会机制——真实互动、精神发展和组织声音感知，探讨心理安全在塑造心理授权四种认知(意义、能力、自决、影响)中的间接作用，并揭示安全感知的主要因素包括真诚、个人发展和感知声音，它们是作为中介调节心理安全与行为授权的；通过分析因心理因素和执行或感知错误的异质性对事故数量及其分布的影响，并对司机的驾驶不确定性、预期的时间和反应时间进行分析，进而制定出特定的心理认知模型。行为心理学的加速建模为风险环境中驾驶员认知和安全参数的校准、确认和探索提供了更好措施，尤其是在极端的条件下。建筑事故因果关系模型可导致忽略工作实践和团队合作的作用，因此基于心理认知视角构建了一个新的建筑安全模型。该模型解释了生产(团队)实践如何产生工人面临的工作问题(任务要求)，并影响工人的能力。通过建立多维度驾驶安全模型，表明认知和视觉能力决定驾驶安全行为，空间处理与存储能力和视野的下降与年龄增长负相关。人的表现模型作为一种计算机辅助工作分析软件方法，用于预测复杂的人的自动化集成和系统流模式，可以提高操作员的安全意识和系统的安全性，并且在评估复杂的人类自动化集成的研究时重点研究人为错误，认知和物理方面的性能对职业安全的重要性也是该模型研究的重点内容。通过管理睡眠相关问卷调查分析，提出与睡眠相关的安全行为(失眠和抑郁症)是由睡眠认知行为模式决定的，抑郁症可以被视为失眠行为的外在变现形式。通过建立复杂系统事故响应的动态认知概率模型，利用该模型来预测核电厂控制室操作人员在事故条件下做出的响应。这些响应包括事故过程中的认知、情绪和身体活动等。该模型以表格的形式，逻辑关系或数学关系的形式计算出决策者、行动接受者和顾问等对复杂系统事故响应的行为认知概率，提出了一种计算认知建模方法来理解和设计一个移动众包系统以改善校园安全报告。根据公路设计标准和驾驶员无意识认知之间的差异，以公路环境与人为因素之间的关系进行深入研究，模拟识别出驾驶员在不同道路环境下的认知差异，根据驾驶模拟器采集到的数据，发现道路安全设施与安全程度之间呈正相关关联等。

(2) 安全信息行为。

近几年与安全信息行为相关研究较多，诸如：通过应急、疏散和安全信息的发出对在工厂车间里参观的游客反应的有效性进行了研究；在线交流可能是一种安全行为，高社交焦虑者(某人)因为它能通过在线交流避免危及社会的情况出现。网上传播的一些方法可能被视为比其他人更好地隐藏自我和控制消息，但是人们的安全感也可能会受网上社交的方式影响；消费者与产品销售者在消费者安全认知与安全行为，对社会、企业、政府安全政策的认同，对安全资讯的要求上并无显著差异。销售商和消费者有高的安全意识水平得益于政府的安全政策，消费者更倾向于根据安全事故频发的经验寻找安全信息并尝试解决安全问题，消费者和销售者的高消费主义、频繁的安全事故、高安全风险的尝试以及安全意识的提高都倾向于要求更多的安全信息。此外，消费者安全信息应该是政府提供的帮助消费者快速准确地降低风险和提高安全意识，根据这些信息就能具有安全信息的行为能力；消费者在安全信息的搜索、访问和信息可靠度中，通过电视和其他媒体的可获得性很高，而通过教育(研讨会、讲座、实践和活动)的可访问性低，信息搜索及其可靠性和月收入对消费者安全行为有显著影响；安全行为在维持非理性恐惧中起着关键作用。人的焦虑状况受到客观危险信息和安全行为信息的影响。同时，非临床控制主要受客观危险因素影响，而不受安全行为信息影响。因此，根据安全行为推断危险的倾向可能在焦虑症的发生和维持中起作用。尼日利亚的矿工们没有被提供足够的安全信息以尽量减少与采矿有关的事故和疾病，因此着眼于这些矿工的信息行为，以计划行为理论为指导，使用问卷调查法对矿工进行信息收集，虽然大多数人认为来自同事的安全信息更可靠，但是寻求安全信息时却更多地依靠自己的努力；揭示信息失效对日本福岛核电站灾难的影响规律，指出根深蒂固的安全承诺(核安全神话)在核电站受到海啸威胁后使得人的安全行为标准下降，同时给人带来屏蔽有效信息行为，这就是导致灾难性信息失效的主要因素。从事某些高频率接触娱乐活动(如游泳、钓鱼、冲浪)的人更可能寻求安全信息，这种行为的一些潜在驱动因素会影响冲浪条件与水质信息；通过为父母提供以互联网为基础的定制化的安全信息，设计一组对照实验分别是以互联网安全信息为基础和以个人咨询为基础的，调查安全信息和个人咨询等对儿童安全行为的影响效果，最终得出基于互联网、量身定制的安全信息和个人咨询相结合的干预措施会导致更多的儿童安全行为；通过研究评估不同的信息行为是否是由意外事故造成的，以此决定相关人员会不会发生事故。发现高度积极表现的人员和消极表现的人员具有的信息行为是非常不同的，这有助于进行关键工种的人员安置和培训。焦虑患者从安全行为中推断出威胁，特别是在安全的环境中，说明安全行为是参与维持焦虑症的一种方式。通过研究建筑行业安全信息来源中的员工信任的重要性，利用工厂的实际数据来解决这些问题，发现工人对信息来源的信任相对稳定，风险之间没有显著差异。从项目经理、安全经理、英国HSE和同事信任的信息都是基于信息源的准确性，而信任的信息来自监督的基础。消费者对食品的安全性和质量普遍持怀疑态度，提出了可追溯性和标签、分段沟通方法及公众参与风险管理决策等措施来理解消费者心理行为和对食品的风险信息认知。安全培训是提前预防事故和应对诱导变化的理想行为。青少年必要的安全信息是由每月信息和连续的即时信息重新排列形成的，青少年可以探索、编辑和搜索这些信息，同时提高了对安全信息的兴趣、认知和记忆。开发一款车辆状态安全预警软件，用来为司机提供动态的交通信息和预警信息以减少风险，提高行车安全，这是利用安全信息实践工具性应用的范例。安全信息对人们选择航班具有一定的影响：在没有获取安全信息的情况下，人们往往受恐惧因素和情感因素的影响会凭借主观的安全观念来选择飞行航班；当获得了足够的有关飞行安全信息后，人们会放弃传统的安全观念而以安全信息为依据选择飞行偏好。

以上是对相关国外引用率较高的安全信息理论综述文献进行的梳理和归纳，归纳如表 1-1 所示。

表 1-1　当前主要的国外安全信息研究综述

年份	作　者	主　题	年份	作　者	主　题
2015	Simonet Daniel V, et al.	心理安全感知	2014	Huh Kyungok et al.	消费者安全认知行为
2015	Hamdar Samer H et al.	驾驶风险	2012	Lee Seung Sin	信息获取指导消费
2015	Mitropoulos P et al.	建筑事故模型	2012	Gangemi Amelia et al.	焦虑安全状态
2015	Anstey Kaarin J et al.	多维驾驶心理认知	2015	Nwagwu Williams E et al.	旷工安全信息收集
2002	Gore Brian F.	人的职业安全认知	2015	Thatcher Andrew et al.	安全承诺屏蔽作用
2006	Woodley J, Smith S.	失眠与抑郁症行为	2017	Kaminski Abigail et al.	娱乐安全信息
2007	Y Chang et al.	事故响应认知概率	2010	van Beelen M EJ et al.	儿童安全行为影响
2017	Yun Huang et al.	校园安全报告	2008	von Thaden T L et al.	安全信息评价行为
2006	Clarke DM	系统认知	2014	van den HM et al.	行为与焦虑维持
2013	Li Yu et al.	食品安全信息	2009	Conchie S M et al.	员工信任
2005	Lee Soobeom et al.	道路安全设施	2007	Verbeke Wim et al.	食品风险信息
2016	Linda Drupsteen et al.	工厂应急疏散	2015	김민정 et al.	青少年安全培训
2016	Brenna M et al.	职业安全健康信息	2006	Lu Shoufeng et al.	车辆预警软件
2016	Kamalou S et al.	网上社交方式	2015	Aliza Fleischer et al.	航班安全信息与选择

2）国内现状

目前，国内学者关于安全信息学的构建研究成果主要集中在基础层面的搭建和形成阶段，并未形成真正意义上的学科基础。目前，国内安全学科中相关的只有安全信息工程这门学科，它的方法原理也是基于计算机技术和网络技术以实现对目标的监测、控制和预警。对于安全科学与信息学在安全信息不对称领域研究较少，更多的是着眼解决工程技术问题，而不是从学科建设层面来考虑。国内的相关研究较早的主要集中在网络和计算机软件的信息安全方面，近几年的食品信息安全研究较多。但是这两大方向都属于其他方面的研究领域，故不再赘述。从安全信息的研究方向入手，国内研究大致分为以下两派。

（1）中下游应用派。

这一层面的安全信息研究较多，涉及的领域也较广，诸如：基于计算机、网络及通信技术提出的安全信息工程学的课程体系及教学内容，规划了课程的教学方法；运用安全信息标准化建设平台针对氨球泄漏进行监控预警；杜学胜等探讨安全信息有效沟通对于增强安全文化的重要作用，分析了信息沟通的基本过程和基本形式；通过对安全学原理的了解，结合安全学与信息学的特点，提出了安全信息学原理几条核心原理；用安全信息的概念统一人、物、环境、能量和管理等事故致因因素，提出了安全信息缺失的概念和安全信息缺失事故致因模型；结合煤矿生产实际，分析了煤矿安全信息的来源和处理方法，希望用安全信息来排查和治理煤矿的安全隐患；定义了安全信息并探讨了安全信息在安全生产中的有效作用、存在形式、流动途径、网络构成，阐述了安全信息在安全管理中的作用；通过看板和现场的安全信息，使现场操作人员很容易地从管理看板上和现场的各种标识上获取有关安全操作的各种信息和管理者的要求与意图，创建了建筑施工现场安全信息定置管理技术；总结民航安全信息的基本构成和来源，及其在安全风险识别、管理决策方面的作用，然后提出建议民航局通过改善安全信息管理政策等措施来实现信息的分析利用和共享；从安全需求、系统动态和特征等方面分析了安全信息系统中存在的问题；基于黄山市旅游安全信息管理的特殊性，分析黄山市旅游安全信息管理中的经济救援信息、预警信息和信息资源不足等问题，构建了旅游安全信息管理体系和对策；针对建立铁路行车安全信息数据库、实现安全信息快速检索、提供预警及辅助决策、实现大数据分析及预测、储备后续事故认定信息等设计目标，从系统的工作原理、总体方案、用户权限、功能框架等方面构建铁路行车安全信息系统，实现安全风险预警及辅助决策和安全管理水平分析评价；研究数据共享问题，分析了数据自身属性、管理壁垒等信息共享障碍对大数据技术实施的影响，同时评述了公共安全领域中数据信息共享的现状及存在的问题，并从数据信息共享基础建设、强化管理、增强公众参与三个方面提出了促进信息共享的战略思考；引入四维管理提高了三维模型的计算精度和效率；归纳大学校园的安全信息包括决策指令型、棘手型、状态型和反馈型四种类型；借鉴已有信息管理研究成果，提出基于资源、过程及效果综合视角的民航安全信息管理能力模型，并结合民航单位调研访谈构建了初始指标集，通过指标聚类、样本聚类、变异系数等方法筛选得到代表性指标，通过安全信息管理能力的模拟值与安全现状的相关分析验证各方法的有效性，并确定了评价指标体系。现代风险社会中公共安全信息服务至关重要，但我国社会公共安全信息服务却存在着服务理念混沌不清、服务机制各自为政、服务方式简单落后、法律规制模糊不明等问题，因此探讨了建立专门的公共安全信息管理职能机构和信息服务机制的必要性，并期望从法律上对公共安全信息服务进行有效规制。茶叶质量安全信息不对称有可能引发出消费者在“柠檬市场理论”指引下买低价茶甚至是不买茶等后果。找出了个体之间存在的问题，并提出政府监管机构和茶叶经营者为茶产业的长远发展应做好监管机制的建设和制定合适的营销策略。从信息协同角度出发，利用数据仓库技术对项目的信息集成处理，构建了包括信息获取模块、信息运算模块和信息协同应用模块的工程项目安全监控信息协同系统。从高校信息安全所面临的共性风险因素分析入手，从增强信息安全教育、提升师生信息安全防护技能、坚持校园网硬件投入和有效信息技术的充分融合，确保网络运行安全以建构多重信息安全管理渠道；介绍安全信息管理工作的必要性以及管理工作中存在的问题，最后提出相应的解决措施。根据物流安全信息系统的构建原理，研究了系统的总体规划和结构，设计了物流安全信息系统，包括5个子系统：人力资源安全管理子系统，日常安全信息管理子系统，事故信息子系统，安全预警子系统和决策支持子系统。食品生产企业为了获得消费者的信任，实现与低质量企业的完全分离，必须披露更多的质量安全信息，而高质量企业披露安全信息对企业是有利的。政府与媒体在食品安全信息传播过程中却存在着角色越位的状况，从而导致食品安全方面严重的舆论危机。美国网络安全信息共享目的、范围、主体和程序的条款规定引发了安全倡导者与私权拥护者关于安全与隐私的激烈争论。其中，既有有关政府使用共享信息的目的条款保障人类网络空间生存权得以实现，又有共享的网络威胁信息范围条款界定存在瑕疵；通过建立政府与私营企业的信任机制，增强共享政策、程序、措施实施的透明度，建立激励机制和制定信息共享协议等，才能够有效实现网络安全信息共享立法中安全与隐私的博弈均衡。基于对食品及其安全信息具有信任品特征、不对称性和公共产品属性的理解，认为食品安全信息披露制度不可缺少，而公民生命健康权、消费者知情权和选择权共同构成食品安全信息披露的权利基础；利用食品安全信息披露水平作为食品安全信息披露的衡量指标，研究中国上市公司内部治理对食品安全信息披露的影响。实证研究发现，公司治理越完善，食品安全信息披露水平越高，独立董事比例、高管持股比例、高管薪酬比例、股权集中度对食品安全信息披露水平有显著的正向影响。通过分析目前我国航空公司在安全信息管理和安全信息管理水平综合评价方面存在的问题，从航空公司安全信息管理的实际工作出发，结合安全管理体系中对于安全信息管理的要求，建立了航空公司安全信息管理水平评价指标体系。通过对交通运输行业网络与信息安全信息通报机制建设背景及行业的分析，构建出信息报告机制建设思路。在定位网络与信息安全信息通报工作的基础上，结合交通运输行业管理组织现状，研究了交通运输行业网络与安全信息通报工作形式，对异构安全系统提供动态安全信息合成，有效降低了漏报和误报。信息不对称是导致食品安全事故发生的根本原因，以信息预警的一般理论为基础，结合我国农产品质量安全风险预警工作的实际情况，探讨了农产品质量安全信息预警体系的内涵、构建途径、预警流程和其他相关问题，以期为我国农产品质量安全监管工作及相关研究提供参考。药品安全信息的主要交流形式包括建立药品不良反应信息通报制度、国家药品不良反应监测中心编发《药物警戒快讯》警示风险、国家食品药品监督管理总局发布专项通知或文件、药品监督管理部门发布药品质量公告。夏冰建立了质量安全信息扩散模型，对SI模型中λ、μ是固定值的缺陷进行了改进，将模型中λ、μ的数值定义为关于时间t的分段函数，对不同模式以及不同公众关注度的质量安全信息扩散过程进行分析，对于食品安全隐患，通过预测食品安全事件发生的整个信息扩散过程，为决策部门可以在高峰期之前采取相关对策提供支撑。

（2）上游理论派。

国内对于安全信息的研究较为完整，对于信息的基本概念在经济领域、计算机领域和社会学等有深入的研究。总体而言，信息常见定义有几种：从信息来源角度、信息产生和接受对象角度及信息传输载体等多角度可以给出了信息的定义。研究对象不再是传统意义的信息，而是结合安全科学的安全信息，因此安全信息含义更广。信息是标志物质间接存在性的哲学范畴，它是物质存在方式和状态的自身显示。安全信息是以安全科学和信息学为理论基础，以保护人的身心安全健康为目的，能反映安全领域中一切安全活动或事物产生、发展和变化所依赖的一种资源。如同物质都具有能量属性一样，一切事物均带有复杂的信息资源，这些信息能够在一定程度上影响到人们的决策，这些信息或许能救人于水火，或许给人以灾难。利用安全信息可以指导风险决策和安全管理，安全信息也为安全管理提供决策的依据。企业在编制安全管理方案时需要依据相关安全政策、法律、制度和规程等指令性安全信息和事故预防控制、事故损失等活动性信息。当今世界处于信息化大发展大变革的时代，信息在时空传播中对管理提出了模式变革的思维创新的要求。国内对安全信息已有深入研究，诸如：安全管理就是安全信息管理的精辟论断；运用信息科学与安全科学分析了安全系统中引发安全信息不对称的因素，并构建“信源-预测-决策-执行”多级安全信息不对称的事故致因模式，根据事故案例分析验证多级安全信息不对称的事故致因模式的可行性和可靠性；根据信宿处理信息的一般步骤，构造安全信息处理的通用模型，分析其完整的实施步骤，并阐明安全信息对系统之中的安全信宿的安全行为的影响机理；探讨了安全管理信息系统学的创建，提出安全生产管理信息系统建立的基础、程序及系统设置框架，并将安全生产管理信息系统的框架分为数据层、技术层、业务层和接口层；对安全信息学的定义、安全信息学与安全信息方法论之间的主要联系进行阐述，并提出了安全信息学的研究对象及其主要分支学科，探讨出安全信息学的方法论原则，从信息学、认知心理学的研究资料分析过程提出安全信息学具体方法，分析安全信息学研究的一般方法即搜集法、概括法、统计法等基本方法；通过对安全学原理的了解，结合安全学与信息学的特点，在信息学理论的基础上，创建了安全信息学核心原理的体系结构模型；开展安全信息视阈下的系统安全学研究的缘由，并提出系统信息学的核心概念和公理；构建基于安全信息认识事故致因模型，该模型分为外部和内部两个认知阶段，总过程包含三次主要噪声干扰、五个反馈环节、九种时间延迟现象和十次信号衰减现象，阐述了安全信息认知模型的安全信息传递过程和深刻内涵，并从理论层面和实践层面分析了该模型具有的实践意义；从系统与系统安全信息的角度，建立了安全信息的系统安全模型，并解释其关键构成要素的含义；构建了一个包含七个关键事件、六个时间状态、五级信息失真和四级信息传播的安全信息认知通用理论模型，阐述了模型的内涵、特点、用途分类和故障诊断分析途径，并由模型推导出一组安全科学基础理论新概念等，同时也建立了一种新的安全信息系统分析与控制的方法论。

从上述分析可知，目前国外学界以“信息”“行为”为着眼点构建的安全信息或行为认知理论主要集中反映某类事故发生的认知规律性和信息层面。综合来看，国内外文献主要存在三点缺陷。①许多文献并没有把握好安全信息的本质意义。安全信息应该是指那些在劳动生产中起安全作用的信息集合，信息必将作为安全活动所依赖的资源得以利用。其实，只把信息归结为通信或依附于网络的抽象存在的理念，在内容和对象上都是过于狭窄的，更不能片面地将其理解为信息安全。这样不利于安全学科的建设和发展，因为自然和社会的安全不是只用事故和风险可以概括的，尤其是在信息时代的大安全观念形成和提出以后。②对于安全行为的研究不能停留在只考虑不安全行为影响因素上。导致事故发生的直接和间接原因其实是致因的粗略划分，行为表现只是反映其致因的末端状态。大量的安全研究更多地应该关注安全和危险状态转化规律。从本质来看，事故的发生就是人造成的，其根源在于心理认识与行为决策。这其实回到了安全信息层面，因此，突破安全科学研究禁锢之门最后的钥匙找到了。③国内外许多安全信息模型都是着眼于解决个性问题，模型缺乏考虑系统性。随着安全的范畴、内涵和外延的不断拓展，狭义安全信息理论已经不能满足于描述、演绎、归纳和解决当今诸多安全问题的需要，同时也出现了很多用现有安全理论难以解释的安全问题。

综上所述，以上研究均是不同学者从各自研究领域出发对安全信息进行理论分析和应用研究，在安全信息学的定义、内涵、研究内容和程序等方面没有形成统一认识。以上是对相关国内高频率引用的安全信息理论综述文献进行的梳理和归纳，归纳如表 1-2 所示。

表 1-2　当前主要的国内安全信息研究综述

年份	作者	主题	年份	作者	主题
2012	张勇等	安全信息工程课程	2010	胡振中等	施工支撑模型
2001	刘嘉琴	液氨球罐泄漏预警	2013	郝军等	校园安全信息机制
2009	杜学胜等	安全文化信息	2017	齐晓云等	民航安全信息评价
2015	黄仁东等	安全信息核心原理	2012	欧三任	公共安全信息服务
2012	赵潮锋等	安全信息缺失模型	2011	肖玉蓉	茶叶质量信息不对称
2003	杨秀军	煤矿安全信息处理	2016	刘全等	建筑安全信息监控
2004	李子建	生产安全信息管理	2014	王延明等	校园安全网络
2010	毕远志等	施工现场信息处置	2014	赵巧妮等	安全管理问题
2010	史亚杰等	民航安全信息构成	2010	李辉等	物流安全信息系统

续表

年份	作者	主题	年份	作者	主题
2005	胡炎等	电力信息系统	2012	古川等	消费者与生产者博弈
2014	韩杨等	食品安全信息	2014	张秀丽	政府食品信息传播
2012	蔡善柱等	旅游信息管理对策	2016	方婷等	信息共享立法与博弈
2015	田锐等	铁路信息数据库	2013	闵艳	食品信息披露
2014	李明	公共安全信息共享	2017	陈素云	公司治理与食品信息
2015	孙奕捷	航空安全信息评价	2004	罗云等	管理水平下的信息化
2015	周艳芳等	交通运输信息	2017	李思贤等	信息不对称模型
2008	马琳茹等	异构安全信息系统	2017	王秉等	安全信息处理模型
2010	李瑾等	食品信息不对称	2007	李仪欢等	学科体系信息构成
2014	邓玉等	农产品质量信息	2010	王起全	安全生产信息管理
2012	赵怀全	药品风险信息发布	2017	罗通元等	安全信息学方法论
2015	夏冰	质量安全扩散模型	2015	黄仁东等	安全信息学原理
2002	乌家培等	安全信息定义	2017	王秉等	系统安全学
1984	邬焜	信息的意义	2017	罗通元等	安全信息事故致因
1984	邬焜	信息的意义	2017	罗通元等	安全信息事故致因
2002	邬焜	安全信息内涵	2017	王秉等	安全行为系统模型
1999	张永健	安全管理新依据	2017	吴超	信息认知通用模型
2016	李琳琳等	管理思维革新	2018	罗通元等	安全信息学的基本问题

3）发展趋势分析

上述众多安全信息模型和认知方法等相关研究表明，安全信息学理论的确在安全科学的理论与实践中发挥着指导和纲领作用，但遗憾的是，并没有相关研究指导我们如何去构建一个有效的安全信息学科。尽管有些学者对安全信息也进行过有益的探索研究，但是他们均没有从学科的基础性层面给予认知和构建。将安全科学、信息学和认知科学等结合起来研究，这样既丰富了安全科学的学科体系，也能完善信息学的研究。基于此，以安全科学为着眼点，提出安全信息学构建思路及事故机理范式。安全信息学在安全科学研究领域尚未曾见，具有一定的创新性，可为安全科学基础原创研究提供理论性指导，并拓宽安全科学研究的思路与方法。基于这两点任务考虑，安全信息学研究学科和应用具有双重必要性：①目前搭建的上游安全基础学科，仍然有许多问题亟待完善和补充。从安全科学的高度和大安全的视角出发，已经构建了安全科学原理体系，该体系中的安全信息相关研究仍然空白；②对于安全的分析方法目前还集中在以往的风险、事故致因和评价范畴中，各种定性定量的分析方法层出不穷。随着安全系统的复杂性和涉及范围越来越大，寻求创新方法已成为安全工作者研究的重点。所谓落后就要淘汰，弊端终究显现，新时代新条件呼唤新方法。

基于国内外项目研究现状分析，可得出国内外研究发展趋势，主要表现为以下 3 个方面：

(1) 安全信息的研究趋向于更具普适性的基础理论研究层面。目前分散的安全信息基础理论研究较少，急需从科学方法学的高度形成自身的理论体系，在综合现有相关研究方法与取向基础上，拓展出更符合安全科学学科属性和本质特征的、能够推动安全科学原理研究的安全信息学学科。

(2) 越来越重视对信息的新认识，在安全和行为方面的研究正在跳出信息的网络圈子。信息化时代下赋予信息新内涵，安全信息研究切入点由传统的应用向心理认知转变，侧重点在于研究安全信息传播规律。随着安全科学的发展和信息资源越来越丰富，安全科学的研究范畴会突破事故预防、风险控制，进而延伸到职业健康卫生及人类认识等领域。以信息的维度来解释一切事故和风险，用信息的眼光考察安全问题，将是安全科学理论研究趋势所在。

(3) 安全信息学注重基础理论研究。形成系统的学科体系和方法论是一门学问由自由走向成熟的标志，而方法论也不能脱离实践应用而存在，应该在指导实践的同时完善方法论理论体系，但目前安全信息学研究基础理论薄弱，急需原理和方法论等的总括性与系统性成果。

1.2 安全科学的主题

亘古以来，人们为了生存发展需要解决基本的安全问题，从世界范围来看，安全的发展也经历了漫长的更迭过程。从词典中能看到，“安”字有诸多表达完好或完整等含义，安全一词具有没有危险、不受威胁、不出事故等含义。全世界人类的安全需求是一致的，这是人类的基本诉求，永远不会变。通过对安全词汇的基本解释，可以明白安全自身的极端重要性。安全作为人类的基本需求是容易理解和实践的，可以理解安全需求就是人们进行生产、生活的一切领域免受任何危险和伤害，并使生理和心理获得安全健康、舒适高效、快乐长寿的状态。安全作为科学学的理解就必须提出安全科学的基本定义，安全科学是从人体免受外界因素(事物)危害的角度出发，并以在生产、生活、生存过程中创造保障人体健康条件为着眼点，在对整个客观世界及其规律总结的基础上产生的知识体系。安全科学是一门新兴的学科，以人为本和综合交叉是该学科的基本特征。对于科学研究而言，随着历史进程的发展，安全的内涵、外延及范畴发生了诸多变化，安全的新问题、新动态和新领域不断涌现，安全研究的对象、重点与主要目标不断变化，新的安全学科也随之诞生。从古至今，人类社会发展经历新旧石器、青铜器、铁器、工业机械、电子计算机和信息时代等阶段，不同的时代对安全的需求层次也不同，当前的时代属于信息化时代，如何使用好信息为人类带来安全感是前沿课题。信息时代就应该具有信息思维，结合安全科学而言，就需要安全信息的加持以保障基本生产生活。安全科学具有的综合交叉属性也决定了需要其他学科的融合创新，尤其是为信息学的引入提供了现实背景，这也为发展安全科学提出了新要求。

人类历史的发展是漫长的苦难过程，根据马斯洛需求层次理论，人们在生理需要满足后就会产生安全方面的需要。随着世界面临的风险增大，人类的安全苛求会变得强烈，战争中人类的逃难就是显著的例子。鉴于此，科学家就会思考如何使人们远离事故，获得安全的生活状态。自然而然的发展就催生了安全科学及其衍生的理论系统，比如目前存在的安全理论模型、安全方法论研究等。安全科学的研究大致分为上游安全基础理论、中游安全工程技术和下游应用技术三个层次。许多安全学者致力于中下游的研究，诸如基于某方法的某对象的应用研究，研究的层面都较为局限在工科思维下的工科技术实现上。从系统学理论而言，安全科学的研究应该是成体系的全领域性研究。学者的研究课题涉及经济领域、管理领域、社会学领域、心理领域、法律领域、工程领域、哲学领域和数学领域等。提出建立某某安全学或安全某某学的趋势很明显了，屡屡提出的理论模型、原理规律和方法论等问题。这些重大科学问题等提出，最终的落脚点都是解决人们遇到的安全问题。如此一来，针对安全理论研究就显得尤为重要了。安全科学目前迎来历史最好的发展机遇期，安全学科的发展任重而道远。

1.2.1 安全科学基本介绍

学术界还没有形成统一的安全科学认识，主流的观点有：安全科学是运用人类已经掌握的科学理论、方法以及相关的知识体系和实践经验，研究、分析、预知人类在社会、经济活动、生产、科研过程中以及人类其他探索、物化等安全科学的应用领域的危险、危害和威胁；限制、控制或消除这种危险、危害和威胁，以过程安全和环境无害为研究方向的理论体系。人类活动会遇到各种危险、安全问题，为探索危险和事故出现的原因、存在的条件，以求得安全，需要借助安全科学做出准确的判断。安全科学是安全、危险以及事故规律等在人们头脑中的反映和正确认识。了解、掌握危险和事故的本质与规律，经过概括、系统地描述危险以及事故本质及其规律，并形成理论体系，这种规律在安全知识体系中占据中心位置，它是知识的骨架、知识体系的枢纽。安全科学是安全问题的知识单元通过其内在联系而建立起来的知识体系；安全科学是当代社会经济、科学技术高度发展而出现的一种科学方法、科学理论；安全科学也是人类已经具有创造出足以毁灭自我和现存财富的能力时，聪明地掌握自然规律，求得继续发展和有效发展的武器和工具。只有把安全科学看成是一种方法、一种手段，并为人们所运用时，才有实际意义。安全科学是整个科学体系的延续和发展，是科学体系中不可缺少的一部分，是一种必然的社会现象。安全科学同其他科学一样，具有社会文化和社会进步功能，是社会和经济发展的一种推动力；安全科学是一个连续发展的社会经济过程，它随着社会经济的不断发展而发展。安全科学在建立、发展和学科整体化过程中，必须充分运用化学、物理学、生物学、数学、医学、社会学、经济学、法学、管理学、教育学、系统科学，以及各个工程技术领域的相关知识、理论，对安全科学的理论体系及工程技术进行系统的综合研究，与相关学科交叉形成安全科学的分支学科，例如灾害物理学、灾害化学、灾害医学、安全工程学、安全经济学、安全法学、安全心理学、安全系统科学、安全教育学、安全信息学、安全控制技术、安全检测技术、安全逻辑学、事故分析技术等。安全科学作为人类探索自然、改造自然，求得生存和发展的必不可少的一种知识体系，只有以事故为研究对象，以各种危险状态和存在的条件为主要内容，以过程的正常、平衡、平稳、协调为目标，总结寻找各类事故教训，才能发展起来。当代事故的灾难性、社会性和突发性，必然导致安全科学的快速发展。

从学科角度来看，安全科学技术的研究的内容主要包括：①安全科学技术的基础理论，如灾变理论、灾害物理学、灾害化学、安全数学等；②安全科学技术的应用理论，如安全系统工程、安全人机工程、安全心理学、安全经济学、安全法学等；③专业技术，包括安全工程、防火防爆工程、电气安全工程、交通安全工程、职业卫生工程（除尘、防毒、个体防护等）、安全管理工程等。安全科学技术横跨自然科学和社会科学领域，十几年来的发展，直接影响着经济和社会发展。随着安全科学学科的全面确立，21 世纪的人们更会深刻地认识安全的本质及其变化规律，用安全科学的理论指导自身的劳动与生产实践活动，保护劳动者与社会大众的安全与健康，扩大生产，发展经济，创造物质和精神文明，推动社会进步。

安全科学不仅是一种重要的不可缺少的生产力，而且是生产和社会发展的一种动力和基本保障条件。工业事故与灾难对人类的安全健康造成重大损害，产生不可忽视的社会影响，主要将表现在以下方面：

（1）工业生产事故和其他职业危害问题所产生的劳动争议增多，而且矛盾易于尖锐。尤其是在 21 世纪中国实现了小康生活水平后，人们对生产和生活中的安全需要不断增强，对危及人身安全和健康的恶劣劳动条件，处理不当就会影响社会安定。

(2) 人们把安全、卫生、舒适的劳动条件作为职业选择的重要标准，按生产模式发展，在重大事故多发行业，将会由于招不到高素质的职工而使生产发展受到严重影响，进而影响产业的平衡、持续和发展。

(3) 工业事故和灾难不仅造成巨大的经济损失和生态环境破坏，形成社会不安定因素，而且会造成人们心理上难以承受的负担。中国事故和职业病状况严重的根本原因在于，安全科学技术水平落后，安全管理和工程技术装备不能满足安全生产发展的需要。安全生产关系着企业的兴衰，关系着人民的安危幸福，是关系国计民生的大事。因此，必须确保安全科学技术与国家经济建设同步规划，同步发展。同时，安全科学技术是安全生产的基础和保障。

安全科学揭示了安全的本质和规律，通过安全工程技术保护生产力，推动安全文明生产。安全科学技术的发展与国民经济和社会发展是统一的。事实证明，安全科学技术已不仅影响生产力的发展，影响劳动生产率的提高，还影响国民经济的增长。21 世纪中国中长期科技发展规划已专门设有发展安全科学技术的内容和指标。

1.2.2 安全科学主题演变

安全学者多年来的努力在于研究学科的全链条发展，学者们的工作充满了挑战和机遇。安全是一种主观感受，这种感受的获得是需要外界刺激的，人的安全状态最终还是要落脚在生命安全的本质上来，因为生命安康是安全追求的本质。安全工作者着眼于研究保障人安全的外部条件和消除控制危险因素的管理方法、技术手段和控制方式，以注重外部保障为主，核心在于人的安全状态保证。

从安全工作者的使命角度来理解安全工作对人的作用，更容易将外界客观环境考虑进去，保证人不受外界伤害，包括机械设备以及环境等。各种各样的危险源以及隐患状态都是安全工作者研究的对象，小到个人行为的管理，大到国家政策的制定，处处体现安全的作用。查找危险源、控制隐患、预防事故、应急处置、模拟演练、事故调查、统计分析和惩处奖励等各环节都需要安全工作者的参与。政府、社会、企业、家庭都需要安全来维持正常运行，解决外部问题就是安全工作者的本职工作。当然，随着安全科学深入的发展，安全工作越来越具有社会属性，安全工作者也越来越多地使用社会科学和人体心理学等知识来解决安全本质问题。

安全科学是一门综合性科学，体现在物质、技术、管理和人体等多个维度，这就要求安全工作者掌握多学科领域知识，履行安全责任，保障人生命安康。安全人目的就是以“安全第一 预防为主 综合治理”为原则，保障人不发生事故。安全工作者有自己的坚守和理想信念，他们的信念需要靠营造安全文化来加强和巩固。

无论是从管理还是技术的角度来看，安全人的任务都是任重道远的，既要坚守预防又要管理应急，在安全领域体现自身价值。多学科多领域的人都应该引入其他相关理论来丰富安全科学。

有鉴于此，为全面掌握安全科学相关的学科研究在世界范围内的发展动态，对国内外主流学术期刊中西方安全科学研究的代表性刊物在近十年(2008—2017年)所刊载的全部论文做统计分析，主要是想宏观地了解下安全科学当前的情况，宏观把握其发展态势，如图 1-1 所示。从安全科学的学科系统层次来划分安全科学的主题，主要以《中国安全科学学报》和 *Safety Science* 为蓝本绘制的安全科学主题聚类如图 1-2 和图 1-3 所示。

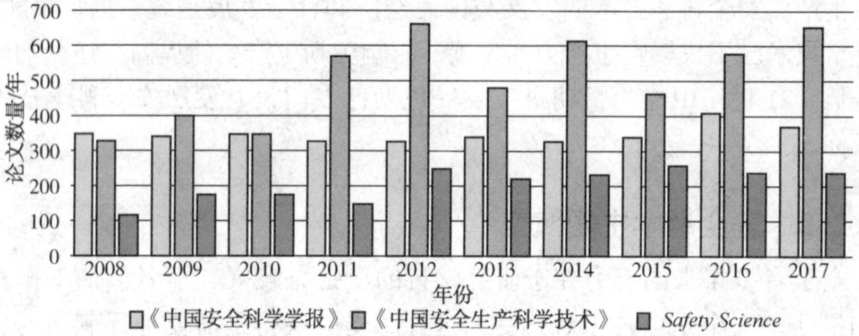

图 1-1　2008—2017 年主流核心期刊安全科学年度载文量

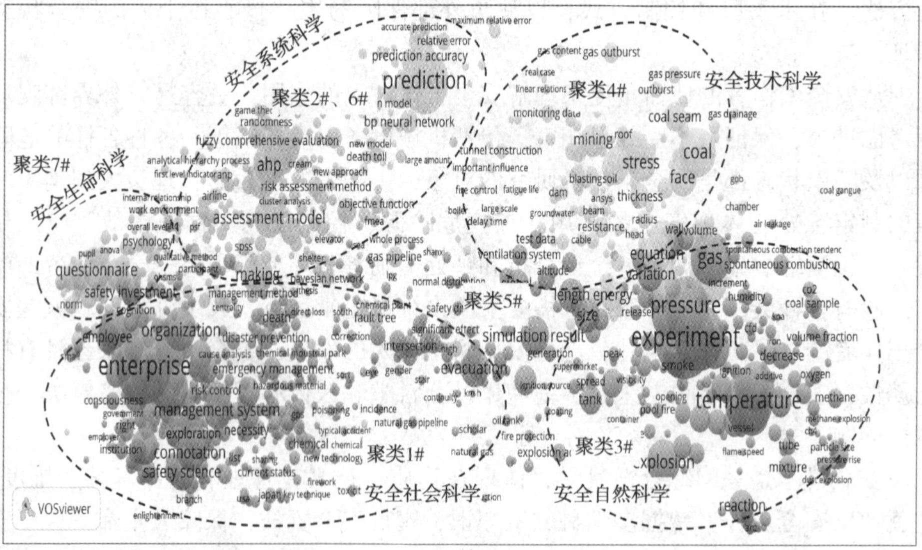

图 1-2　《中国安全科学学报》的安全科学主题聚类(2006—2015 年)

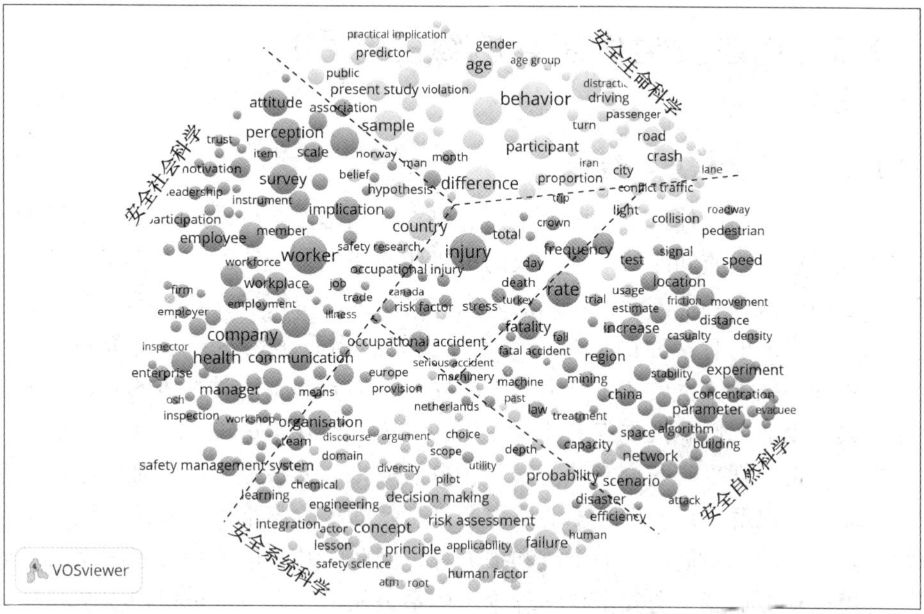

图 1-3 *Safety Science* 的安全科学主题聚类（2006—2015 年）

从图 1-1～图 1-3 的统计可以看出，安全科学在几十年的发展中，尤其是近十年，其研究趋势处于高度热点。从世界范围来看，年平均发文量为 1075 篇，足见安全科学的研究已经在全球得到广泛深入开展，也反映安全科学研究在全球的受关注度在不断提升。通过调研国内外研究的焦点可知，目前的安全科学研究还在行业安全的领域内，偏重于工程技术类的研究，例如矿业安全研究、民用航空安全研究、交通运输安全研究、火灾科学研究、建筑施工安全研究、爆炸爆破安全研究、石油化工安全研究、安全管理与评价等多个研究方向。国际机构也有相关工程技术类成果，例如公路运输、建筑、化工、职业卫生等方向。根据 *Wed of Science* 检索安全科学高频率被引文献可知，近年来的安全行为、安全作用和安全文化已经成为前沿领域的热点课题。对人这一因素的研究从侧面也反映出安全科学交叉综合属性的价值。综上所述，图 1-4 能够说明目前安全科学的主要主题分布。

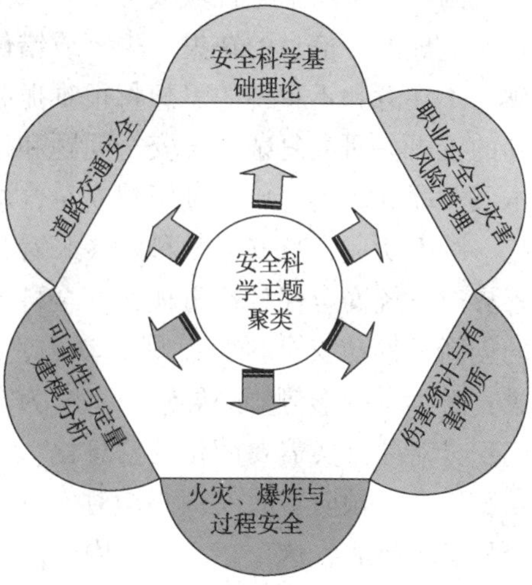

图 1-4 安全科学主流主题分布

1.3 构建安全信息学的缘由与目的

1.3.1 安全信息学缘由

除了研究人因以外，物质和能量两大要素一直是安全科学研究多年来最为关注的研究对象。物质和能量对人造成的直接伤害首先是身体的伤害，当然身体的伤害也会演变成为心理的创伤。以前人们对物质关注得较多，物的不安全状态往往被认为是事故的直接原因之一，但是仅仅关注物质显然不利于安全科学的发展。随着社会技术的发展和生产力水平的提高，物质和能量对人体的心理伤害在逐年增大，因而人们不仅重点关注身体伤害事故，也开始重视心理伤害问题。从信息着手，可以把生产安全、社会安全、自然灾害、公共卫生等灾难问题都联系起来，而且可以解释传统理论不能解释的许多新的事故灾难发生机理，同时信息也可以表达物质和能量产生的事故和损失等。因此，基于信息来开展安全科学研究，可以构建更加庞大的安全科学理论新体系，从信息入手，可以使安全科学研究更加广泛，更能关联一切，更能解释一切，更好统领一切，而且更加新颖和符合现代信息社会的需求与发展需要。基于信息要素开展安全科学理论研究和创新及其运用，这一研究方向目前至少是基于物质和能量研究安全的一个重要补充和发展，随着社会的信息化程度和智能化程度的提升，基于信息要素的安全科学理论研究和运用必将越来越显得重要和不可或缺。例如，复杂系统中发生安全事故的原因，如果从信息视域去考察，大都是由于人对信息的认知缺陷或是信息不对称所造成的，信息的缺失、失真或错位必然导致事故的发生，而拥有对信息不敏感、不在意和不重视的思想将很难扼制事故的复发。从信息不对称和安全信息认知的视野去研究复杂系统安全问题和建立事故致因模型，更能够体现系统安全的本质关联和机理，更有利于建立符合新时代的复杂安全系统的需求和现状。

综上所述，从安全学科发展来看，随着安全系统的复杂程度日益增加，社会各界对系统安全性日益重视，安全科学需要引入更多、更具体的分析方法。方法的创新是推动安全科学发展的动力，深入分析安全理论趋势，迎合学科时代背景，融学科的形势势必导致信息学为安全科学带来新突破。从信息角度来看，研究安全对象其实需要简化的信息化，安全科学是以人为本的信息科学。从事故学角度来看，预防事故的核心是对人行为的信息管理，研究人的认知与行为就是安全科学的核心，这个核心涵盖内容广泛，自然也包括对信息的认知。

1.3.2 创建目的

从信息的视角去诠释安全科学问题，探索并创建安全信息学科，是安全科学上游基础层面深入发展的必然趋势，也是科学研究的最常用方法。在安全科学研究领域，安全科学与信息学、传播学及认知科学的结合对安全科学的整个体系的完善及发展至关重要。由于安全科学具有极强的综合性和交叉特点，决定了必须借鉴其他学科的知识来研究安全问题。其中涉及的从信息缺失或信息不对称角度来考虑安全问题就值得思考和研究了。随着安全科学内涵和外延不断拓展，其研究对象日益复杂及信息化特征越来越复杂。因此，从信息的维度来理解和构建安全理论在安全科学研究中具有不可替代性。由此可见，关于安全信息学的学科理论研究在安全科学领域是一个极有价值的研究方向。

该项目研究成果具有广泛的应用前景，可以从不同的视角为安全信息学的原创研究提供理论指导。

1）填补空白

关于安全信息认知模型的研究不仅为安全研究提供了全新视角并且通过与具有高度综合性的安全系统科学有效耦合，促进安全科学的进步与发展，而且可以从学科建设的角度将信息认知与安全科学联系在一起，弥补安全科学基础理论中的学科，建立日趋完备的安全学科体系，填补安全科学领域的空白。

2）建立模型

关于安全信息认知模型的研究可以完善安全理论模型，构建模型方法论体系，促进安全理论模型的研究与应用，系统化安全理论模型构建的层次思路，为安全理论模型的原创研究和实践提供方法论理论指导。安全信息认知模型属于安全信息学基础理论研究范畴，是安全信息在事故致因等领域的开创性研究。在建模时可以根据不同的分类来进行，比如具体场景、目的、关联、逻辑来构建具体模型，或者从整体性、目的性、相关性、动态性和实践性等角度建立。建立安全信息认知模型的研究具有广阔的前景。

3）改革认知

安全信息的认知在安全及事故研究中的重要作用日渐显现，该理论模型的提出可为安全信息学的建立奠定坚实的理论基础。安全信息学整合了信息传播理论、心理认知理论、信息认知模型和事故致因等理论在安全科学研究中的作用与联系，进一步深化了对安全系统本质规律的认识并革新了安全观，发展了传统的安全学原理。

4）出新致因

安全信息认知模型的构建在检验安全理论模型科学性的同时，还在事故机理研究方面具有深厚的理论指导作用，它以安全信息流动阻滞过程来分析事故发生的各个环节，提出更具操作性的事故预防措施。

5）强化基础

安全信息的原理和方法论研究从方法支撑和原理原则方面为学科创建提供理

论指导，为安全信息学基础和应用打下基础。原理的重要程度不言而喻，原理是指导理论的规律性常识，为安全信息学及安全信息认知规律的把握提供指导。研究清楚安全信息规律和安全信息科学阶段及其对应关系，深刻把握其内涵，明确不同阶段的规律，是指导形成安全信息学的必要基础之一。然后，通过对内涵的阐述来进一步明确原理的价值和应用，在现实意义和理论意义上做文章，把原理方法落实到实际生活中。方法是指导一切的工具，安全信息学作为一门安全科学基础学科也要有自身的方法体系：对各种安全信息加工方法进行具体分析、比较研究，总结出各类安全信息方法自身的优缺点及适用范围，根据系统中安全现象的自身特点和系统带有的安全信息意义来选择更恰当的安全信息加工方法，从而达到安全信息学的目的。

6）创新实践

上游的学科建设是指导科学的基石，但是只有实现下游的实践应用才能真正实现安全信息学的价值。在应用方面最终将安全信息学的原理和规律进行检验并提高，这对建设学科也是很有必要和意义的。目前而言，国内外对于认知心理和安全信息的研究较热，取得了许多重要成果，这为安全科学的介入带来了契机，同时为实践提供了参考背景。安全信息学的实践集中体现在以下方面：一是事故致因，二是行为管理，三是心理认知，四是信息风险评价。事故致因的研究目前具有丰富的理论和实践素材，预防和控制事故一直是人类社会的主题之一，层出不穷的事故亟待寻求更完善更合理的解释，通过从根源提出措施才能实现真正的安全。行为管理涉及管理方式和作业行为控制，从杜绝信息失真的角度出发，管理层可以制定更具体的方案，劳动者可以用信息化工具来取代不安全行为，同时本质安全水平也可以提高。心理认知主要是对个人的心理活动进行干预，使其能形成正确永久的认知水平。信息风险评价是针对具体的对象，利用改进评价方法分析导致事故的信息因素并提出预防措施，因此从这一角度来看，该研究也具有广阔的前景。总之，安全信息学构建及其在事故机理中的研究成果具有广泛的学术前景和深远的实践价值。

1.4 研究内容与框架

1.4.1 研究内容

由安全信息学的定义与内涵可知，首先，建立安全信息概念、模型安全信息认知模型、信息耦合传播模型和建立事故致因机理模型等一系列模型。其次，研究安全信息学学科构建的基本问题，分析安全信息的内涵、外延、程序、原理和方法等。最后，研究安全信息方法学问题，为实践应用提供基础。

①基础研究。综合概述国内外对于安全信息学的研究情况，在上述基础上，提出目前安全信息研究存在的问题，拟定技术路线。②学科创建研究。从安全信息定义、内涵、研究内容和基本体系入手，将安全信息学学科构建问题阐述清楚，也是安全科学发展的一部分；定义安全信息学，确定安全信息学的学科基础，从不同角度对安全信息学进行分类，提出各个分支的研究内容。③安全信息模型构建研究。通过对安全信息认知过程的分析，掌握一般认知规律。同时，从认知方法论的角度来理解安全信息认知和事故致因的本质，为把握安全信息在安全科学中的规律提供前瞻性指导。④安全信息学原理研究。从安全信息学、安全学和系统安全的高度来阐述构建安全信息学应遵循的一般原理；从学科层面来构建安全信息学原理层次体系，在结构方面阐述安全信息学遵循的原则和规律，为方法论的提出提供逻辑支撑。⑤安全信息方法论的研究。从信息发展和安全科学发展的角度来分析安全信息学研究的重要性和必要性，提出安全信息学的方法论原则，分析安全信息学的一般方法和程序，为完善并实践安全信息学的应用提供实践基础。⑥事故机理和致因的实证分析。从信息认识的视角去诠释事故并建立事故模型，对事故的传递过程和内涵进行阐述；从信息不对称视角去建立安全信息认知模型，对事故机理和发生原因进行剖析。⑦信息风险评价研究。通过对石油输送管道进行安全信息风险评价，结合事故案例实现安全信息致因模型的具体应用，诠释事故发生的信息学本因，确定风险最大的信息因素。

解决目前安全信息学理论的基础理论研究缺失的问题，从科学方法学的高度提出并建立安全信息学理论体系，为后续指导安全信息学其他衍生研究提供理论指导。首先，建立安全信息概念、模型安全信息认知模型、信息耦合传播模型和建立事故致因机理模型等一系列模型；其次，研究安全信息学学科构建的基本问题，分析安全信息的内涵、外延、程序、原理和方法等；最后，研究安全信息方法学问题，为实践应用提供基础。

1）安全信息学概述

创建安全信息学的学科背景、目的与意义，综合概述国内外对于安全信息学的研究情况，通过分析给出安全科学的主题，总结出安全信息学的必要性和可行性。在上述基础上，提出目前安全信息研究存在的问题，拟定写作框架。

2）安全信息学的基础概念

“基础问题分析”从安全信息定义、内涵、研究内容和基本体系入手将安全信息学学科构建问题阐述清楚，也是安全科学发展的一部分；定义安全信息学，确定安全信息学的学科基础，从不同角度对安全信息学进行分类，提出各个分支的研究内容；从信息的视角去诠释安全科学问题，探索并创建安全信息学科，提出以信息学领域中的信息不对称论和将传播学模式作为基础点探讨安全信息学的构建；将安全科学的属性与信息不对称理论结合起来，讨论建立安全信息学的意义；从信息不对称论出发，提出安全信息学的定义和内涵，阐述安全信息学的学科基本问题，建立安全信息学的理论基础、学科基础及框架体系，最后创建出安全信息学的一般程序。

3）安全信息学基础原理

从安全信息学、安全学和系统安全的高度阐述构建安全信息学应遵循的一般原理；从学科层面构建安全信息学原理层次体系，在结构方面阐述安全信息学应遵循的原则和规律，为方法论的提出提供逻辑支撑。安全信息学原理从安全信息学、安全学和系统安全的高度与角度出发，根据安全信息现象总结出一级安全信息学原理和二级安全信息学原理组成的安全信息学原理体系，丰富充实了安全信息学的基础理论。

4）安全信息学方法论

从信息发展和安全科学发展的角度分析安全信息学研究的重要性和必要性，提出安全信息学的方法论原则，分析安全信息学的一般方法和程序，为完善并实践安全信息学的应用提供实践基础。通过对安全信息认知过程的分析，掌握一般认知规律。同时，从认知方法论的角度来理解安全信息认知和事故致因的本质，为把握安全信息在安全科学中的规律提供前瞻性指导。安全系统认知法从系统思维和认知过程视角分析安全系统信息认知方法研究的必要性和目的，通过系统分解和认知序列的确定，进而总结出安全信息认知的一般步骤，为实现系统中人认知及行为安全提出基本实践蓝本；同时为系统中安全信息的正确认知提供方法依据。

5）安全信息学基础理论模型

建立安全信息认知的模型及事故致因模型，从信息认识的视角去诠释事故并建立事故模型，对事故的传递过程和内涵进行阐述；从信息不对称视角建立安全信息认知模型，对事故机理和发生原因进行剖析，得出事故发生的本质机理；建立安全信息认知模型、伤害事故安全信息模型和安全信息耦合模型，建立模型既是安全信息学学科研究的核心，也为安全信息学研究提供理论基础。

6）安全信息学实践探讨

通过对石油输送管道进行安全信息风险评价，结合事故案例实现安全信息致因模型的具体应用，确定信息风险因素，诠释事故发生的信息学本因，验证前述建立的理论的可行性和实践价值。通过安全信息评价可以判断影响研究对象信息缺失或失真的最明显诱导因素信息；通过信息风险评价可得出导致事故发生的最可能的信息事件集，即风险最大信息事件，为事前预防提出针对性信息管理方案，从而使安全信息的理论研究的基础得到有意义的实证应用。

1.4.2 方法与框架

以安全信息学为研究对象，就必须遵守安全学科的研究方法，在研究基础理论的过程中，积累针对安全科学理论研究的诸多方法论。在研究的过程中，需要从概念、内涵出发，摒弃传统刻板的工科思维，解决的问题立意要深，选定的课题思想要深，运用的方法体系要全。理论研究有许多通用方法，这些方法是有别于一般意义上的程序化方法，比如比较法和相似法。通过将研究对象与已有理论进行对比，归纳总结出适合目标对象的基本方法。以信息、认知、学科创建及安全为切入点，结合信息传播理论与心理认知过程建立安全信息认知模型和信息耦合模型，在此基础上研讨、形成并建立安全信息学理论模型方法论体系，并开展安全信息学原理及程序研究，对安全信息认知及耦合模型进行具体应用。拟采取的分析方法有(图 1-5) 比较-相似法、定性-定量法、经验-理论法、抽象-具体法、学习-创造法、归纳-分解法、统计-总结法等。主要研究法中常用的有：①因果分析法，这是安全信息认知建模的最基本方法，即分析由于认知导致事故的原因；②推理归纳法，用归纳法辨识和确定模型；③改进综合法，将信息传播过程、心理认知过程和不安全行为机理等综合起来建立信息认知方法；④优化鱼骨图、风险矩阵和综合分析法，综合形成信息风险评价的新方法。

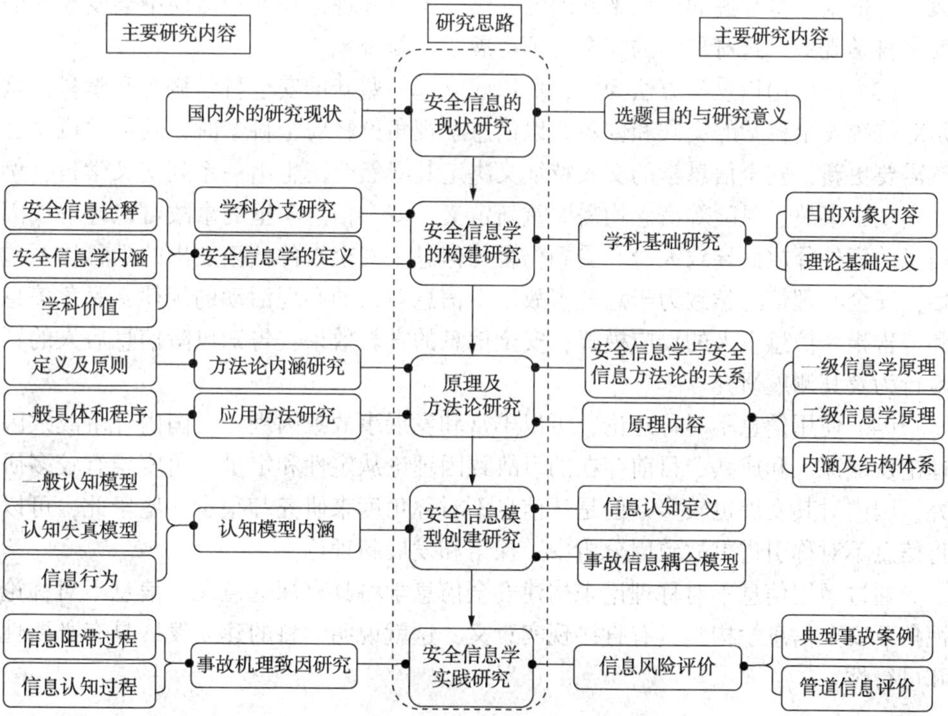

图 1-5　本书写作框架

通过查阅大量书籍与文献，包括相关的专业书籍、相关的学术论文、不同学科的学位论文、近期国内外专业期刊、国内相关标准与法规等并针对安全信息研究的发展趋势，开展了安全信息学研究并制定了技术路线，具体写作框架如图1-5所示。

1.4.3 研究意义

安全信息学将信息学、认知科学和传播学等先进的理念、思想及方法融入安全科学中。基于学科建设高度安全信息学在安全科学研究中的重要意义主要体现在以下几个方面：

（1）借助于信息学方法，可以从信息学角度理解安全活动。安全信息是一切安全活动和事故的反映，在生产活动中，员工一切不安全行为和设备装置的不安全状态信息都可以通过人-机信息流、人-机-环信息流意外释放对人、物造成破坏和伤害。通过获取不利或异常的信息，就可以指导控制安全活动的执行，也可以理解安全活动的信息学内涵。

（2）运用信息不对称理论，可以发现新的安全科学现象。将信息不对称理论应用到安全信息学里，通过这种迁移学习可以解释安全活动和日常生活中因人对安全标志、安全信号和警示信息的不完全掌握而发生的事故。人们在进行安全决策时是依据自身掌握的信息来开展的，信息不对称理论在安全活动中会发现新的安全科学现象。这对科学的安全管理也展示了新现象。

（3）以应用信息学方法为主，可以建立起一些新的安全科学概念和学科，这是对传统安全科学的突破和创新。以信息学视角诠释安全科学时，其相关概念必然需要更新，安全信息学的交叉特征又决定其必然会衍生出一系列交叉学科，例如安全、事故、风险等概念均需要重新定义，安全信息学里的事故可以理解成因信息的意外释放而导致人身心受到伤害的信息不安全事件。拓展出的学科体系包括：安全心理信息学致力于意外事故发生信息对人的心理活动的规律；紧急信息和警告指令信息下人的反应模式；安全信息的宣教效果；告知风险信息后人的冒险行为及其测度研究。

（4）使用信息不对称理论，可以丰富和发展事故致因理论。国内外事故致因理论发展深入和成熟，目前存在的事故致因理论从定性和定量等角度均有较多研究。国内对其发展也较多，但是从信息不对称角度来研究却很少。鉴于此，可以将信息不对称引进事故致因分析中，探索和发展新理论。

通过运用信息不对称理论来构建安全信息学科具有深远意义，信息不对称论视角下安全信息学构建具有直接现实意义，这就说明学科的建立发展具有必要性和可行性。

第2章 安全信息学基础概念

2.1 安全信息及其诠释

信息存在于世间万事万物中，无论从客观的人、物和环境还是主观的精神现象、心理活动和意识形态层面，均为人类提供了浩瀚的信息。正如美国数学家C. E. 香农所言“信息就是能够用来消除不确定性的东西”，从认知主体也就是人的角度说明了人可以通过对信息的掌握来了解客观对象，从安全科学角度来讲就是消除了因信息缺失导致的误会、错误、事故甚至灾难。安全与信息的联合研究在国内外已有开展，信息安全研究较为深入，它是一种建立以密码论为基础的计算机安全领域的研究。目前在安全学科中与信息学相关的只有安全信息工程这门学科，但是它的方法原理也是基于计算机技术和网络技术以实现对目标的监测、控制和预警。对于安全科学与信息学在安全信息不对称领域研究较少，更多的是着眼于解决工程技术问题而不是从学科建设层面来考虑。诸如：基于计算机、网络及通信技术提出的安全信息工程学的课程体系及教学内容，规划课程的教学方法；运用安全信息标准化建设平台针对液氨球罐泄漏进行监控预警；通过探讨安全信息有效沟通对于增强安全文化的重要作用，分析信息沟通的基本过程和基本形式；通过应急、疏散和安全信息的发出对在工厂车间里参观的游客反应的有效性进行了研究；对小企业获取职业安全健康相关信息途径进行了研究，以企业消防员和邮递两种形式来分析小企业对职业安全健康信息的掌握效果等。此外，通过检索得知国外安全信息相关文献甚少。国内学者中对于以信息视角来研究安全问题有一些研究，诸如：通过对安全学原理的了解，结合安全学与信息学的特点，提出安全信息学原理几条核心原理；用安全信息的概念统一人、物、环境、能量和管理等事故致因因素，提出安全信息缺失的概念和安全信息缺失事故致因模型；结合煤矿生产实际，分析煤矿安全信息的来源和处理方法，希望用安全信息来排查和治理煤矿的安全隐患；通过定义安全信息并探讨安全信息在安全生产中的有效作用、存在形式、流动途径、网络构成，阐述安全信息在安全管理中的作用；通过看板和现场的安全信息使现场操作人员很容易地从管理看板上和现场的各种标识上获取有关安全操作的各种信息和管理者的要求和意图，创建建筑施工现场安全信息定置管理技术。以上研究均是不同学者从不同研究领域出发对安全信息进行理论分析和应用研究，在安全信息学的定义、内涵、研究内容和程序等方面没有形成统一认识。同时，综合国内外相关文献信息可知，对于应用计算机技术和网络通信技术收集监控和预测相关数据信息研究较热，食品和药品安全信息也是热点领域，但是真正从学科角度去研究安全信息学的文献几乎空白。安全科学与信息学结合研究的上游领域存在缺失，从信息本源角度去理解安全问题是值得研究的。

从信息视角探讨安全科学的融合过程，再根据学科理论创建理论，基于信息不对称理论来提出安全信息学的定义、内涵；探讨建立安全信息学的意义及研究内容；构建出安全信息学的基本框架体系和一般方法程序，以期完善安全科学学科体系。

2.1.1 安全信息的缘由

信息含义包罗万象，从信息来源角度、信息产生和接受对象角度和信息传输载体等多角度都可以给出了信息的定义。从安全角度来考虑，信息的定义如下：信息就是能够用来消除不确定性的东西。可以理解为，危险信息或者分析信息被认知后，人们可以及时采取措施避免事故发生。按照信息经济学创始人 Jacob Marschak 的理论，这里所指的安全信息(Safety Information)区别于信息安全或者安全的信息，安全信息包含的内容更多，含义更广。安全信息是以安全科学和信息学为理论基础，以保护人的身心安全健康为目的，能反映安全领域中一切安全活动或事物产生、发展和变化所依赖的一种资源。如同物质都具有能量属性一样，一切事物均带有复杂的信息资源，这些信息能够在一定程度上影响到人们的决策，或许能救人于水火，或许给人以灾难。利用安全信息可以指导风险决策和安全管理，例如 Aliza Fleischer 研究了安全信息对人们选择航班的影响。因此，提供有效及时且充足的安全信息或指示比只强调安全性能更具有安全性，更能指导人们做出很好的安全决策。安全信息也为安全管理提供决策的依据，企业在编制安全管理方案时需要依据相关安全政策、法律、制度和规程等指令性安全信息和事故预防控制、事故损失等活动性信息。

显然，安全信息作为安全信息学的研究对象，是安全信息学的最基本和最重要概念。因而，为准确定义与理解安全信息学，极有必要深究安全信息这一概念。限于篇幅，这里仅扼要阐释科学层面的安全信息定义。尽管安全信息这一概念提出已久，但是安全信息并没有被明确定义。根据信息科学的研究习惯，我们需重点了解两个重要层次(本体论与认识论)的安全信息定义，具体解释如下。

(1) 本体论安全信息。从安全科学与系统相结合视角给出的本体论层面的安全信息定义：安全信息是系统安全状态及其变化方式的自身显示。换言之，任何系统的本体论安全信息是指该系统所呈现(表述)的安全状态及其变化方式。就该安全信息定义，需说明3点：①该定义中所说的“系统”包括系统内的所有与安全相关的人、物和事；②该定义中所说的“安全状态”是指系统在特定时空中呈现的相对稳定的安全状况和态势；③该定义中所说的“安全状态变化方式”是指系统的安全状态随时空的变化而变化的动态样式。显然，本体论安全信息的表述者是系统本身。因而，本体论安全信息仅与系统本身的因素有关，而与安全信息认识主体(安全信宿)的因素无关。

(2) 认识论安全信息。任何安全信息认识主体(安全信宿)关于某系统的安全信息，是安全信息认识主体所表述的该系统的安全状态及其变化方式，包括安全状态及其变化方式的形式、含义和效用。认识论安全信息的表述者是安全信宿，它既与系统本身的因素有关，亦与安全信宿的因素有关，是主观(认识主体)与客观(系统客体)相互联系、相互作用的结果。需指出的是，根据“全信息”的定义，认识论安全信息本质是一种典型的“全信息”类型，这是因为它同时涉及了系统的安全状态及其变化方式的形式(称为语法安全信息)、含义(称为语义安全信息)和效用(称为语用安全信息)，即是它们三者的有机统一体。

(3)从科学层面出发对安全信息的定义进行简要释义：安全信息具有整合功能，安全信息是安全科学中普遍存在的研究对象。从系统的角度来看，安全科学的具体研究对象是系统内的所有与安全相关的人、物和事，安全科学的研究对象亦可统一概括为所有与安全相关的人、物和事，而安全信息作为与安全相关的人、物和事的安全状态及其变化方式的表征。安全信息可将所有安全科学研究对象整合为一体，即安全信息是安全科学所有研究对象的集合体，是安全科学中普遍存在的研究对象。换言之，安全信息在安全科学研究中无处不在、无时不在，普遍存在于安全生命科学、安全自然科学、安全社会科学、系统安全科学及安全工程技术科学等安全科学分支学科领域。安全信息与安全物质(安全相关物质)间的区别与联系：安全物质是安全信息的载体，安全物质的运动是产生安全信息的基本源泉，但安全信息仅是系统(包括系统内的安全物质)安全状态及其变化方式的表征，并非是系统(包括系统内的安全物质)的本身。安全信息与安全能量(安全相关能量)间的区别与联系：传递安全信息和处理安全信息均需安全能量，驾驭安全能量(事故致因理论之能量意外释放理论表明，事故是因能量意外释放所致。因此，从能量的角度来看，防控事故需从控制能量着手)则需安全信息；另外，安全信息是安全物质的安全状态及其变化的表征，安全能量则是安全物质产生安全破坏力的本领。由本体论安全信息和认识论安全信息的定义可知，系统安全行为主体(个体或组织)若要认识系统安全状态就必须获得系统的安全信息(本论安全信息)，优化(包括控制)系统安全状态则必须通过利用相关认识论安全信息来形成相应的安全策略信息。因而，系统安全行为主体认识系统安全状态和优化系统安全状态的过程是一个安全信息过程。安全管理失败的根源可统一归为安全信息缺失，解决安全信息缺失问题是避免系统安全管理失败的根本抓手。安全信息与安全行为(安全相关行为)间的区别与联系：安全行为开始于安全信息，安全行为的活动过程就是安全信息的运动过程，干预安全行为则需从安全信息着手；此外，安全信息又是安全行为及其变化的表征。

2.1.2 创建安全信息的论证

从理论而言，具备充分的学科普适性与独立性及极强的学科必要性和重要性，是创立一门新学科的基本前提条件。换言之，就建立安全信息学而言，即需回答“安全信息学，何以成立？何以为用？”这一关键问题。因而，除需分析创立安全信息是否具有坚实的现实基础外，更需深入论证在科学层面创立安全信息的重要缘由。信息科学方法是一种系统安全学研究的重要方法论。所谓信息科学方法，就是基于信息视角对某一复杂系统运动过程的规律性认识的一种研究方法。信息科学方法是指运用信息的观点，把系统的有目的性的运动抽象为一个信息传递和变换(主要包括输入、存储、处理、输出、反馈)过程，通过对信息流程的分析和处理，获得对某一复杂系统运动过程的规律性认识的一种研究方法。由此可知，信息科学方法是一种系统安全学研究的重要方法论。

根据安全信息的定义及其释义，可得出3条重要结论：①安全信息普遍存在于安全科学研究之中(在安全科学领域，安全信息是无处不在、无时不有的一类研究对象)；②安全信息不等同于安全物质、安全能量与安全行为中的任意一种；③安全信息作用巨大。毋庸置疑，安全信息是一切安全工作的基础，研究安全信息是所有安全科学研究的起始点。其实，以往的安全科学，尤其是系统安全学研究与实践对安全信息的广泛关注亦可反证这一结论的正确性。此外，随着现代社会逐步进入信息时代和大数据时代，安全科学的“信息学化”特征会变得更加明显，安全信息的作用会变得更加凸显。由此，运用严密的逻辑推理方法，可得出以下三条重要推论。

推论1：安全信息普遍存在于安全科学研究之中。在安全科学领域，对安全信息现象及其运动规律的研究具有普适性意义与价值。安全信息学的学科普适性成立。

推论2：安全信息不等同于安全物质、安全能量与安全行为中的任意一种。概括而言，传统安全科学的特定研究对象可统一概括为安全物质、安全能量与安全行为3种(传统安全自然科学的特定研究对象是安全物质和安全能量，传统安全社会科学的特定研究对象是安全行为)。在安全科学领域，对安全信息现象及其运动规律的研究自然应当成为一门独立的安全科学分支学科。换言之，在安全科学领域，以安全信息为基本研究对象的安全信息学本身就是传统安全科学学科分支无法替代的一门独立的学科。安全信息学的学科独立性成立。

推论3：安全信息具有很重要的作用，为能够更好地实现与利用安全信息的价值，应深入地研究安全信息。安全信息学的学科必要性与重要性成立。经论证，就科学层面而言，创立安全信息具备充分的学科普适性与独立性及极强的学科必要性与重要性。此外，就现实层面而言，创立安全信息具备坚实的现实基础。总之，开展安全信息学的创建研究具有重要的学术与实践价值，极有必要对其开展研究和探索。

2.2 安全信息学的提出

2.2.1 学科名称及定义

安全科学作为综合科学，在其与其他学科综合的过程中会形成一系列学科名称，综合的属性就直接体现在学科名称中。在安全科学领域，“安全信息”一词已被广泛使用，且绝大多数学者一致赞成使用“安全信息”一词。学术界习惯于用“学科研究对象某某+学”的方式来命名一门学科的名称，即“某某科学”或“某某学”，直接以学科研究对象某某为称谓的学科，即某某科学。人们一般采用“某某科学是研究某某现象及其运动规律的科学”的方式来定义这门学科。显然，安全信息作为安全信息学的研究对象，类似于人们对任何其他科学的定义。安全信息学与系统安全学的基本性质(综合性、基础性、普遍性与媒介性)完全一致。安全科学、信息科学同属交叉综合性学科，安全信息学研究与实践必然涉及安全科学二级学科分支(如安全自然科学、安全社会科学、安全生命科学及安全工程技术科学等)多学科知识。安全信息学类属于上述各安全科学分支学科的交叉范畴，具有高度的综合性。与此同时，鉴于安全信息是一切安全工作的基础，研究安全信息是所有安全科学研究的起始点，每一门安全科学的分支学科必然离不开安全信息学的支持与影响。

安全信息学是安全科学内部各分支学科进行交叉融合的产物，亦是安全科学各分支学科间的媒介科学。系统安全学研究与实践离不开安全信息，“安全信息”一词的滥觞最早出现于系统安全学。安全信息一直被视为一种必要而重要的系统安全要素，是系统安全学的最基本和最重要概念之一，安全信息的经典定义亦是从系统安全学角度出发而定义的。其实，就安全科学二级学科分支而言，系统安全学亦完全具备安全信息学的上述性质。

关于交叉科学的基本问题，如果将学科分为专门学科和交叉学科(尽管现在所有的学科已经很难说不会与其他学科交叉)，专门学科的研究层次通常可分为3类：基础研究、应用基础研究和应用研究，简称为上中下游研究。显然，上游与中游和中游与下游之间是没有明显界限的。如果与专门学科做比较，对于交叉学科而言，其研究是否也可分为几个层次？如果可以，各个层次的内涵怎样来定义？显然回答这两个问题对于交叉学科是有意义的。其实，交叉学科的研究同样可以分为3个层次，但各个层次的内容与专门学科是不相同的。

交叉学科研究的上中下游3个层次是：上游主要研究交叉学科的科学学问题，中游主要研究交叉学科自己的知识创新和交叉知识的吸纳，下游主要研究交叉学科的应用。三者相当于专门学科的基础研究、应用基础研究和应用研究3个层次。我们对上述交叉学科研究的3个层次做进一步解释。①交叉学科的科学学问题研究。解决交叉学科的交叉问题的理论是科学理论，这个内容与专门学科的基础理论有很大的不同：交叉学科的基础研究问题关注的是各学科之间的关联与交叉综合渗透等理论问题，是横断的科学问题；而专门学科的基础问题是自身的理论问题，是纵深的科学问题。②交叉学科的应用基础研究主要有两大领域：一是对交叉学科自身领域的应用基础问题的研究；二是从其他专门学科中提取可作为交叉学科的科学知识的问题研究。前者称为交叉学科的“自科学”研究，后者称为交叉学科的“它科学”研究，其中“它科学”研究是交叉学科不同于其他专门科学研究的重要区别。由于交叉学科涉及很多学科，因此需要一部分研究人员专门从事这一层次的研究，即基于所在交叉学科的发展目标和研究目的，源源不断地从所在的专门学科中物色、提取并改造出大量的适用于交叉学科的科学知识，为交叉学科的应用研究提供理论和技术支持。③交叉学科的应用研究与专门学科是一样的，但需要补充说明的是，交叉学科的应用研究领域比专门学科的要宽广很多，因为其应用领域包括“自科学”“它科学”应用领域，而“它科学”应用领域几乎涵盖所有领域。刘潜先生著的《安全科学和学科的创立与实践》一书的前言中关于安全科学的学科科学、专业科学、应用科学3个层次，与上面提出的交叉学科的科学学研究、学科的“自科学”和“它科学”研究、学科的应用科学研究3个层次是基本吻合的。

交叉学科的交叉属性有利于新学科、新产物等的诞生，当两种适宜的学科交叉或碰撞到一起时，可能就会有新理论、新方法、新原理的出现，但如何运用它们去解决实际问题，有待深入研究。交叉形式有多种分类方式：①按交叉形式分类，可分为穿插、包叉、重叠、捆绑、平面、立体等交叉；②按交叉的自动程度分类，可分为人工交叉、自然交叉及两种交叉同时作用；③按交叉的可视化分类，可分为有形交叉和无形交叉；④按交叉变化的情况分类，可分为静态交叉和动态交叉；⑤按交叉的涌现性分类，可分为正涌现交叉和负涌现交叉；⑥按交叉的范围大小分类，可分为小交叉、中交叉、大交叉等；⑦其他。研究交叉的分类、形式和规律有利于交叉学科的发展和解决交叉中存在的问题。现实中的交叉现象会带来很多问题，如组织管理机构的交叉问题，当管理机构归为一体化统一管理时，必然机构庞大，操作不方便；当将管理机构分开由不同管理部门分管时，则容易出现机构重复，互相推诿，会导致一些无人管控的真空地带。安全学科的交叉属性在本质上导致安全管理机构的设置比其他领域更加困难。为了避免交叉重复或出现安全管理的漏洞，这的确是个很大的难题。绕不过去的“交叉”是交叉学科的一大特征。安全学科的交叉是不可避免的问题，这是由安全学科的交叉属性所决定的。

学科的交叉、知识的交叉、组织的交叉、管理的交叉、权力的交叉、信息的交叉等，各种交义之间肯定存在相似性和互补性，交叉问题的设计、处理、实施等，存在着很大的研究空间和空白，安全学科同样如此。

鉴于此，这里给出更为科学、精确而具体的安全信息学的定义：安全信息学是以一定时空内理性人的身心安全健康为着眼点，围绕安全信息传播系统各要素内部和外部之间的信息传递机制，研究信息不对称系统的结构、功能、演化和协同作用等的一般规律，进而对安全信息开展分析、评价、管理、实践等活动，寻求实践安全信息最优对称化的一门安全学科分支。这个定义是包含安全信息基本概念、内涵、范畴、外延、对象和内容的大定义，定义的基本内容之复杂也反映出安全信息内涵之丰富、范畴之广泛。

新的学科定义需要不断的修正和补充才能最终实现科学化，安全信息学定义也是如此。在开创的过程中不断完善定义是必须考虑的问题，但是先提出来再完善的路子总是恰当的。安全信息学定义具有首创性，一定存在不合理之处，在科学发展的过程中需要不断更迭优化。

安全信息学的定义模型如图 2-1 所示，通过模型构建能清楚地知道安全信息学的研究对象、理论基础、研究内容和学科目标。

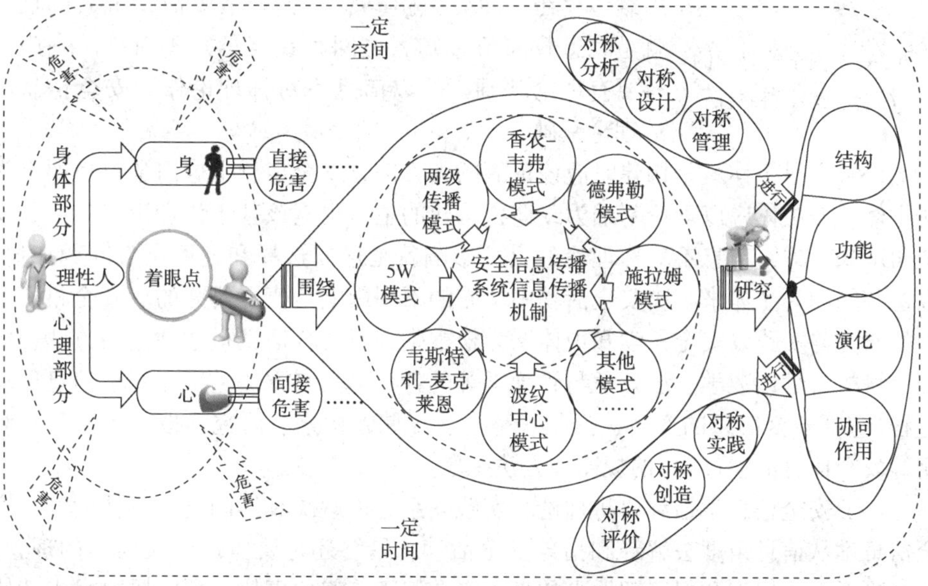

图 2-1 安全信息学的定义模型

2.2.2 安全信息学的内涵

从安全信息学的定义可以看出，安全信息学是一种跨学科综合交叉学科，将信息经济学中的信息不对称理论作为研究安全科学的切入点。由于信息不对称现象在安全活动中普遍存在，安全信息学的理论方法可以渗透到各种不同的安全学科中及所有安全领域里，对学科的理论化具有普适性作用，在信息思维中能够指导安全科学的基础理论具有信息特征。

该学科定义中的概念应具有科学性。因此有必要对安全信息学的定义中的有关概念进行一定解释，以揭示安全信息学的工具、基础、主体、目的等。概念图和简要解释如下：

（1）安全信息学是一门基础理论学科，具有一定的方法论意义。学科中也必然会涉及方法性的问题，因此将信息学和传播学作为学科基础。安全信息学是安全科学、信息学和认知学进行直接交叉渗透融合形成的，如图 2-2 所示。应用在安全科学领域的主要内容有信息的经济作用、经济效果、信息技术和信息经济理论，以信息不对称论为切入点，以传播模型为基础来构建安全信息学。

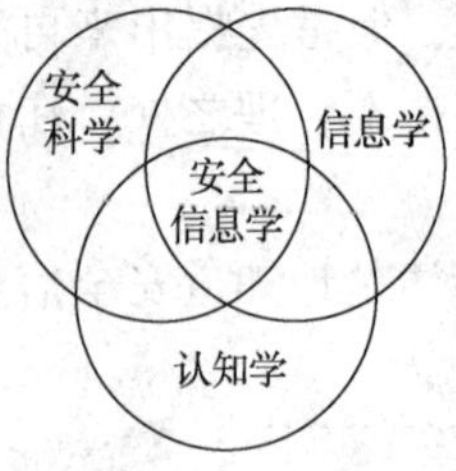

图 2-2 安全信息学的综合交叉学科属性

（2）信息不对称理论作为信息经济学的核心内容与安全科学结合具有前瞻性和合理性。体现在信息不对称理论的现象能诠释安全活动（包括风险防控伤害、职业病诱发、伤亡事故影响等），指导安全活动时，信息不对称理论可以从信息角度去抽象化概括性地指出根源问题。隐患载体存在着冲突（碰撞），就会造成事故。事故的根源就是隐患载体与感知者之间存在着信息不对称。一门学科要有理论基础，故以信息不对称理论作为安全信息学的理论基础。

（3）学科主体就是构建时应该依靠的大方向，安全信息学这门学科也要有学科主体。该主体应以理论基础为载体，构建的主体也应该基于该理论基础。从安全角度来考虑，信息不对称理论的负面影响就是逆向选择和道德风险问题如何。以这些问题为主体来解决安全活动中暴露的不利影响是值得研究的。安全科学领域的研究与实践以安全科学知识体系为根本基础，融合信息科学理论与方法，应用计算机科学、数学、统计学与管理学等的各种工具与方法，研究安全信息运动过程（包括安全信息的产生、搜集、整合、存储、检索、研究、报道、服务与利用等安全信息活动过程）的规律和方法手段。

（4）安全信息学最终要将理论和实践联系起来解决具体问题。具体而言，安全信息学从信息角度去解释和指导安全活动，最终还是要体现以人为本的理念，达到降低事故损失和保障理性人的身心安全健康。避免事故、预防风险发生就体现该学科的思想高度，这里的理性人就是以经济定义的人，就是经济活动中利己的获取最大效益的人。

（5）安全信息学定义中提到的规律涉及传播模式各环节自身信息的处理机制和环节之间信息的衰减、扰动、噪声和变异等规律的研究；提出的对称包含各环节之间的信息要等量、等质和等时；开展一系列活动旨在实现信息传播中的最优化均衡，达到信息的对称状态；通过实现对安全信息流动过程的监管、控制和干预达到削减甚至消除信息缺失的目的，以最优化技术实现安全信息的对称流动和等量等质传播。

（6）利用安全信息学理论最大限度地优化系统安全行为主体的安全信息行为，指导和促使系统安全行为主体最大限度地阐明和理解大量安全信息所包含的安全科学意义，以解决系统安全管理过程中的安全信息缺失问题，为基于安全信息的系统安全行为干预提供理论依据与方法，从而进一步发展安全科学理论与方法。

2.3 安全信息学的学科基本问题

2.3.1 研究属性与对象

安全信息学研究既具有理论意义，又具有实践意义。其研究的最终目的是，实现信息的对称和充分传播，减少控制安全活动的风险隐患及事故发生。

安全信息学的学科属性如表2-1所示。

表2-1 安全信息学的学科属性

学科属性	具体解释与举例
综合性	学科涵盖的范围较广
交叉性	安全科学与信息经济学的交叉性
经济学性	以信息经济学中的信息不对称理论为基础，因此安全信息学也体现出经济指标
基础性	信息不对称现象作为普遍存在的经济现象，具有基础性和本源性。对于安全信息学而言，其本源性反映在安全活动的一切形式都可以归结为信息的传达和处理上
目的性	以降低事故损失、保障理性人的身心安全健康为目标
实践性	安全信息学具有很强的实践性，其方法可以解释和指导具体工作活动
部门性	安全信息学相对于一般信息学，具有部门的属性

随着信息技术在各个学科领域的应用普及，各个学科均在形成一个关于本学科信息问题的系统性知识体系。因而与安全管理学、安全文化学与安全经济学等一样，安全信息学既是安全科学“信息化”的产物，亦是信息科学本身发展的必

然趋势。安全信息学是信息科学理论与方法在安全科学领域的渗透与应用，其介于安全学科与信息学科的交叉处，属安全学科与信息学科通过交叉与综合而派生出的边缘性学科。同时，安全基础科学研究事物安全运动的一般规律，信息科学研究信息运动过程的一般规律，而安全信息学研究安全信息运动过程的专门规律。因而，安全信息学与安全科学、信息科学的关系亦是一般与特殊的关系和共性与个性的关系。

相关学者及我国现行的学科划分标准将安全信息学相关研究划归为安全科学二级学科分支之系统安全学的一个分支学科，具有充分的理论依据和现实基础。此外，根据学科结合的不同形式，可将学科结合的类型划分为线性(将一门学科的原理与方法应用至另一门学科之中)、结构性(将2门或2门以上的学科融合生成一门新学科)、约束性(在一个具体目标要求的约束下，进行多学科的协调与融合)3种。显然，安全信息学是安全科学与信息科学2门学科通过“线性”与“结构性”学科结合形式形成的一门新兴学科。再加之安全信息学本身具有基础性与普遍性，因而，在安全科学学科体系中将信息科学定位为一门安全科学基础学科分支更为科学而合理，尽管过去不少学者单纯从“线性”学科结合形式角度，将安全信息学误解为应用型科学或安全工程技术科学。

安全信息学的研究对象就是外界环境和设备设施等信息流意外加于人所造成的人的身心危害，以信息传播模式各要素内外部之间的信息传播机制为重点。由于人对于信息的不完全掌握而引发的一切消极影响，由安全信息的类型可知，安全信息学的研究对象主要包括生产生活过程中的安全信息、安全管理信息和指令性信息等。安全信息学的研究对象根据应用范围不同，可以针对企业生产人员、管理人员、社会生活方方面面，只要能涉及安全问题的均适用。

2.3.2 研究内容

由安全信息学的定义与内涵可知，基于信息不对称理论的安全信息学内容包括物质本身特征信息的不对称、人与人之间的信息不对称、人物环之间的信息不对称和安全管理信息不对称这四大方面。综合考虑人机环管各因素，将安全信息学的研究内容总结分类，如图2-3所示。

具体而言，安全信息学的主要研究内容有以下方面：

(1) 物质本身特征信息。这里的物质是广义上的客观实体，包括机械设备和各类生产生活设施。现实中的物质安全会表现出多样性，具体包括以下几种。①物理特性：指人们通过眼观、手摸、耳闻等感觉器官获得的诸如外形、软硬、气味等特性信息，例如外形多刺且表面粗糙的狼牙棒本身就具有典型安全特征。②安全特性：物质在原料、辅料、工艺、储运和使用环节中，因人为或自然因素造成品质低劣和质量下降，有害有毒物质超标或因物质的约束破坏而意外释放

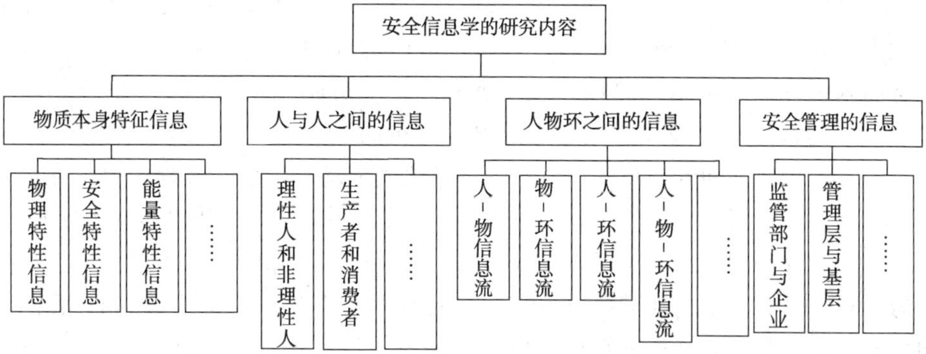

图 2-3　安全信息学的主要研究内容

等，例如塑胶产品的生产工艺控制不合理，使用劣质塑胶铺设而成的毒跑道。③能量特性：物质均存在一定的能量，有的物质能量巨大，所释放的能量是人们不愿意接受的，如原子弹爆炸的能量。能量需要约束在一定范围内才被认为是安全的。物质本身的能量信息对人类安全具有深远的影响，例如通告控制核裂变链式反应来实现核能的安全利用。物质本身的信息复杂多样，人们也很难准确了解和掌握这些信息，更难以辨识出物质的安全特性，即人们对物质的生产过程、安全和能量特性不完全了解。物质安全信息的难辨识性直接导致了人物之间的信息不对称，因此需要研究如何减少消除这样的不对称信息。

（2）人与人之间的信息。安全科学研究中一般认为人的行为是完全理性的。然而，现实生活中也存在非理性人的行为，这就是所谓的"机会主义行为"。通过信息不对称理论可知：这种机会主义行为往往会带来逆向选择和道德风险问题，逆向选择会导致安全活动出现不利选择。这里的人可以理解为生产者和消费者，也可以理解成理性人和非理性人。在前一种情况下，消费者不掌握市场知情权和选择权，生产者在追求利润最大化、成本最小化的过程中往往会选用不合格产品以次充好，低价出售给消费者；消费者因不了解产品质量和安全信息以及对市场不知情，往往会选择低价产品。消费者和生产者就存在信息不对称，这样消费者在不知情的情况下选择了劣质产品。产品存在有毒有害及侵害人健康的危险信息，这就涉及信息不对称带来的道德风险问题，例如，圆珠笔生产中就存在笔帽生产不合格而发生多起儿童误吞窒息事故。生产者为了降低成本不按照要求设计开凿通气孔，消费者在购买时并不知晓笔帽生产者的隐蔽行为，消费者也不能察觉这样的行为，所以会选择廉价且危险的圆珠笔。后一种情况下同样存在逆向选择问题：非理性人往往会追求机会主义，其行为也带有一定的危险性，理性人可能会受其影响而盲从，例如酒后开车闯红灯时非常危险的行为：饮酒后人的思维迟钝意识不清，这样的非理性人往往不觉自己非理性；在车流密集的公路上，在前方的酒驾者无视交通信号灯高速穿过十字路口后，后方的理性人因视线问题驾车尾随穿过而酿成车祸，这样的理性人的行为就被非理性人的行为影响了。因为理性人不清楚非理性人的精神状态而未采取紧急应对措施以致发生事故。综上所述，人与人之间信息不对称导致的逆向选择和道德风险问题也是值得分析的。

（3）人物环之间的信息。信息在人物环之间流动和传播的过程中也存在信息不对称现象：人们在操作机器设备时因不知道其工作原理、结构特点和适用条件而发生机器设备的故障甚至事故；人们也不知道这些故障或事故信息也可能在物与物之间传播而导致连锁耦合故障；人们也不知道机器设备和环境之间存在怎样的联系，在各方面信息都不知道的情况下去操作设备就容易发生不可控的事故。同样，机器设备如果不清楚环境对其的影响，就很难实现其最大价值；人如果不知道环境对自己的影响，也是不能适应环境的。例如：炼化装置仪表工对装置的材料特性、装置内化学反应机理等不甚了解，就很有可能引发装置故障甚至造成事故；高温工作机器缺乏环境指标检测显示功能，就不能适应环境突变带来的停机甚至死机故障；煤矿井下工人对矿井瓦斯浓度不监测，就极有可能因环境瓦斯超标而发生爆炸伤亡事故。

（4）安全管理信息。安全监管成本高、耗时费力，导致监管部门疏于监管和控制。企业的安全信息和事故统计情况存在谎报瞒报甚至不报的情况，监管部门就不会掌握真实安全信息。导致监管部门和生产企业之间的信息不对称，本质上就是安全管理的信息不对称。管理者制定的制度和预案往往不能真正落到实处，基层工人的违章信息又不能及时反馈到管理层。安全管理的信息不畅也会导致信息不对称，因此在安全信息学中研究如何高效及时实现安全管理信息的传播是重要内容。

2.3.3 安全信息学理论基础

1）支撑学科

安全信息学科的基础体系涉及自身的概念，构建新学科就有必要对学科中的基本概念加以重新思考和定义，安全学科中的传统概念在此就能推论出新的内涵。表 2-2 所示是一些安全概念的基础定义表达。

表 2-2　由安全信息学定义推论而来的安全基础定义新诠释

概念	定义的新诠释
安全	安全是隐患载体（隐患信源，包括人、物、事、组织及其组合等）与感知者（感知信宿，包括直接涉事人和间接涉事人）之间在一段时间里没有存在信息不对称的存在状态
风险	风险是指一定时空内，理性人与物质和环境之间存在信息不对称的状态而产生的危害的可能性及其严重度的组合

续表

概念	定义的新诠释
危险	危险是指一定时空内隐患载体与感知者之间存在信息不对称状态且该状态对理性人的身心可能受到外界危害的存在状态
隐患	隐患是隐患载体(隐患信源，包括人、物、事、组织及其组合等)与感知者(感知信宿，包括直接涉事人和间接涉事人)之间存在着信息不对称
事故	事故是指由于隐患载体存在着信源不透明、信息传达不清、信道不畅或信宿故障等状态后发生有形或无形的伤害或损失
危害	危害是指由于信息不对称而引起理性人的伤害或对理性人的身心健康造成负面影响的情况
危险源	危险源是指危害理性人身心健康的一切信息不对称源(包括信源、信道和信宿内部及之间的信息传递壁垒或屏障)

从学科理论角度出发，安全信息学是安全科学的三级学科分支之一。学科的理论基础包括哲学基础、科学技术基础和工程技术基础。安全科学也具有多学科交叉综合性，各学科知识都可以应用和渗透到安全学科中。安全科学的交叉融合属性决定了必须具有创新性发展的能力，虽说学科之间有藩篱，但是从整体上看，能够把学科的本质归纳出来，以比较的视角来建立新的理论是具有前瞻性的尝试。因此，有必要将其他学科的知识(比如信息学、传播学和认知学的理论)结合到安全科学中去。这样的结合不仅仅是理论的套用，而且是转化和创新发展。理论的建立属于上游层面的架构，这样的架构需要中游和下游的支撑，也需要其他上游的支撑。在学科之间抽离出共性的东西是支持安全科学发展的必由之路。因此，交叉综合特点决定了安全科学的综合属性。将安全科学学科与信息学和传播学学科交叉综合形成的安全信息学自然具有交叉性特点。安全信息学的学科基础是安全科学、信息学和传播学，其中以信息不对称理论为学科的理论基础。哲学的认识论和方法论以安全信息学的哲学、信息经济学等为科学技术理论基础；以系统工程、信息工程、控制工程和设备工程等为工程技术基础。安全信息学是安全科学与信息学的交叉学科，从信息角度去考察安全问题，涉及的理论基础很庞杂，其他学科给安全信息学提供理论与方法支撑。安全信息学的理论基础如图 2-4 所示。

2）学科分支

由于信息可以看作是客观世界一切变化和特征的反映，信息就能认为是客观世界这个“形”的“影”来理解。一切事物都具有信息的属性，信息学自然具有学科本源性。安全科学也具有多学科交叉综合性，各学科知识都可以应用和渗透到安全学科中。根据学科结合的不同形式，可将学科结合的类型划分为 3 种：线性即将一门学科的原理与方法应用至另一门学科之中；结构性，即两门或两门以上

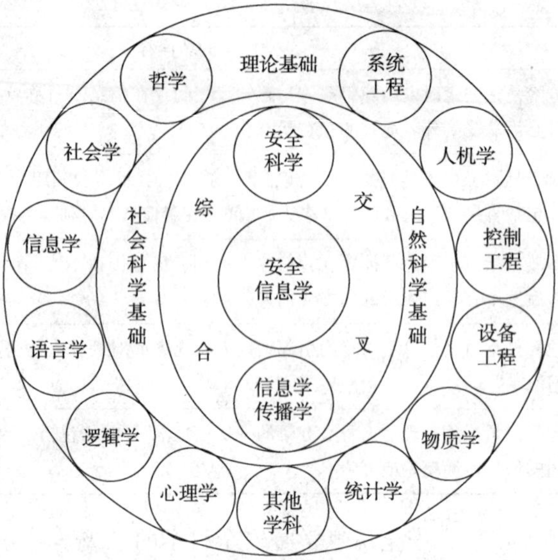

图 2-4　安全信息学的理论基础

的学科融合生成一门新学科；约束性，即在一个具体目标要求的约束下，进行多学科的协调与融合。显然，安全信息学是安全科学与信息科学两门学科通过“线性”与“结构性”学科结合形式形成的一门新兴学科。再加之安全信息学本身具有基础性与普遍性，因而在安全科学学科体系中，将信息科学定位为一门安全科学基础学科分支更为科学而合理，尽管过去不少学者单纯从“线性”学科结合形式角度，将安全信息学误解为应用型科学或安全工程技术科学。研究安全科学不能将目光局限在本学科内，必须具备全科素质和意识。从学科体系中可以看出，目前安全领域有许多尚待补充完善的空白。表 2-3 中体现的理论研究和应用范围均涉及各行各业及各个学科层次。

表 2-3　安全信息学的学科分支

序号	交叉学科	研究内容
1	安全哲学信息论	哲学元理论与信息学的结合，从信息角度理解安全哲学话题，吸收哲学的认识论和方法论，研究信息在人类安全认识和方法实践中的作用
2	安全信息史	中外古代、近代和现代安全信息发生、发展和演变过程及规律
3	灾害信息学	研究灾害发生发展过程中信息的产生、传播和利用规律性，同时为防灾减灾提供相关信息
4	安全社会信息学	安全社会性、社会结构和安全社会系统与信息的相互作用
5	安全法信息学	法律对于安全信息的保护和将信息技术方法应用于法律，以支持法律研究及实务

续表

序号	交叉学科	研究内容
6	安全信息经济学	信息在实现安全效益和安全投资的表达形式和实现条件；非对称信息下的安全经济活动规律效果影响和事故的经济规律
7	安全信息管理学	运用信息管理学理论方法实现安全管理方法、OHSE体系和事故统计分析数据的系统模块化和信息化
8	安全信息教育学	安全技能的教育培训等信息，探索教育信息的产生、传播和储存方式；研究教育信息对人的认知活动的影响规律
9	安全伦理信息学	安全与财富值的信息博弈、安全与道德博弈活动和个人权利伦理规范信息化研究
10	安全信息文化学	安全信息理念和文化的发展规律
11	安全信息物质学	人安全健康的客观实体——物质的信息属性对人身体的影响，不利信息熵危害研究
12	安全人体信息学	安全人体信息的发展规律，组织或系统机能变化信息对人的安全状态的影响
13	安全生理信息学	人的生理特征信息与安全行为之间的联系，人体生理信息感知、处理和反馈活动与安全感知、作业效能和安全健康效果的规律探究
14	安全心理信息学	意外事故发生信息对人的心理活动的规律；紧急信息和警告指令信息下人的反应模式；安全信息的宣教效果；告知风险信息后，人的冒险行为及其测度研究
15	安全人机信息学	人机工程学知识解决人机结合面安全问题，涉及人、机、环之间信息的传递和人机信息交互作用对人舒适高效工作的关系和规律
16	安全控制信息学	设计安全系统运用控制学理论来实现安全控制，将控制变量信息化处理，实现受控对象和控制者之间信息传导和形成研究
17	安全信息模拟与仿真学	将人、物、环之间的信息交流通过计算机或者实物模型来进行仿真研究
18	防火防爆信息工程学	人对燃烧与爆炸初起信息的反应，防火防爆超前预防信息对职业健康的研究
19	消防信息工程	消防设备设施设计选型信息、消防设计参数、火灾事故统计与分析和建筑物防火规范数据规律
20	安全机械设备信息工程	特种设备设计生产使用参数信息、维护保养台账记录信息和机械设备事故案例统计

续表

序号	交叉学科	研究内容
21	安全电气信息工程	带电设备装置电信息对人体的传导伤害，防触电警示信息和设备隔离指令信息
22	安全系统信息工程	对系统风险信息和系统控制预测信息进行收集整理和研究
23	公共安全信息工程	公共领域安全信息的规律，人群活动统计，城市安全防控信息和风险预警
24	其他安全信息学	……

3）信息传播模式与程序

安全信息学作为安全科学的三级学科，其学科体系具有安全科学其他学科的共性和个性特点。相关学者及我国现行的学科划分标准将安全信息学相关研究划归为安全科学二级学科分支之系统安全学的一个分支学科，是具有充分的理论依据和现实基础的，是科学而合理的。搭建学科框架可以从不同视角着手，以学科研究的主要内容和理论基础进行展开。安全信息学衍生的四大研究内容共同组成安全信息学的学科体系。借鉴传播学中的信息传播模式，通过改造结合形成安全信息学的安全信息传播模式如图 2-5 所示。其中的编码者执行安全信息的加工发出功能，解释者执行解释意义，译码者执行接收的符号解读功能。

人与人之间安全信息传播模式。奥斯古德-施拉姆模式体现出人际信息传播的特点，能解释信息不对称的来源。该模型是安全信息在人与人之间传播和影响的机制解释。这里的人包括理性人和非理性人、生产者和消费者等组合关系群体。这里的安全信息不对称体现在编码者与译码者之间存在安全信息传播障碍，编码者和译码者自身对于安全信息的理解加工和解释冲突，安全信息发出者与接受者之间存在反馈作用，如图 2-5(a)所示。

人、物、环之间的安全信息传播模式。香农-韦弗模式解释了存在于人、物或者人、物、环之间的安全信息传播过程。由物或环境产生的安全信息源通过串联最终到达人的过程是会受到“噪声”干扰的，这个噪声理解为影响人判断物质信息和接受状态的一切外界环境因素。发射器相当于机械设备铭牌、监控仪表盘、控制柜等，接收器就是人的各种觉器官，安全信源到安全信宿的信息流动过程必定会产生各种信息不对称状况，如图 2-5(b)所示。

安全管理的安全信息传播模式。SMCR 模式对安全管理中管理者和被管理者的管理目标和管理内容进行表达，管理信息不对称来源于这四个阶段，管理信息流具有反馈作用，如图 2-5(c)所示。

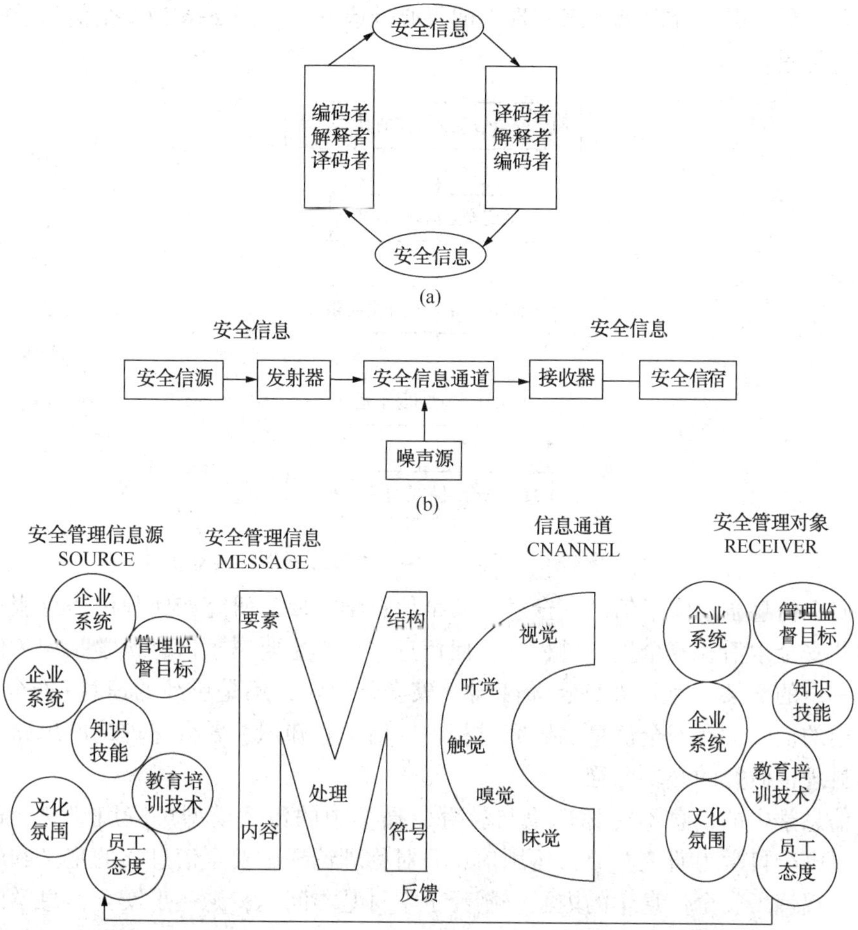

(c)

图 2-5　安全信息的典型传播模式

安全信息学作为一门综合交叉学科，具有一般学科实施的方法步骤。首先，明确安全信息学研究的具体问题，确定安全活动的对象，包括安全主体(人)、安全客体(物和环)、安全要素(管理和制度)等，以安全活动中人、物、环、管等方面的活动信息为问题的切入点，用信息不对称理论来说明指导安全活动的实质。其次，对所确定的安全问题进行概念化及条理化处理。安全问题涉及生产生活的方方面面，从安全信息学研究内容角度来考虑，可以将安全科学问题划分为物质本身问题、人与人之间的问题、人物环之间的问题和安全管理的问题四大类。有了层次清晰的划分和概念化处理，就能更容易地分析这些问题背后的信息学原因。此外，问题分析过程将信息不对称理论下的安全信息传播模型化为易于理解的关系，实现信息不对称的具体化过程。最后，提出安全问题的对策措施。基于信息不对称理论的安全信息学解决安全活动存在的问题，指导实施安全计划和规划问题，提出合理措施来实现人的身心健康安全。图 2-6 为安全信息学一般程序简化图。

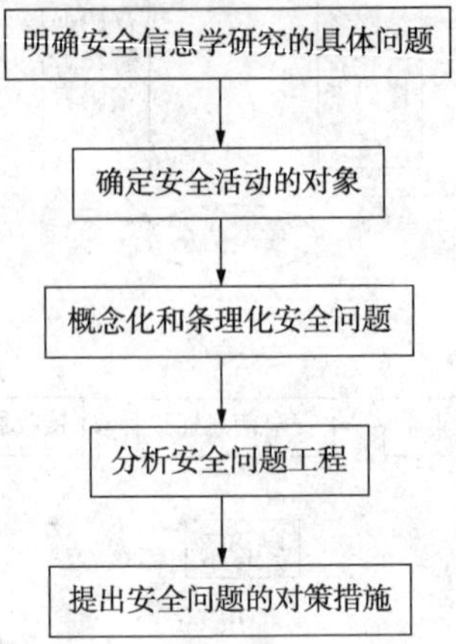

图 2-6　安全信息学一般程序简图

安全信息学不同于信息安全学，安全信息学主要是研究如何利用信息服务于人们的安全生活和安全生产过程等，而信息安全学主要属于信息科学领域，但两者有一定的交叉。因此，安全+信息学=安全信息学，不是单纯的信息+安全=信息安全的形式。在安全信息的研究过程中，借鉴它知识、融合它理论的思路，是新学科理论研究的必要路径。

信息学中的信息不对称理论与教育传播学中的传播模型可应用到安全科学中，以安全科学为研究对象，运用信息不对称理论提出安全信息学的定义和研究内容，提炼了安全信息学的内涵，阐释了学科基本问题；论述了安全信息学的学科分支及基础，将安全科学学科与信息学学科交叉综合形成的综合学科进行扩展和演绎；从安全科学的研究对象和内容入手阐述了物质本身特征信息、人与人之间的信息、人物环三者之间的信息和安全管理的信息四方面作为安全信息学的研究内容，同时给出了基于安全信息学的安全科学基本概念的新诠释；提出安全信息学的理论基础包括哲学基础、科学技术基础和工程技术基础；构建了安全信息学基本框架和一般程序，该程序最终旨在解决指导安全活动的决策措施如何实施；从信息学的视角，以信息不对称理论为方法去探究事故发生或者风险事件的根本原因；通过对安全信息学定义、内涵、意义、研究对象、研究内容、学科概念表示、理论基础、信息传播模式和研究一般程度等进行阐述和分析，以学科创建视角来探索安全信息学的构建。在构建的过程中，需要从宏观的角度去考虑理论的价值和普适性，从微观的角度去考虑基础研究的必要性。构建的安全信息学为安全科学研究提供了新思路和新方向。

第3章 安全信息学原理

3.1 安全科学原理

3.1.1 原理简述

自然科学和社会科学中具有普遍意义的基本规律，是在大量观察、实践的基础上，经过归纳、概括而得出的，既能指导实践，又必须经受实践的检验。科学通常指某一领域、部门或学科中具有普遍意义的基本规律。科学的原理以大量的实践为基础，故其正确性为能被实验所检验与确定，从科学的原理出发，可以推衍出各种具体的定理、命题等，从而对进一步实践起指导作用。原理属于科学理论之一。科学理论是人类认识长期发展的总结，是在实践经验的基础上经过思维加工而形成的具有严密逻辑结构的学说体系，因此实践检验是科学理论真理性的标准，也是科学理论产生发展的源泉和动力。科学理论的建立要经历从假说到科学理论的转化过程，它的形成和发展与辩证思维是密切联系的，因此只有辩证的思考才能真实、正确地说明自然界和人类社会各种事物的内在联系，解决理论的选择、思想评价的科学性及建立严整的理论体系。科学理论来源于实际，是为了解决实际问题而提出的理论要求。因此，一切真正的科学理论都必须和实际相结合。凡是脱离实际的理论，不能解决实际问题的理论，都不是科学理论。唯物论、辩证法为科学理论的形成提供了正确的世界观和方法论，而科学理论本身又是唯物论和辩证法的具体体现，甚至是它们直接应用的科学结晶。科学原理具有抽象性、逻辑系统性、客观真理性等一般特征。

1）抽象性

所有科学理论都具有抽象性（只是抽象程度不同而已），它们是对经验事实的简化或概括。这是因为任何事实或现象都受到众多因素的影响，由于研究手段和条件的限制，不可能对经验、事实之间的各种各样的关系都加以考察，因此在分析事实时必须对事实进行必要的简化，借助于理性思维中抽象与想象的力量，排除事实中那些（在理论家看来）无关紧要的因素，提取研究对象的重要特征，即筛选出问题的关键变量，从而使事实易于分析，并以纯粹的形态（观念上的纯净体，如理论模型)呈现出来。这决定了理论是关于经验事实的思想构造，是一种并非现实而又合乎规律的东西，它既离开了现实又不偏离现实(建立在经验的基础上，又高于经验)。它为描述经验现象或事实提供清晰的表达手段。林毅夫认为："理论的构建近乎艺术。好的经济学家和一般经济学家的区别就在于好的经济学家能把握重要的、一般的、简单化的，但又不偏离现实太远的条件于他的理论中。"

例如，马克斯·韦伯曾区分了三种权力类型：合理-合法型权力、传统型权力和特殊威信的权力。但考察历史上或日常生活中形形色色的行政管理组织，并没有一种权力的具体执行方式严格符合以上权力的特点，换言之，以上3种权力类型从不曾以纯粹的形态存在于现实之中。实际上，上述权力类型是从历史与现实中经抽象而提炼出的"思想构图"，是一种理想类型。它们不是描述性概念，不对应于某个具体的经验实体，也不是规范性的概念，不具有伦理学含义。韦伯所强调的理想类型也并非目的，而是一种认识手段，即比较、衡量与所观察到的现实之差距的工具。再如，卢因(Kurt Lewin)于20世纪40年代初第一个提出了"组织变革过程模型"。他认为，任何组织的变革都要经过"解冻—变革—再解冻"三个阶段。这一模型比较简单和抽象，它描述了组织变革过程的整体轮廓，有着开创性和奠基性意义。相比之下，科特提出的组织变革模型"建立危机意识—组建强有力的指导团队—创建愿景—与成员就愿景进行广泛沟通—授权他人按愿景行事—规划短期目标，创建短期成果—巩固成果并深化变革—把新方法制度化"则更接近于管理实际，具有一定的操作性。类似的模型还有唐纳利等开发的组织变革模型。后两种模型(以及其他组织变革模型)是在卢因模型基础上进行诠释、细化、完善与发展而形成的。

根据理论的抽象-具体程度，可以将理论划分为3个层次，即宏观理论、中观理论和微观理论。相对而言，宏观理论(或一般性理论)往往以广泛的经验现象为对象，提供一种高度概括的、一般性的解释框架。换言之，宏观理论一般不用于直接解释具体的经验现象，或直接为解决具体问题提供具体的指导或具体的技术，而是更多地作为研究者观察问题、分析问题的一种理论视角或理论背景。例如，包括诸如经济人假设、社会人假设、自我实现的人假设等在内的人性理论，为人性的多样化和复杂性这一事实提供了一种系统的解释。这一理论在社会学、伦理学、经济学、管理学等众多学科领域都具有广泛的影响，为这些学科领域中关于个体的行为分析提供了一种分析框架。它不单单是为解释管理领域的现象而被发现和存在的，而且人性理论或其中的某个人性假设也不能为管理激励提供具体的技术支持。

用于解释具体的经验现象或直接用于指导具体问题的解决的是微观理论。在最简单、最为典型的意义上，一个陈述经验现象两个变量之间关系的命题就是一个微观理论，例如“良好的工作环境导致较高的生产率”“高满意度导致较高的生产率”。介于二者之间的是中观理论。它基于宏观理论并以某一类现象或某一方面的现象为研究对象，提供一种相对具体的分析框架。如马斯洛需要层次理论，就以人性理论为基础，通过引入需要层次分析模型，较具体地解释了个体行为的多样化现象和个体行为的决定。双因素理论则在马斯洛研究的基础上又进一步解释了个体行为的持续性问题。从需要层次理论到双因素理论以及其他代表性激励理论，是一个理论的抽象色彩逐步减弱、具体色彩逐渐增强的演化过程。分工理论、古典管理理论、组织设计的分工原理之间的关系也是一种典型的层次关系。分工理论具有一般性，适用于解释经济学、社会学、管理学等广泛学科领域。古典管理理论则将分工理论引入到组织任务管理（作业管理）、行政管理等领域，是分工理论的具体化。基于古典管理理论以及后来的其他管理理论，组织设计的分工理论逐步成熟，形成职位分析与评价的完整技术体系。

2）逻辑系统性

科学理论具有严密的逻辑性与系统性特征。科学理论不是诸多概念与原理的简单堆砌，也非各种互不相关的论据和论点的机械组合，而是一种系统化的逻辑体系，它建立在明确的概念、恰当的判断、正确的推理与严密的逻辑证明基础之上。

由于科学理论建立在对经验事实的简化即一定的前提假设之上，因此，任何科学理论都有其特定的边界或有效范围。换言之，科学理论只有当各种特定条件得到满足时，它才是有效的。由此，为了使一个理论可以应用于某种给定情况，给定情况的环境应合理地近似于理论的前提假设。当一个特定的理论不适合某种特定情况时，并不意味着理论失去了效力，它只表明这个理论不能应用于那种情况。条件的改变可以使理论成为不适条件，这意味着理论并不能对错综复杂的问题提供简单的、“魔术般”的答案或解决方法。同时，这也意味着对理论的唯一检验是它的内在逻辑。

3）客观真理性

任何科学，包括自然科学，之所以能够称为科学，就因为它们都具有客观真理性，这是科学的一个最根本特征。所谓科学的客观真理性，首先是就其来源而言，它是以存在的事实为研究对象，以客观事实为基本依据和出发点的；其次是就其内容而言，它是对客观事物本身所具有的本质及其规律性的真实反映。

客观真理即真理的客观性。辩证唯物主义从物质第一性、意识第二性的前提出发，认为真理是人的意识对客观事物及其规律的正确反映。因此，凡真理都是客观的，主要包含两层意思：①在真理性的认识中包含着不以人和人类意志为转移的客观内容；②检验真理的标志是客观的。人的认识是否真理，不以任何个人、阶级的意志为转移，只能以社会实践为标准。客观真理或真理的客观性表明，人们不能任意创造、改变真理，只能在实践中认识、发现真理。尽管人们的立场、观点和方法不同，观察同一事物可以得出不同结论，但对同一事物的真理性认识只能有一个，真理所反映的客观内容不会因人们对它的不同态度而改变。真理本身没有阶级性，但在阶级社会，人们对真理的认识和运用受着阶级的制约和影响，尤其是社会科学真理，总是这样那样地涉及各阶级的利益，不同阶级会对它有不同态度。如马克思的剩余价值学说，得到无产阶级的拥护，却遭到资产阶级反对。

3.1.2 安全科学原理认知过程

一门学科之所以能够建立，离不开该学科自己理论体系的支撑。随着安全的范畴、内涵和外延不断拓展和大安全体系的建立，多年来主要针对安全生产所建立的有关安全学原理，已经远远不能满足于描述、演绎、归纳和解决当今诸多安全问题的需要，同时也出现了很多用现有安全理论难以解释的安全问题。近年来，有关安全原理的探讨不断见诸各种论述之中。安全原理涉及社会经济、科学发展等众多领域，综合了行为科学、管理科学、工程控制技术、信息论以及安全生产等理论和原则，是人类安全活动最为基本的理论核心。

根据以下原则确定安全科学原理。①普遍性原则：这些原理应该是普遍存在的，对于每一个人、每一个单位、每一项安全活动都是适用的，处理任何安全问题都离不开这些原理。②自动作用原则：这些原理发挥作用应该具有自动性，存在于人们生产、生活的方方面面，人们从事安全活动的时候即使不知道它的存在，它也照样发挥作用。③惩罚性原则：在任何安全活动中，无视或违背这些基本原理就可能引发安全事故，造成经济损失，降低安全管理效果等。④指导性原则：这些原理对安全问题具有普遍指导意义。为了更好地开展安全活动，安全人员不仅要牢记这些原理，还要深刻领会，不知道、不会运用这些原理就不能算是高素质的安全人。⑤整体性原则：所有安全原理应该是一个有机的整体，既能从不同的角度反映安全问题的基本属性和基本规律，指导人们高效地开展安全活动，又不能相互矛盾，让人们在运用的时候无所适从。⑥交叉原则：由于安全学科本身是一个涉及领域特别广泛的综合性学科，因此其他学科领域的理论、原理，只要符合本学科的基本宗旨、符合上述基本原则都应该吸收进来，尤其是管理学、心理学方面的理论。

安全科学学是研究安全学科的学科，安全科学学以安全学科为研究对象，研究目的在于认识安全学科的性质特点、关系结构、运动规律和社会功能等，并在认识的基础上研究促进安全科学发展的一般原理、原则和方法。安全科学学的开阔视野可以进一步促进人们对安全科学研究中一些重要的基本问题的认识。

1）安全现象、安全规律和安全科学

安全现象是可观测的安全状态表象，安全规律是藏在安全现象背后的可重复联系，安全科学是关于安全现象与安全规律的知识体系。安全科学可以由安全现象到安全规律，再发展到安全科学。基于安全科学学的高度和大安全的视角，经过长时间的思考，从顶层提出的可以高度概括大安全科学体系的第一层次的学科分支应包括生命、自然、技术、社会和系统5个要素。安全科学研究旨在保护人的生命安全，这是毋庸置疑的，“生命”理所当然地成为第一要素，而有形和无形的“物质”是附属于人的，在安全重要属性排序上是在人之下的。之所以把“自然”“与“技术”作为两大要素，主要原因是自然科学更多的是研究揭示自然现象，而技术科学更多的是研究“人造环境和人造物”的科学规律，而且后者已经发展成为为人所用的庞大学科体系。安全离不开社会，“社会”也是核心要素。生命、自然、技术和社会组成了一个庞大的系统，形成了第5个重要的要素“系统”并给出了安全科学的属性。基于现象—规律—科学3阶段和生命、自然、技术、社会、系统五大要素，安全科学发展过程3个阶段中所包含的5类现象、5类规律和5类科学及其相互对应关系如表3-1所示。

表3-1　安全现象、安全规律和安全科学三阶段包含的内容

不同阶段	安全现象	安全规律	安全科学
内容	安全生命现象	安全生命规律	安全生命科学
	安全自然现象	安全自然规律	安全自然科学
	安全技术现象	安全技术规律	安全技术科学
	安全社会现象	安全社会规律	安全社会科学
	安全系统现象	安全系统规律	安全系统科学

安全科学是一门以人为中心的学科，其本质是以人为本；安全科学是一门综合学科，其核心思想是安全系统思想。所以安全现象和安全规律的定义可以进一步深化为：安全现象是人与安全系统相互作用的现象，安全规律是人与安全系统相互作用的规律。这一定义具有强烈的激励作用，因为中国是事故和灾害大国，中国社会和经济生产中涌现出的安全问题和自然灾害在强度、广度和深度方面几乎为世界之最，这意味着中国人拥有着建立安全科学原理的实践基础和客观条件，这一认识激励人们对安全科学原理进行持之以恒的研究。需要说明的是，在这里用“安全现象”代替“安全问题”，是因为虽然大家经常使用的术语是安全问题，但安全问题通常是指负面的，而人与安全系统相互作用的现象有许多都是正面的。

2）类安全科学原理

基于表3-1中安全现象、安全规律和安全科学的对应关系，可以得出：安全科学的基本任务在于揭示安全基本规律，安全规律包括安全生命规律、安全自然规律、安全技术规律、安全社会规律及安全系统规律。安全科学原理是安全规律的核心部分，因此，可以认为安全科学原理包括安全生命科学原理、安全自然科学原理、安全技术科学原理、安全社会科学原理和安全系统科学原理5类原理。5类安全科学原理构成了一个完整的安全科学核心体系，它们与安全规律体系一一对应。在认知安全现象和解决安全问题的过程中需要掌握5种不同的规律，仅仅掌握其中一种规律既不能全面认识安全现象，更不可能解决安全问题。因此，从系统性出发，作者认为，安全科学完全应该是一门独立科学。安全规律尽管与生命科学、自然科学、技术科学、社会科学、系统科学有交叉，但以安全为着眼点和系统性出发，安全规律也是独立于其他科学规律的规律。

3.1.3 安全科学原理基本分类

1）安全生命科学原理

安全生命科学是安全科学与生命科学的交叉学科，主要研究生命特征、生命运动规律、生命与环境的相互作用等现象对人的安全状态造成的影响，以顺应生命规律、保障人的安全、实现人的健康和舒适为根本目标。从安全的范畴和视角来看，涉及的主要二级原理有安全人性原理、安全人体学原理、安全生理学原理、安全心理学原理和安全生物力学原理，五理合一，相互协调，构成了安全生命科学原理的核心内容。

2）安全自然科学原理

安全自然科学原理主要研究自然灾害和生产安全等的各种类型、状态、属性及运动形式，揭示各种灾害和事故的现象以及发生过程的实质，进而把握这些灾害和事故的规律性，并预见新的现象和过程，为预防和控制各种灾害和事故开辟可能的途径。安全自然科学原理主要包括安全容量原理、安全多样性原理、灾害物理原理、灾害化学原理、毒理学原理。以安全容量原理为例，安全容量可以定义为：在某一确定的系统中，允许各种人、物、环境及其组合作用下的各种非正常变化或活动引起的“扰动”，当这种“扰动”达到最大时系统仍然安全的最大允许值。由此看出，它是一个与风险相关的临界量，即在整体风险可承受的范围之内，由各个具体的生活和生产活动环境中的风险所综合确定的一个安全临界总量。

3）安全技术科学原理

安全技术科学原理是研究指导安全生产技术的基础理论学科，以基础学科为指导，以安全技术客体为认识目标，研究和考察各个安全技术门类的特殊规律，建立安全技术理论，应用于安全工程技术客体，它将安全科学转化为安全技术，又将安全技术知识提高到理论成为安全科学。安全技术科学是安全科学中发展相对早的、内容较为丰富的主体学科。可以从物质、设备、能量、工程、环境等5个方面将安全技术科学原理划分为：安全物质学原理、安全设备学原理、安全能量原理、安全工程原理、安全环境原理。其中，安全物质学原理主要内容是：研究各类物质的理化特性及其性质的演化规律，研究物质的性质对人的安全的影响，认识人与物质相互作用过程中的安全规律，进而保障生产安全。对物质的认识是一切创造的前提，安全物质学原理的研究是安全技术科学原理研究中的最基础的环节。

4）安全社会科学原理

安全社会科学原理主要是从文化、法律、经济、教育、伦理道德等角度对安全现象、安全规律和安全科学进行研究，探索社会科学的诸多方面的变化对人的安全状况造成的影响，从社会科学角度总结保障人的安全的基本规律。主要涵盖的二级原理有安全文化原理、安全法律法规原理、安全经济原理、安全教育原理和安全伦理道德原理。

5）安全系统科学原理

安全系统是灾害和事故发生的场所，是安全管理的对象，安全系统思想是安全科学的核心思想，安全系统科学是安全科学学科的主体。安全系统的构成要素包括人、机、环境、信息、管理等。因此，可以将安全系统科学原理划分为安全系统管理原理、安全环境系统原理、安全人机系统原理、安全信息系统原理和安全局部和谐原理等5个分支。

以安全局部和谐原理为例，安全系统是复杂的巨系统，研究安全系统浩瀚的时空属性、综合属性。任何一种安全现象背后都隐藏着千丝万缕的复杂联系，因此，在实际处理中很难实现整个安全系统的功能最优化，只能抓住问题的主要矛盾，追求安全系统的局部和谐。这种对“系统”中“部分”的有效控制，才是安全系统科学能够实际应用的部分。

3.2 安全信息学原理概述

研究学科理论必不可少的方面就是对学科原理的把握和认识，安全信息学也具备一些公认的规律性的东西，从原理、原则、规律和定律等角度去分析，能够得到指导学科建立的普适性方向。安全信息是安全活动所依赖的重要资源之一，是反映人类安全事物和安全活动之间的差异及变化的一种形式。在近年来安全科学理论的高速发展背景下，安全与信息的交融也越来越广泛，国内外都对安全信息给予了积极的研究。安全信息管理、安全信息系统和安全信息技术等基础和应用研究较多，目前提出的安全科学原理体系中还欠缺安全信息学原理核心研究，而安全信息学与其他安全学科一样，只有具有自身的完备学科理论体系方可成立。一门学科之所以能够建立，离不开该学科自身的理论体系的支撑。

下面列举常见的安全原理体现出安全规律：

（1）安全周期规律。安全状况的波动与安全工作力度的波动是反向运动：安全状况平稳的时候，正是骄傲自满、松劲麻痹的时候；安全出现问题的时候，往往开始发愤扭转被动局面。

（2）木桶原理。一个木桶盛水的多少（容量的保有值），不取决于组成木桶的所有木条长度的平均值，更不取决于最长的木条，而是取决于最短的木条，取决于质地最差的木条。每个员工都是安全这个木桶中的一根木条，千万不能成为最短、最差的。

（3）堤坝原理。千里之堤，溃于蚁穴，安全的堤坝是由众多因素构成的，任何细小局部的隐患，都会危及堤坝。严重的三违、隐患，是颠覆性破坏性很强的堤坝行为。

（4）球体斜坡原理。安全工作如同推球上坡，众人协力，推动力越大，球体上升越高；稍有懈怠松劲，球就下滑。

（5）链条原理。大工业生产的连续工艺把管理者和作业者组合成协作劳动的群体，即环环相扣的链条。任何一个环节断裂，都会危及上下链环以及整个链条。

（6）场所移动效应。移动所带来的临时性，不可避免地滋生将就、凑合、侥幸等观念和行为。

（7）伤疤效应。好了伤疤忘了疼，是普遍现象。有资格也很有必要接受教训的人，却不撞南墙不回头，不临深渊心不惊，眼看伤疤不想疼。

（8）暗箱效应。封闭的地下空间从事艰辛的劳动，很容易由疲劳、枯燥乏味而导致情绪的烦闷、压抑、波动、低落。有效的现场监控、高频率的走动式管理、自觉的自觉保安和互保行为，都是关键的约束手段。

（9）必然性与偶然性的安全哲学。必然性和偶然性矛盾式的对立统一体。必然性寓于偶然性之中，并通过大量的偶然性表现出来。偶然性本身又始终服从于内部隐藏着的必然性，任何偶然的东西都是必然的。

（10）必要条件和充分条件的安全逻辑。安全工作有着大量的必要条件，缺少了任何一项必要条件，安全就没有把握。所以，安全无小事，安全工作永远无止境，永远不能骄傲懈怠。安全工作没有任何一项条件可以成为充分条件，因此，安全工作不可顾此失彼，要有轻重缓急，但不能鄙视乃至放弃任何一项安全工作。

（11）三违分析。违章作业、违章指挥、违反劳动纪律，合称“三违”。误区之一：“三违”可以省力气、省时间、省材料、提前超额完成任务。误区之二：看不到自己的一次“三违”，一旦导致事故就是100%的概率。“三违”的主要心理特点是：侥幸、麻痹、懒惰、从众、强蛮、逆反、贪便宜。

以上安全原理也是安全科学原理体系中的内容，体现着安全科学原理的本质和规律。

随着信息学、认知科学与安全科学的发展，构建具有综合交叉特性的安全信息学而言基本条件已经成熟。同时，随着安全信息学研究的概念、内涵、范畴、外延和系统体系的逐步建立，以前针对物质、系统或能量思维下的安全原理不能完全套用在安全信息学上以解释、演绎和发展目前针对信息视角下的安全问题了。目前，有许多安全问题单用现有思维是难以解释的，因为信息是使系统的一切要素以及多个系统之间建立关联的唯一纽带。从信息入手开展研究，才能获得普适性和有价值的结果。现有的安全原理著作中介绍的安全科学原理，在层次、逻辑、结构和体系等方面还存在很多不足。安全科学已发展出许多亟待填补的学科空白，学科的基础理论缺乏具体的内容支撑。以前的科学原理是在安全学的高度宏观把握的，且原理内容存在较多的综合性，针对安全信息学的具体原理还有待研究。关于安全信息学必要的学科建设研究，目前国内外的研究较少，所以很有必要进行安全信息学原理方面的研究以完善学科基础理论。

原理是具有普遍意义的基本规律，是在大量观察、实践的基础上，经过归纳、概括而得出的，是由一系列特定的概念、原理以及对这些概念、原理的严密论证组成的知识体系。科学原理具有解释和预测功能，并具有指导实践的内在倾向性。一个学科能够稳步向前发展的必要条件之一就是具有完善的理论体系，基础原理是构成理论体系的重要组成部分。对于安全科学原理的研究，吴超从大安全的视角和安全科学的高度出发，提出并构建了安全科学原理体系，为安全科学的基础原理体系做了必要奠基。安全信息学原理是安全科学原理体系的组成部分。因此，我们要根据安全科学学与信息学的理论基础，并结合安全信息自身属性特征，归纳学科间关联关系，构建安全信息学原理体系框架，阐述其研究对象和内容。所谓安全科学原理是指人类在生活、生产、生存过程中，以保障身心免受外界不利因素影响为着眼点，经过观察、实践、归纳、抽象、概括出的具有普遍意义的基本科学规律。科学的原理以大量的实践为基础，其正确性能被实验检验，以安全相似系统学为背景，主要研究生产生活中相似安全现象的类型、特性及运动形式，揭示安全信息产生的原因、实质、演化规律，为在安全系统中的实践运用提供理论指导。安全信息学原理属于安全科学原理的一部分，因此，安全信息学原理的研究，应以安全科学原理的研究方法为指导。

安全信息学原理只是诸多安全原理中的一类，安全信息学原理通常是安全信息学领域、部门或安全科学中具有普遍意义的体现安全信息的基本规律的表述。安全信息学的原理以大量的实践为基础，故其正确性能被实验检验与确定，从科学的原理出发，可以推衍出各种具体的定理、命题等，从而对进一步实践起指导作用。在事物发展过程中，有的联系是必然要发生的确定的联系，有的联系是可以出现也可以不出现的联系，可以这样出现也可以那样出现的偶然的不确定的联系。安全信息规律就是安全信息的必然联系，而不是偶然联系。只有安全信息变化发展中必然的联系，才能成为安全原理。原理是本质的联系，不是现象的联系。原理和它的现象是密切相关的，原理是现象中稳定的、深刻的东西，它深藏在安全信息学的内部；现象是原理的外在表现形式，原理要通过现象来表现。安全信息现象是人们认识安全信息规律的向导，人们只有认识了安全信息现象，借助抽象安全信息思维才能揭示规律。安全信息原理的存在、作用及规律作用的后果不可避免：原理的重复出现，即无论何时何地，只要原理发生作用的客观条件没有发生变化，只要决定原理的本质原因没有消失，原理就必然会重复出现并发生作用，如安全生产关系一定要适应安全生产力的发展等。

3.3 安全信息学原理基本研究方法

安全信息学原理与安全科学原理具有隶属关系，可以以安全科学原理的总体研究方法为安全信息学原理的研究提供借鉴基础。这里有必要将安全科学原理及其方法论做总体介绍。安全科学原理是安全活动或工作必须遵循的基本规律和原则，是基于经验或理论归纳得出的安全事物发展变化的客观规律。安全科学原理被安全实践和事实证明，反映安全事物在一定条件下发展变化的客观规律，是人类安全活动的基本法则或方法论。安全科学原理为安全科学发展和安全活动提供理论支持和方向引导，对安全科技工作实践具有指导性，是一切安全活动必须遵循的规律及基本原则。

安全科学原理一般具有多个层次的功能和作用，既可用于解释生产生活中的事故致因，又可用于概括事故灾难规律；既可用于指导预防事故灾难，又可用于确保人的安全健康等。安全科学原理是安全学科的理论支柱，是安全科学理论的核心，是安全科学创新的基因，是安全科学发展的灵魂，是事故预防与控制的钥匙，是构筑安全系统的指南。从学科层次来划分，安全科学原理有哲学安全原理、一般安全原理和具体安全原理 3 个层次。如果将哲学安全原理和一般安全原理统称为通用安全科学原理，则通用安全科学原理的内容相对是比较有限的，而具体的安全原理的内容是无限的。

从研究方法论的角度出发，着眼于对于安全科学原理未来的发展、框架的构建和完善，按照安全科学原理的存在形态，根据存在状态的不同，将安全科学原理分为已知的安全科学原理和未知的安全科学原理，以构建思路为基线又可将未知的安全科学原理进一步划分，探索不同存在形态安全科学原理的研究取向及构建思路。由于安全相似系统学是一门全新的学科，并没有现成的原理，因此，可主要着眼于对未知安全科学原理的研究，为安全相似系统学的原理研究提供思路。

1）未知的安全科学原理分类

对于未知的安全科学原理，其发现研究是完善安全科学原理体系及发展安全学科的必经之路。因此未知的安全科学原理应以研究—构建—提出为目前主要的研究取向。同时，由于未知的安全科学原理涵盖领域太过宽泛，研究特点、发展方向等不同，因此，根据其构建方法和思路的不同，又可初步划分为3类未知的安全科学原理。①从已有不安全现象(如发生事故的因果关系)中提炼和归纳安全科学原理。从实际中的不安全现象、问题、事件出发，以事实为依据进行归纳总结，从中构建出更加抽象的安全原理概念。该思路强调了实践、数据的重要性。著名的海因里希事故因果连锁论就是基于大量数据的基础上提炼出的。其逻辑方法是归纳，是一个自下而上的过程。②由已有其他学科知识中提炼和归纳出的安全科学原理。在已提出的安全科学原理中，大量原理都是以其他学科为技术背景，比如：安全系统原理是根据安全学学科需求并于系统学、系统工程、可靠性理论等学科中提出的；同理，安全经济学原理、安全行为科学原理等，都离不开其他学科的交叉价值。这是由安全科学的多学科交叉综合性决定的，通过相关学科延伸出能够应用于安全的科学原理。对于此类型未知的安全科学原理的研究，可主要运用比较学及比较安全学等的内容。③通过科学实验等研究从未知世界中提炼和归纳安全科学原理。我们所存在的这个世界、这个宇宙无处不存在着人类知识、科技所未碰触的领域。爱因斯坦曾表示，知道得越多，越感到未知的东西越多。任何时刻、任何学科都不应该忽视来自未知世界的启示和馈赠。

2）安全科学原理研究思维方法

安全科学原理研究思路属于科学研究思路思维体系。安全科学原理研究思路可以理解为人们思考安全科学或解决安全科学问题时，思维活动进展的线路或轨迹，是一种基于安全思维活动下的思想原理路线。安全科学研究有着自己的特点：安全科学研究是建立在已取得普遍事故教训的基础之上，不同于脱离生产的纯实验研究，这使得安全科学研究需从生产实践入手，运用现代的科学方法去考察隐患和事故，总结经验与教训，掌握事故发生发展规律后再开展实验研究，达到阐明其原理、机制的最终目的。安全科学设计自然科学和社会科学，它的思想基础就是安全系统思想，用文学写作思路中的“总-分-总”模式举例就容易理解了。

安全科学原理思路可以理解为人脑对涉及安全的客观事物本质和事物规律性的理性认知，其内涵包括直接、间接反映客观事物的活动。安全科研思路是安全科学领域创造性劳动，是安全经验和知识的再发展。科研思路具有多种形式，常见的安全科研思路涉及的思维方式有抽象、概括、判断、推理、假说、论证、反驳、想象、直觉等。思路的形成可以基于不同维度，从不同角度能设计出不同的思想路线来。科学原理思路没有最好只有更好，这里给出安全科学研究的定义：以解决新的安全问题、揭示安全活动及现象的规律和联系为目的，运用科学方法对未知安全事物进行认知的过程。常见安全科学原理思路如表 3-2 所示。

表 3-2　常见安全科学研究思路

序号	安全科学研究思路	备　注
1	明确目的和要求→选题和立题(提出假设)→分析研究意义和相关背景→资料收集整理分析→科研设计和实验设计→撰写论文	安全实验包含心理及主观调查
2	捕捉初始意念→提出假说→文献检索→选题立项→综述撰写→科研设计→论文撰写	初始意念就是瞬间的思想火花
3	问题→筛选→立题→积累(观察、实验、分析、总结等)→抽象→假设→理论和实验验证→修正→再验证→……→下一个问题……	科学研究是循环完善的过程，修正包括假设、验证方法等的修正
4	明确课题题目→明确已有研究→搞清研究进展→提出问题→设计实验→理论解释	典型的寻找问题型
5	提出假设→开展验证性实验→进行设计性实验→开展综合性实验→获得实验目的	实验教学科研基本思路
6	现有技术应用→验证应用效果→寻找规律→阐明事故或安全研究机理→指导实践	属于安全科学实验研究范畴
7	安全基础研究→安全应用→基础研究→应用验证→……	安全基础研究和应用研究相结合
8	发现现象→提出问题→解释问题→揭示本质→检验→抽象化→实践检验→……→下个现象……	第一类未知安全科学研究循环
9	将其他学科原理或理论方法与安全科学研究内容并列分析→比较不同学科理论差异→从差异入手提出安全科学假设→通过相关检验(实例、实验等)得到安全科学规律或新理论	第二类未知安全科学研究思路
10	借鉴(别的学科中理论、方法、原理)→融合(寻找理论、方法、原理的本质与安全科学结合)→改造(适应性改造成安全科学)→基于……(解决实际安全科学问题)	引进其他学科解决安全科学问题，借鉴也是一种思路
11	预防事故实践→观察实践中存在的困难和问题→解决困难和问题→改进预防实践→……	提出安全科学本身圈子的思路

根据安全科学研究思路整理出一般安全科学原理的思路，结合社会科学、自然科学的综合交叉特点，安全科学原理的提出可遵循安全现象—安全规律—安全科学原理的主线。可以以此为切入点研究对应于该主线的具体研究方法，详见表 3-3。

表 3-3　安全科学原理的提出阶段

阶段	方法	定　义	内　涵
安全现象	观察	在安全科学原理研究中，通过观察有关安全现象等，发现问题、提出问题并解决问题	科学的观察应是有针对性地聚焦了某点而不是毫无目的地统揽统包
	发现	包括发现前所未有的现象、实体等。通常有三个层次：①安全现象等的发现；②安全定律的发现；③科学理论的建立	发现是科学研究中揭示未知现象、原理的前提条件，具有偶然性，且跟个人直觉灵感、顿悟等非理性作用有关
	搜集	因为只有事实和客观资料才是科学的立足点，通过对足够的资料的研究才能为认识事物和现象的本质提供依据	搜集资料的方法有很多，包括统计法、调研法、阅读文献、访谈等
	整理	通过一系列操作使收集的原始资料系统化和条理化，形成对揭示现象规律本质的有价值的资料整体	一般有比较、类比、分析、综合、归纳、演绎等方法
	描述	运用文字或复合形式，将搜集整理的资料、经验、现象有序地和系统地表述	其任务是在描述的过程中，探究对象的性质及发生的变化
安全规律	解释	是指科学解释，对某种现象的原因、规律、根据进行理解并说明。特点是逻辑相关性和可检验性	包括两种逻辑结构：一是演绎模型，强调必然的因果关系；二是归纳模型，强调前提到结果的或然性
	归纳	从搜集整理的资料、经验、事实中概括其一般性的概念、结论和本质等	本质是从特殊到一般，从个别到普遍的推理
	假说	根据已知的原理、事物的本质、规律等做出推断性和尝试性的说明	具有科学性、推断性、逻辑性、抽象性和预见性等特点
	检验	即检查验证，为验证观点、结论的正确性，通过演绎的逻辑，根据一定手段、标准、要求来确认	根据检验目的的不同，主要的检验方法包括证明法、试错法和试验法等
安全原理	抽象	由所研究的安全现象中抽取某一有价值的代表性属性而摒弃其他属性的思维方式	包括三个环节：分离、提炼和概括等
	概括	以概念、规律或理论等形式在若干共同属性的事物中抽取其共同性，以形成概念及规律的认识活动	概括是发生在抽象的同时或基础之上的，两者应该是密不可分的关系

3）安全信息学原理的研究步骤

安全信息学是以信息学理论为基础，将安全信息作为切入点，结合安全科学与信息学创建的全新安全学科。因此，在研究安全信息学原理时，应该综合前述的安全科学思路和原理研究阶段。图 3-1 为安全信息学原理构建步骤。

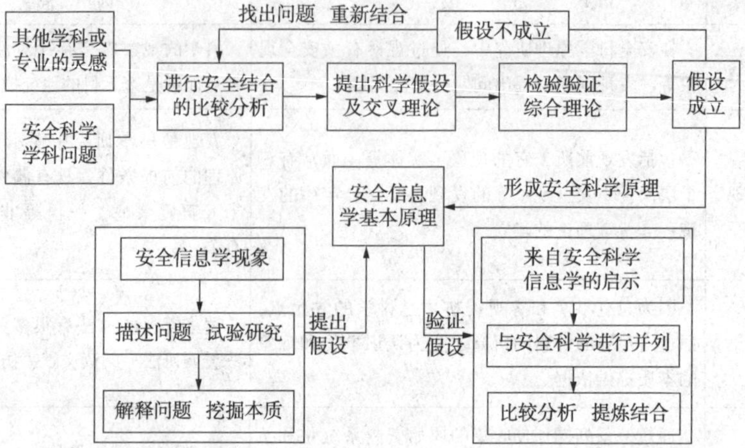

图 3-1 安全信息学原理研究思路

根据图 3-1 可知，当前研究阶段，安全信息学基础原理的来源主要有以下两个方面。①安全信息现象和问题。如信息现象的机理是什么，信息现象的原因及具体的安全信息现象的背后的规律及本质。通过对问题的描述，研究分析，挖掘本质，形成安全信息学原理。②来自信息学、安全科学的启示。通过与安全信息学并列，寻找学科之间的共性，比较分析，借鉴成熟学科的已知的科学原理并与安全信息学相结合，形成安全信息学的科学原理。安全信息学原理的研究是一个动态的、有序的、系统的过程。值得注意的是，包括安全信息学原理在内的所有学科的研究都是一个充满不确定因素的动态的过程，而本章所给出的取向步骤仅仅是对安全信息学原理研究重点及趋势的把握。在实践中，我们应根据具体实际灵活把握，通过对安全信息学原理的研究方法进行探究，运用该方法思路，研究获得安全信息学的一级和二级基本原理。

3.4 安全信息学基本原理

3.4.1 安全信息的内容

安全信息从属信息学，其研究范畴也涉及自然、社会、管理、心理和人文等其他学科，安全信息学不再是狭隘单纯的信息安全，而成为涉及公共安全层面诸多信息来源及生产安全管理、安全文化建设、事故致因分析和隐患排查治理的核心手段等。安全信息与现代技术发展密切相关，新技术的应用必须服务于本领域的安全需要才可行。信息学理论一直以来都是科学研究的重点之一，“信息是标志物质间接存在性的哲学范畴，它是物质存在方式和状态的自身显示”，这体现出信息是物质的存在形式。信息也是连接人与客观世界的桥梁：在安全与事故之间，信息起的作用好似转换器，既可以通过人的正确行为得到安全状态，也可以出现信息错误而转换为事故状态。安全信息学是一种跨学科的综合交叉学科，是研究安全信息的学科，以一定时空内理性人的身心安全健康为着眼点，围绕安全信息传播系统各要素内部和外部之间的信息传递机制。信息不对称的是安全信息研究的重点，因为不对称才带来隐患和事故，信息的对称研究就显得重要。安全信息学是研究信息不对称系统的结构、功能、演化和协同作用等一般规律，进而对安全信息开展对称分析、对称评价、对称设计、对称创造、对称管理、对称实践等活动，寻求实践安全信息最优对称化的一门安全学科分支；通过对安全信息学的基本原理、方法的研究进一步明确安全信息学的基础和研究方向。

大多数学科的基础研究往往建立在实验或观察的基础上，安全信息学是依据安全科学和信息科学的基础理论，推动着经济与社会的快速和均衡发展，促进与其相关学科的发展。安全信息的管理的有效作用、存在形式、流动途径、网络构成等也是安全信息研究的内容。安全规律和安全现象的关系实质上是安全本质和表象的关系。就认识方法来说，安全本质和安全规律不是能够直接认识到的，而必须通过理性的反思和把握，属于人的理性认识范围；安全现象和表象是能够直接认识到的，主体只需要通过感性经验，比如看、听、问就能够认识，属于人的感性认识范围。安全科学的安全规律亦称安全法则。客观事物发展过程中的本质联系，具有普遍性的形式。安全规律是指安全科学本身所固有的、深藏于现象背后并决定或支配现象的方面。安全规律相对于安全科学的发展过程而言，指同一类安全现象的本质关系或本质之间的稳定联系，它是千变万化的安全现象的相对静止的内容。安全规律是反复起作用的，只要具备必要的条件，合乎安全规律的安全现象就必然重复出现。

安全信息学的研究更多地应该从实践资料和大数据统计入手，通过观察和整理安全信息现象，完善安全信息学中的安全信息原理，进而形成属于本学科的安全信息系列科学内容。这一过程富有挑战性，因为人的能力所限不可能穷尽所有现象背后的规律，通过复杂现象提炼其中的信息规律是去伪存真的过程。安全信息科学本身就是对安全信息学自然现象的客观规律的揭示，从而安全信息科学就是从安全信息现象到安全信息规律，再形成安全信息科学的过程。具体来说，安全信息现象客观物质(信源)变现出来的，可被人们感知(看、听、触、闻等)认知的一切安全或风险情况，它与安全问题是不同的。安全问题多指负面的安全现象，安全信息现象包含内容则更广，包括安全信息自然现象和安全信息社会信息，分为真信息象和伪信息象。安全信息规律是安全信息现象背后隐藏的客观的、必然的、固定的联系，是揭示与安全相关的一切信息现象的本质体现。安全信息知识是对现象、规律的总结得来的理论性和实践性结合的前期科学认知，具有安全认识论的特点。

通过安全学和系统安全视角下长时间的思考与积累，安全信息学第一层次学科应该分为六大要素，包括人体、物质、环境、管理、社会和系统等。“人体”是第一要素，安全信息学是主体研究人（信宿）的科学，是以人为本的安全信息认知和传播学科，安全信息学对人体及其安康的研究就是必要和首要的。“物质”是人所操作和从事安全活动的必需外界条件，广义的“物质”也将能量纳入其中，其安全价值最依附人而存在，“物质”的重要性不言而喻。“环境”不仅仅是自然环境，还包括影响物质安全的一切因素。对人和物都会产生作用的环境是安全信息学研究的又一重要因素，它会对安全信息传播和感知存在强化或削弱作用。“管理”因素在安全信息学中也是非常重要的，对人物的管理将决定安全信息的形式、内涵和决策是否会发生变化，安全与否本源就在管理上。“社会”是站在社会科学层面上的因素之一，从社会方面来考虑将安全信息的研究以各种社会学手段细化也是安全信息学的重点任务。“系统”性因素就要以系统工程的思维去搭建安全信息学的基础。可以看出：人体、物质、环境、管理和社会 5 个因素组成了一个庞大复杂的系统，需要以系统的视角来研究安全信息学以形成学科属性，系统自然成为第 6 个重要因素。

人体、物质、环境、管理、社会和系统六大要素和安全信息现象、安全信息规律和安全信息科学 3 个阶段，形成了安全信息学发展过程的 3 个阶段中的 6 类安全信息现象、6 类安全信息规律和 6 类安全信息科学，其相互关系如表 3-4 所示。

表 3-4　安全信息三阶段的具体内容

信息阶段	安全信息现象 p	安全信息规律 l	安全信息科学 s
具体内容	安全人体信息现象 H_p	安全人体信息规律 H_l	安全人体信息科学 H_s
	安全物质信息现象 M_p	安全物质信息规律 M_l	安全物质信息科学 M_s
	安全环境信息现象 E_p	安全环境信息规律 E_l	安全环境信息科学 E_s
	安全管理信息现象 A_p	安全管理信息规律 A_l	安全管理信息科学 A_s
	安全社会信息现象 C_p	安全社会信息规律 C_l	安全社会信息科学 C_s
	安全系统信息现象 S_p	安全系统信息规律 S_l	安全系统信息科学 S_s

由于安全信息学是以人为本的学科，安全信息现象就可以理解为人对安全信息作用的现象，安全信息规律是人对安全信息作用的规律，安全信息知识是人对安全信息作用的知识，安全信息科学是人对安全信息作用的科学。我国事故和灾害多发频发，同时人口众多。在这种国情下，需要强调人的地位和重要性，而安全信息学就是将人作为首要对象的安全科学的典型代表之一，由此可以以安全信息四阶段为蓝本展开实践和基础研究。

3.4.2 安全信息学原理体系

通过厘清安全信息现象、安全信息规律、安全信息知识和安全信息科学四阶段的对应关系，表明安全信息学就在于揭示安全信息规律，形成安全信息知识进而建立安全信息科学，安全信息规律和知识的核心就在于安全信息学原理。基于表 3–4 可知，信息规律和信息知识包括安全人体、安全物质、安全环境、安全管理、安全社会和安全系统六大内容因素，因此可以将安全信息学原理照此分为安全人体信息学原理、安全物质信息学原理、安全环境信息学原理、安全管理信息学原理、安全社会信息学原理和安全系统信息学原理。这些原理就构成了安全信息学的核心原理体系，具体如表 3–5 所示。

表 3–5 安全信息学原理、规律和知识的对应关系

安全信息学核心原理	安全信息规律关系 l	安全信息知识关系 s
安全人体信息学原理	安全人体信息现象中的人体规律 H_l	安全人体信息规律中的人体知识 H_k
安全物质信息学原理	安全物质信息现象中的物质规律 M_l	安全物质信息规律中的物质知识 M_k
安全环境信息学原理	安全环境信息现象中的环境规律 E_l	安全环境信息规律中的环境知识 E_k
安全管理信息学原理	安全管理信息现象中的管理规律 A_l	安全管理信息规律中的管理知识 A_k
安全社会信息学原理	安全社会信息现象中的社会规律 C_l	安全社会信息规律中的社会知识 C_k
安全系统信息学原理	安全系统信息现象中的系统规律 S_l	安全系统信息规律中的系统知识 S_k

从表 3–5 可以看出，安全信息原理是信息规律和信息知识的核心。换句话说，规律和知识都是在原理的内核下激发出来的衍生品。解决安全问题和解释安全现象都应该运用以上 6 个安全信息学核心原理，把握安全信息学规律，总结安全信息学相关知识，最终形成解决信息问题的学科。俗话说，透过现象看本质，通过对信息现象的剖析可以挖掘出其中的信息学原理。原理在现象之中，通过安全信息学规律揭示出来，因此，掌握安全信息学规律能更好地把握安全原理和知识。安全信息学规律是连接安全信息现象和安全信息知识的纽带，安全信息学原理则是三者实现连接的内在核心。安全信息学可以作为独立的学科存在，要将安全信息规律吃透，涉及的自然科学、社会科学、人文科学、管理科学、心理科学等学科都可以联系到安全信息学上来。从系统的观点和交叉综合的视角来看，安全信息学的原理和规律具有自身的综合性和独立性，可以成为指导安全信息学的知识。

上述 6 类安全信息学核心原理是最高层次上的一级安全信息学原理，具有提纲挈领的指导意义。一级安全信息学原理其自身还可以进行较低层次的划分，这样就会形成更细致的二级安全信息学原理。经过系统性地研究分析安全学科和安全原理及其他相关文献，以科学方法论为指导提炼出了 6 条安全信息学核心原理下的 30 条二级安全信息学原理，这些二级科学原理还包括更多的三级原理，限于篇幅在此就不再讨论。具体的二级安全信息学原理其对应关系如图 3-2 所示。

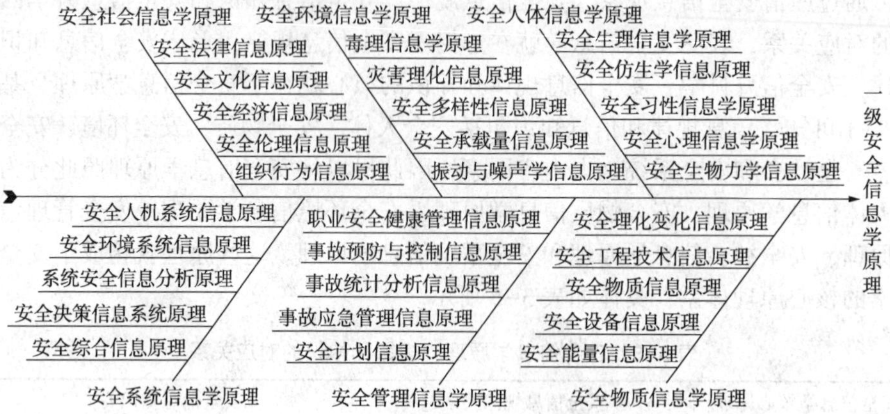

图 3-2　一级安全信息学原理下的二级安全信息学原理

3.4.3　安全信息学原理内涵

对上文提出的 6 条一级安全信息学原理给出其内涵解释，同时对具体某一对应二级原理给出构建的缘由。安全信息学原理由 6 条一级、30 条二级原理组成。在此说明：每条二级原理下又可以衍生出对应的三级安全信息原理，三级下也可以包含对应的四级原理。以此类推，层层深入，细致入微，将安全信息学的所有原理都可以概括进来，这也印证了安全信息学的包括万象，在安全信息现象和规律乃至建立安全信息学科方面指导作用的重要性不言而喻。

1）安全人体信息学原理

安全人体信息学是安全信息学与人体学的交叉学科，研究的是以人体为对象（涉及安全信息现象、规律及行为指导），以遵循人体规律、保障人的安全和健康为根本目标，将反映于人的生命健康和人体特征的信息应用到安全信息学研究中，解释人对安全信息的接收、处理和决策的原理。该原理包括人的生理和心理等多方面信息，人的生理测量参数信息对人机安全操作设计是至关重要的。此外，人的认知心理过程机制在安全心理信息原理中可以很好地说明心理认知现象。涉及的主要安全信息学二级原理有生理信息原理、仿生信息原理、安全习性信息学原理、安全生理信息学原理和安全生物力学信息学原理共 5 条。这些原理相互统一协调，构成安全人体信息学原理的核心。

2）安全物质信息学原理

这里的物质是泛义的物质，只是作为区别于环境社会而言的，主要涉及的是工程技术、设备、能量及物理化学变化等自然科学上的概念。安全物质信息学原理是安全物质学和安全信息学的综合交叉学科核心原理，是物质信息原理在安全科学上的变构移植，主要研究物质、自然科学现象与安全信息学的关系，以及安全生产属性、结构，揭示事故及灾害发生的原因及过程，把握其规律性，指导安全信息在自然物质的产生、传播和反馈，预防和较少风险事故发生，保证物质安全状态。以安全设备信息原理为例，它之所以能作为安全物质信息学原理下的二级原理，主要是因为设备的本身及其被加工制造后的物质所具有的各式危险性特征信息以及物质的危害信息对于人而言是至关重要的，尤其是使用操作这些设备的人员。同样，因设备信息损失或不透明所带来一系列人的不安全行为和事故是安全物质信息学研究的重点之一，这就有必要在物质信息现象下研究物质信息原理，自然地就会归为安全物质信息学范畴。安全物质信息学原理包括安全理化变化信息原理、安全工程技术信息原理、安全物质信息原理、安全设备信息原理和安全能量信息原理 5 条二级原理。

3）安全环境信息学原理

安全环境信息学原理是研究环境因素信息对安全活动或事故灾害的内在作用规律，揭示环境理化因素、毒理及灾害等信息在安全信息模型中的影响。人的环境耐受性如对振动和噪声的承受能力的研究，就属于安全环境信息学原理下的承载量原理的研究范畴。该原理通过对环境信息的各种类型、状态和属性的研究，把握环境信息对事故的规律性，并开辟可能的消除环境消极因素的安全措施。其下的安全承载量信息原理是在系统作用下，由于环境下各种致害因素的非正常“干扰”而导致安全系统的风险跨进临界区域的信息状态，承载量信息达到临界，极易导致人的伤害和物的损害。要研究如何控制和消除不利环境对人的行为及物的状态影响是该原理的重点，因此就有必要将环境承载量信息纳入安全环境信息学原理中。安全环境信息学原理包含毒理信息学原理、灾害理化信息原理、安全多样性信息原理、安全承载量信息原理和振动与噪声学信息原理等 5 条原理。

4）安全管理信息学原理

该原理实质是安全管理学与安全信息学的融合下产生的指导管理信息的原理，以安全管理内容为主体结合信息学理论，研究职业安全健康、事故调查预防、安全计划等相关信息的内在规律和原理，达到通过管理信息手段来预防事故的目的，并预先采取管理措施保证安全管理的切实意义。以事故统计分析信息原理为例，事故背后往往携带者大量的安全信息，通过对事故的调查得出基本事实情况和事故数据并进行统计学处理，可以为事故的预测和预控做出判定。这些分析信息在挖掘事故规律的作用方面是非常重要的，在事故信息原理下对安全管理信息而言是不可或缺的，管理信息中的事故分析信息也是对事故的管理的落实。安全管理信息学原理由职业安全健康管理信息原理、事故预防与控制信息原理、事故统计分析信息原理、事故应急管理信息原理和安全计划信息原理组成。

5）安全社会信息学原理

安全社会信息学原理是安全信息学与社会学相关学科原理结合形成的独有安全信息学原理，是研究社会科学的信息对安全的作用，从法律、文化、经济、伦理和组织行为等社会学方向来对安全现象和安全规律进行研究。社会科学信息的作用在安全科学中占主导，安全科学的社会学属性决定其本身的社会性和管理性需要依靠社会学支撑。法律信息、文化信息和组织行为信息在安全活动中对人的作用是很显著的，能起到调节人的心理和规范人的行为作用。人们对于这些信息的获取、了解及实践程度决定了其安全行为的程度，有或无、深或浅、广或窄的程度，从源头来看是社会学信息产生渠道和传播途径的优化选择。那么，研究如何发布社会学信息就很有必要。安全法律信息原理、安全文化信息原理、安全经济信息原理、安全伦理信息原理和组织行为信息原理就构成了安全社会信息学原理的核心。

6）安全系统信息学原理

从系统的视角来看，安全信息学原理就必须将系统信息考虑到安全中，安全系统思想也是安全信息学的核心思想，将人、机、环、管等综合起来形成系统性思维去研究解决系统中的安全现象、安全规律、安全知识和安全原理，解决系统中存在的系统性安全问题。安全系统信息的构成包括人机、环境、系统安全分析、决策和综合信息等因素，解决或解释安全问题时需要权衡把握系统整体安全，不一定要各环节单元达到最安全，而需要环节之间的整体达到最优状态即可。因此，系统性原理对于解决复杂安全问题就是重要方法，安全人机系统信息原理、安全环境系统信息原理、系统安全信息分析原理、安全决策信息系统原理和安全综合信息原理构成安全系统信息学原理的主体。安全系统具有浩瀚的时空和综合属性，必然带有浩大的安全信息，研究将这些安全信息进行整合、归纳和分析以应用到解决系统问题中是安全系统信息学原理要解决的问题。由于任何安全现象背后都有着千丝万缕的复杂联系，安全系统信息学原理在诸多联系中可以厘清存在的矛盾，在实际操作中进行的系统安全分析就是其重要工作。借助系统安全分析工具对系统进行的风险分析信息，可以使决策者合理及时地做出适合系统的安全措施，达到系统整体的安全状态。

3.4.4 安全信息学原理体系模型

1）构建蜂巢原理模型

安全信息学原理的一、二级原理存在内在的联系，可以形成整体的认知体系。上文所建立的 6 条一级安全信息学原理和 30 条二级安全信息学原理之间的作用和整体功能，对于最终的安全信息学才具有指导价值。安全人体信息是安全信息学的本源信息，以人为本的思想引领安全信息学的构建；安全物质、安全社会、安全管理和安全环境原理是指导安全信息学的核心思想；安全系统思想是整体安全信息学的基石，支撑安全信息学的独立和发展。安全信息学原理是以安全人体信息学原理、安全物质信息学原理、安全社会信息学原理、安全环境信息学原理、安全管理信息学原理和安全系统信息学原理为边形成的彼此联系、相互融通的封闭六边形蜂巢结构，如图 3-3 所示。

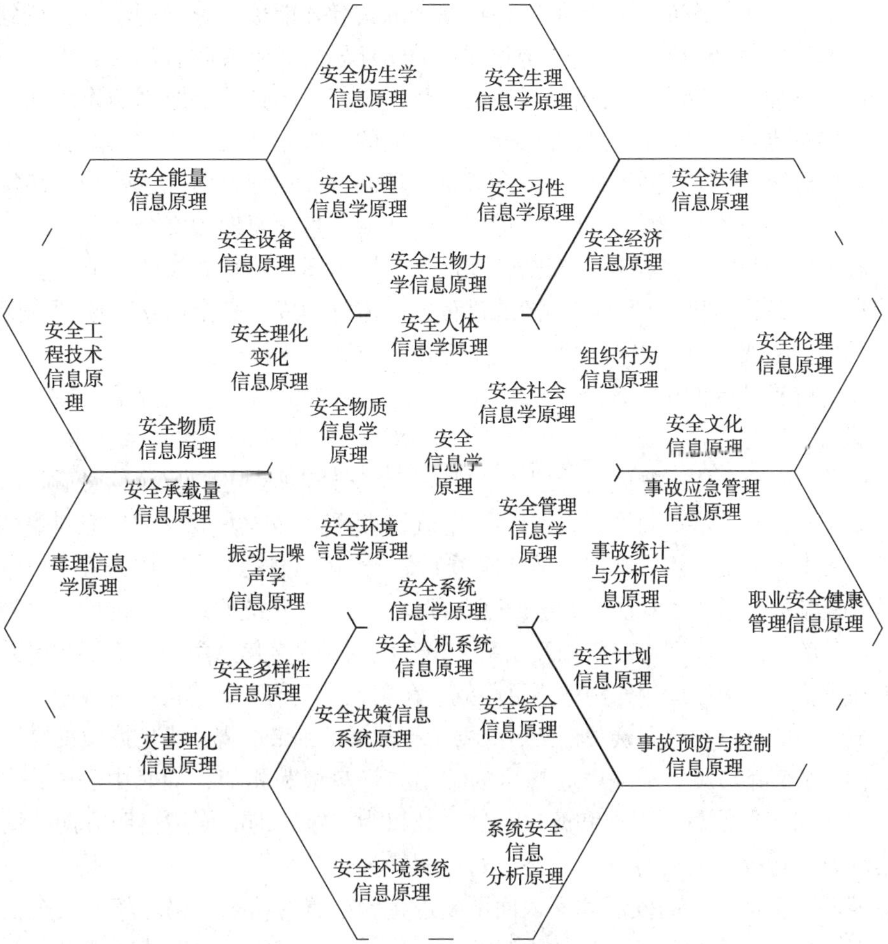

图 3-3　安全信息学原理的“蜂巢”模型

2）蜂巢模型内涵

图 3-3 所示的安全信息学原理（蜂巢）结构看似简单，实际上却具有深刻的内涵。借助蜂窝这一实形可以刻画出原理内部及之间的关系，具体的内涵如下：

（1）蜂巢结构的内涵与安全信息学自身的信息学特点联系紧密。在信息传播过程中重要的是，保证安全信息的时间延迟性尽量小，同时空间错位尽量少，因此有必要将安全信息的传播限制在特定的研究对象系统内进行，而蜂窝自然的封闭性也具有闭环的特点。同时，各类属于一级原理下的二级安全信息原理在自己的信息学门类体系下处于封面稳定的系统中，二类原理之间互相依存和联系，互为补充、互为支撑，这造就了原理蜂房结构上的稳定性和坚固性、功能上的完备性和整体性，如同蜂巢的稳定的自然优点。

（2）安全信息的有效管理的手段就是将安全信息学的原理应用到安全科学之中，这就体现出原理的重要价值，通过原理的指导才能落实管理的手段，达到管理的目的。蜂巢结构的内涵与安全管理中的闭环思想是十分吻合的。其中，一级安全信息学原理之间形成封闭且联通的闭环模式。封闭指的是原理的作用在一个独立结构中进行，联通指的是各原理与其对应的二级原理又形成联系。安全系统信息学原理研究的是安全的系统学，属于闭环的目标规划方面，也就是最终实现系统是安全的。安全物质信息学原理、安全环境信息学原理和安全社会信息学原理则属于实现目标任务范畴，安全管理信息学原理属于监督考核的环节，安全人体信息学原理则是结果评估与反馈的过程，总体就构成了安全信息学原理的闭环管理模式。一级原理下对应的各二级原理体系也适用于该模式。

（3）蜂巢结构外在的各分支原理的布局也与当前的学科发展相吻合。首先，无论是从哪一角度来看，安全信息学原理之间都不存在必然的层次关系和隶属关系，安全科学的安全人体、物质、管理和系统等信息学分支原理均是安全信息学学科下的同级原理，只是从不同维度去解构形成而已。虽然，安全信息学的研究对象核心是以人文本，但是具体的原理却不能偏颇于安全人体信息的研究，因为安全信息学也是安全学的巨系统。其次，二级原理也都是为对应的一级原理所界定的，之间是并行对等的关系。原理之间既相互联系又相互区别，安全信息学原理需要的是共同发展和进步，二级原理的作用就不可小觑。在实施安全信息学建设的过程中，既要从系统整体的观点去把握宏观框架，又要善于从局部细节的视角来把握微观要素。

（4）6 个蜂房紧紧围绕中心蜂房的结构与蜂巢极为相似，同时中心蜂房与 6 个蜂房之间存在信息的互通和开口，这些开口为二级原理的作用指明方向。周边蜂巢均有一边处于与外界联通状态，这说明蜂巢模型结构并不是一成不变的，而是会随着安全信息学的发展和深入而不断进化和丰富的动态结构。随着安全信息学原理的发展，会有新的原理加入和补充到蜂巢中。因此，动态特征就是安全信息学原理必有的特征之一。由 30 条二级安全信息学原理分类组成的 6 大原理共同组合成安全信息学蜂巢结构，该结构具有“一个中心、六种支撑、六向开口”的优点，进一步说明了蜂巢结构在安全信息学原理的合理性。

通过阐述安全信息四阶段内容，安全信息现象、安全信息规律和安全信息科学等基础概念，建立了通过人体、物质、环境、管理、社会、系统六大要素和安全信息现象、安全信息规律、安全信息知识、安全信息科学四阶段，形成了安全信息学发展过程的四阶段中包含的 6 类安全信息现象、6 类安全信息规律和 6 类安全信息科学。构建的安全信息四阶段包含 24 项具体内容，涉及四阶段的所有内容。

蜂巢模型构建包括安全人体、安全物质、安全环境、安全管理、安全社会和安全系统六大内容因素在内的安全信息学一级原理。安全信息学原理、知识和规律之间的对应关系说明了安全信息规律和安全信息知识的核心组成就是安全信息原理。安全信息学规律是连接安全信息现象和安全信息知识的纽带，安全信息学原理则是三者实现连接的内在核心。同时，安全信息学的原理和规律具有自身的综合性和独立性，在指导安全信息学建立方面具有系统性指引价值。

提炼6条安全信息学核心原理下的30条二级安全信息学原理，通过对安全信息学内涵的诠释指出二级安全信息原理的本质。具体而言，安全人体信息学是安全信息学与人体学的交叉学科，构成安全人体信息学原理的核心。安全物质信息学原理是安全物质学和安全信息学的综合交叉学科核心原理，是物质信息原理在安全科学上的变构移植，其对应的二级原理主要为各种危险性特征信息和物质的危害信息，而这些信息是由设备及其产物产生的。安全环境信息学原理是研究环境因素信息对安全活动或事故灾害的内在作用规律，揭示环境理化因素、毒理及灾害等信息在安全信息模型中的影响。安全社会信息学原理是安全信息学与社会学相关学科原理结合形成的独有安全信息学原理，是研究社会科学的信息对安全的作用，从法律、文化、经济、伦理和组织行为等社会学方向来对安全现象和安全规律进行研究。安全系统思想也是安全信息学的核心思想。将人、机、环、管等综合起来形成系统性思维去研究解决系统中的安全现象、安全规律、安全知识和安全原理，解决系统中存在的系统性安全问题。

通过深入分析安全信息学原理之间的联系和特点，结合系统思想构建安全信息学原理的蜂巢结构。分析可以得出，安全信息学原理是以安全人体信息学原理、安全物质信息学原理、安全社会信息学原理、安全环境信息学原理、安全管理信息学原理和安全系统信息学原理为边形成的彼此联系、相互融通的封闭六边形蜂巢结构体系。分析了蜂巢结构的内涵，借助蜂窝实形刻画出原理内部及之间的关系。安全信息传播过程的封闭性与蜂巢稳定性的关系十分相似，原理的独立性与蜂房结构关系密切，蜂巢结构外在的各分支原理的布局也与当前的学科发展相吻合。6个蜂房紧紧围绕中心蜂房的结构与蜂巢极为相似，同时中心蜂房与6个蜂房之间存在信息的互通和开口，这些开口为二级原理的作用指明了方向。

3.5 基于安全信息原理的事故分析

3.5.1 安全信息学原理要求

安全信息是安全活动所依赖的资源，安全信息原理要研究安全信息原理定义、类型，研究安全信息的获取、处理、存储、传输等技术。将安全信息原理分为安全信息技术和安全信息管理。安全信息学原理分为人-人流原理、人-管流原理、人-环流原理、人-物流管理四大类。体现的是安全信息学原理解决的问题主要在于系统工程下的各要素流动信息致灾的原理。

从生产层面来看，全世界的工厂主和雇主提供了大量有关工人的安全信息，既鼓励了安全的操作，也阻止了不安全的操作。这些关于安全信息的来源，连同其他，涉及的内容包括：规章、法规(典)和标准、工业实践、培训教材、物质安全的记录册、书写的方法、安全信号、产品的标签和指导手册等。这些来源中所提到的每一种信息均有其不同的作用、目标、预期的读者、内容、详细程度、展示的正规化和模型方面等。每个来源可能也有自己设计的资料，以便在一个潜在的事故序列内执行任务时适应于不同的阶段。

安全信息学的事故原理发展的四阶段内容。第一阶段：在事故序列的第一阶段，在执行任务之前提供信息，如安全训练材料、危害情况的交流计划和采用各种形式的关于安全方案的材料(包括安全方面的墙报和一些宣传活动)。这些材料用来教育工人关于危险的情况，并说服他们要安全地操作，试图通过教育和说服(纠正操作行为)的方式提高工人的知识和技能以减少错误，通过改变工人不安全的态度以减少故意破坏安全规章制度的行为。没有经验的工人通常是这个阶段的教育对象。因此，提供的安全信息的内容要比其他几个阶段详细得多。在以下三个事故序列阶段，使安全信息行之有效的先决条件是，必须着重强调应有一个经过良好训练的和被激发的劳动力群体。第二阶段：在事故序列的第二阶段，资料的来源包括书写的方法、核对的清单、详细说明、警告信号和产品标签等。这些资料在执行常规任务期间可提供关键性的安全信息。通常包括简单的说明，用来指导不太熟练的工人或者提醒熟练工人要保持必要的警惕，遵照这些方法可使工人不至于忽略警惕或其他关键性任务的操作步骤。通常把这样的资料说明逐步地包含在适当阶段的详细说明书内，描述如何执行一个任务。此外，在适当位置显示警告信号也可起到类似的作用，比如在工作场所的入口处安置一个警告信号，说明入内必须戴坚固的安全帽等。第三阶段：事故序列的第三阶段是用非常显眼和易于觉察的安全信息，例如警告信号、安全标记、标签、信号、屏障或封闭等，警告工人有异常或危害情况。警告信号是可视的(闪烁光、转动的等)、听觉的(嗡嗡声、喇叭声、音乐等)、嗅觉的(各种气味)、触觉的(各类振动)或动觉的。某些警告信号固定在产品上，在处于危险状态时会自我启动(如开放丙酮的容器会放出气味)。其他则是设计成放在机器内或工作环境中的(将后退的信号放在铲车的车身上)，如用无文字鉴别法，或高亮度表示环境潜在的危害成分等，用来作为一种安全标记(将阶梯的边缘涂成黄色或将紧急止步的标记涂成红色)。正在进行保养、维修或其他异常情况之处，可利用安全标签、屏障、信号或封锁的方法指出有危害的部位，以用来阻止工人进入或启动设备的运行。第四阶段是当事故发生时，加速敦促工人进行紧急处理的方法，或者是事故后的补救措施。安全信号和标记应显眼地指出需要立即执行的措施(如出口位置、灭火器位置、急救站、应急喷水器、洗眼处等)。产品的安全标签和安全记录册应遵循补救和应急措施。

安全信息的生成是由安全信息主要来源决定的，上述安全信源是重特大事故发生和发展的基本方面，非具体特定的某事故。因此，从机理上阐述安全信息的生成机制是研究安全信息耦合的切入点，重特大事故安全信息的生成是复杂的信息产生、收集、加工和传播过程。

安全信息生成主体是企业、安监部门和政府机构，各级根据指定的《安全生产事故应急救援预案》《生产安全事故报告和调查处理条例》和《中华人民共和国安全生产法》等规章制度进行重特大事故安全信息的收集和加工工作。对企业收集的原始安全信息进行处理，相关部门对不同类型的安全信息进行加工形成决策。全社会对安全信息的监测和收集构成了安全信息产生的物质条件，安全信息的监测与收集者道德素质或利益输送关系等可能会造成重特大事故安全信息的收集及上报出现延迟、瞒报和漏报等违规行为，这会直接阻碍安全信息的产生。目前企业安全管理中普遍存在的关键问题是安全信息缺乏、信息传送渠道不畅通、反馈不及时、危险信息不能及时得到处理等。安全信息在产生过程中会因缺失或失真发生异常，信息的异化会带来诸如谣言、危机等不安定因素。比如，企业对事故安全信息的保密或安监部门的垄断使得政府和公众不能及时准确全面地了解事故信息，进而导致一系列的冲突和恐慌。出于维稳考虑，企业或安监部门目前存在对安全信息的选择性发布情况，这样事实上导致了社会多数人对事故安全信息的缺失和极大的安全信息不对称现象发生。天津港特大火灾爆炸事故中，由于事故发生后安全信息公开、舆论应对等方面不够及时有效，造成一些负面影响。例如，有微博微信编造、散布谣言，包括“有毒气体已向北京方向扩散”“方圆一公里无活口”等异化了的安全信息以制造大量的社会恐慌情绪。消除公众对五花八门的安全信息盲从心理，就要在安全信息的产生阶段保证安全信息的及时准确发布。

人因及物因安全信息缺失导致人的不安全行为信息与物的不安全状态信息交叉，通过企业、政府及社会三大耦合作用使得事故的安全信息发生爆炸式传播和演化。安全信息流路径传播，从事故发生到产生后果，从物质破坏、人员伤亡和环境污染到谣言传播、生产瘫痪和群体性事件，政府在整个信息流动过程中起到协调控制的作用，企业作为安全生产的主体自然涉及最多的信息因子。事故舆情发布会影响事故安全信息的演化路径，往往会导致发酵和涟漪效应，最直接的表现就是公众逃避和群体性事件发生。政府应急救援后续要引导信息流向生理心理救治和责任追究，树立社会信心，安抚民心和舆论压力。

3.5.2 生产现场的安全信息流原理

安全信息流包括与事故发生有关的一切安全信息，也包括生产活动中安全管理本身的活动信息。各种安全信息流具有基本原理和结构，安全信息流主要由组织系统的信息流、层级之间的信息流和人机系统的信息流三部分组成。

1）组织系统的信息流

生产管理部门、经营者的领导履行管理职责，向下级传达监督指令，监督人员再传达给一般工作人员。这种上下流通的信息，有的是领导通过网络技术进行信息整理、分发和反馈。有的通过规程等文件资料进行下级传达。安全信息是管理上的一项极为重要的资源，安全管理工作的成败取决于能否做出有效的决策，而决策的正确程度则在很大程度上取决于安全信息的质量。所以，是否具有有效的安全管理信息成为企业的首要问题。安全管理信息系统在强调管理、强调安全信息的现代社会中越来越得到普及。安全信息系统的建立、运行和发展与组织的目标和战略规划是分不开的。组织的目标和战略规划决定了管理信息系统的功能和实现这些功能的途径。安全信息系统的战略规划是关于安全信息系统的长远发展计划，是企业战略规划的一个重要组成部分。这不仅由于安全管理信息系统的建设是一项耗资巨大、历时长远、技术复杂的工程，更因为安全信息已成为企业的生命动脉，安全信息系统的建设直接关系着企业能否持久创造价值，能否最终实现企业安全目标。

按照流向的不同，组织系统的信息系统就可以有单向传递、反馈传递和双向传递三种方式。单向传递是传递者到接收者的单方向传递，如组织内部下达各种简报、上报各种报表，报纸上公布各种行政法规和行政命令等。反馈传递是由接收者向传递者提出要求，再由传递者将安全信息传给接收者的方式，如下级行政机关根据上级机关的要求上报各种数据报表、反映情况、汇报工作等。双向传递是指传递者和接收者互相传递安全信息，传递者和接收者都是双重身份，既是传递者又是接收者，如经验交流会、上下级之间的请示和批复等。

安全信息传递的基本要求是速度快。如果一条有重要价值的信息未能及时地传递给决策者，那么决策者在做决策时就不能考虑这条信息，因而就有可能造成难以弥补的、不可估量的损失，甚至造成灾难性事故。为了达到传递高速度、增加安全信息的流动时间，减少安全信息传递的中间环节是一个有力的措施。缩短安全信息传递的渠道有时也能加快传递速度。

2）层级之间的信息流

即上下级部门通过传统的信息传播媒介进行沟通。安全信息流动方便快捷，且能够进行更大大范围的传递，但是无法及时了解安全信息接收方的反馈；此外，安全信息在间接传播中也会存在一定失真。按安全信息传递时信息量的集中程序不同，层级之间的信息流有集中和连续两种方式。集中式是时间集中、信息量大的传递，如年终总结、季度情况反映等。连续式是不间断的、持续的传递方式，如按日、按周、按季度上报的报表；按安全信息传递范围或与环境关系的不同，层级之间的信息流可有内部传递和外部传递两种方式。内部传递是组织内的传递，如机关内部的会议汇报、布告、电话等。外部传递是指上级行政机关与下级行政机关之间、同级行政机关、行政机关与其他社会团体或组织之间的传递，如某级党的机关组织的与其他民主党派的座谈会等。

3）人机系统的信息流

人机之间的信息交互靠可输入输出的外部设备和相应的软件来完成。可供人机交互使用的设备主要有键盘、显示器、鼠标、各种模式识别设备等。与这些设备相应的软件就是操作系统提供人机交互功能的部分。人机交互部分的主要作用是，控制有关设备的运行和理解并执行通过人机交互设备传来的有关的各种命令和要求。早期的人机交互设施是键盘、显示器。操作员通过键盘打入命令，操作系统接到命令后立即执行并将结果通过显示器来显示。

人机信息来源主要由计算机硬件、网络和通信设备、计算机软件、信息资源、信息用户和规章制度组成。人使用机器进行操作时，人和机械接触面上有安全信息流，这时安全信息随能量的流动而传递。人们之间的安全信息处理与机械的安全信息处理有着显著差别，这可用心理学、生理学和人机工程学等基本原理来说明，因为人最重要的特点是心理特征千差万别。人接受安全信息的信道，根据安全信息的重要性和困难程度，可以有意识地或无意识地加以转换处理，如同铁路的转辙操作一样。例如，重要的安全信息不应在低水平上靠无判断的条件反射去处理；反之，一些简单的安全信息又不需要像解决疑难问题那样去动脑筋(高水平的信道处理)，以免消耗不必要的精力，避免影响对重要安全信息的处理。

3.5.3 事故应急中的安全信息流特征

事故中安全信息的基本特征有依赖载体性、可获知性、不确定性、客观性、表达的相对性、编码多样性、交流功能、主体认知性、传递性等十几种基本特征。安全信息的主要特征为安全信息耦合机理提供了本质准备和属性保证，特征反映了安全信息是可以被理解和认知并被人运用到科学实践中的。除了安全信息的基本特征外，重特大事故的安全信息具有其他类型安全信息所不具有的特殊特征。

1）倾向性

从行业来看，通过分析近年来的重特大事故可以发现，矿山、危化品、道路交通、建筑施工、烟花爆竹、水上交通、消防等高危行业领域重特大事故多发，这些行业事故的安全信息相比其他行业而言更复杂，信息产生和传播更集中。宏观来看，安全信息在安全活动中表现出倾向性。从时间上分析可知：安全信息在一年中的3月、8月、10月和11月等时间段内更容易诱发重特大事故，这与生产活动的周期性及节日活动和季节气候都具有很强的倾向性；一周中周一和周六以及一天中的9~10时、14~15时重特大事故易发，这也表现出心理活动内变化规律的倾向性。

2）区域性

重特大事故安全信息的有效性局限于特定的范围之内，表现为对象的特定性和范围的特定性。比如，城市的规模日渐扩大后，其功能越来越复杂集中，人口的扩大等导致城市的风险危机管理滞后于城市活动保障需求，城市安全信息的产生和传播路径复杂且安全信息缺失等现象容易导致在城市里发生重特大事故，大城市也成为近年来重特大事故的多发地。特定的重特大事故安全信息通过特定的渠道在特定范围内流动，其最终的作用对象也是特定的。比如，事故发生后，相关联区域的人员、财产、污染等破坏信息都由相关机构收集、整理和发布。安全信息的流动在特定部门聚集后扩散，指导应急决策。安全信息的区域性并不是绝对的，如今的重特大事故安全信息并不只局限在承载体内部，而是具有相当程度的辐射和扩散效应，但是对于安全信息的受体而言，真正起到作用的却是有限的。这一点也说明了安全信息的区域性特征。

3）及时性

重特大事故往往造成巨大的甚至灾难性的人员伤亡、财产损失和环境污染等后果，这些后果对于人类而言是不可接受的，因而人们对于这些安全信息是极为关注和积极传播的。安全信息流动的速度也是最快的，尤其是身处事故发生地的人。在事故应急决策和执行机构内，安全信息是快速流动的，在承载体和公众层面，安全信息也是快速传播的。安全信息借助现代通信手段，如微博、微信、网络等新媒体和电视、广播和报纸等传统媒体。正是在这些传播工具的帮助下，安全信息才实现了及时、迅速和全天候的特征。

4）衍生性

安全信息在最初形成后，传播的过程中容易诱发和滋生新的安全信息。尤其是重特大事故本身具有强度大、等级高和危害深等特点，常常诱发出次生事故和一连串的其他事故。这就伴随着次生安全信息的产生和传播，初级安全信息衍生出一系列的次级安全信息。这些衍生信息的流动就是导致衍生事故发生的本质信息因素，如何杜绝安全信息的衍生是预防次生事故发生的手段。此外，衍生的另一种形式是安全信息在管理者中出现的谎报、瞒报和迟报等现象以及公众视野下事故安全信息谣言。

5）动态性

企业是安全信息系统中的子系统，为了适应外部安全信息系统的需要，必须不断地完善和改变自己的功能，而企业内部各子系统中安全信息的功能及其相互关系也必须随之相应地发展变化。企业安全信息就是在这种不断变化的动态过程中生存和发展的。企业的产品结构信息、工艺过程信息、生产组织信息、管理机构信息、规章制度信息、经营方针信息、管理方法信息、安全措施信息等都具有很强的时限性。动态性原理是安全信息原理要点之一。安全信息作为一个运动着的有机体，其稳定状态是相对的，运动状态则是绝对的。安全信息不仅作为一个功能实体而存在，而且作为一种运动而存在。安全信息系统内部的联系就是一种运动，信息与环境的相互作用也是一种运动。信息的功能是时间的函数，因为不论是系统要素的状态和功能，还是环境的状态或联系的状态都是在变化的，运动是安全信息的生命体现。

6）必然性

安全信息发展、变化趋势是不可避免的，体现出必然性。必然性是由信息所在的系统属性决定的，认识安全信息的必然性就是认识系统的本质。虽然事故发生的原因是多方面的，而人们在特定的条件下不一定能掌握到系统中某事故的所有安全信息，同时也观测不到所有的已知条件，但当认识到事故发生的主要原因后，通过调控安全信息的流动，控制信息溢出，就可以控制事故的发生，这体现出安全信息流动带来的必然趋势。

7）可传播性

没有传播就无所谓有信息。安全信息传递的方式有很多，如口头语言、身体语言、手抄文字、印刷文字、电讯号等。这体现在安全信息的传播媒介和传播形式上，不同的安全信息类型具有不同的传播性质。安全信息作为特殊的资源在传播的过程中发挥其价值和功能，犹如泉水一般，如果不流动就不会形成深渊，由系统产生并在系统中传播是安全信息存在的特征之一。

8）可再生性

安全信息可以视为人类认识安全系统的一种资源，它在系统中产生、传播和转换。同时，流逝的安全信息可以通过再次加载于其上的物质实体的复现和机械重复得以再生。安全信号就是这个例子，不断连续产生的安全信息提醒监测状态的实时更新，为人们做出安全决策提供可重复性的实践指导。安全信息是无限量的，同时也是可再生的。安全信息经过处理后，也可以以其他形式再生，如自然安全信息经过人工处理后，可用语言或图形等方式再生成信息。输入媒介物质的各种安全数据文字等安全信息，可用显示、打印、绘图等方式再生成安全信息，这些都是安全信息可再生特征的体现。

第 4 章　安全信息学方法论

4.1　安全科学方法论概述

4.1.1　方法论简述

研究学科理论必不可少的方面就是对学科原理的把握和认识，安全信息学也具备一些公认的规律性的东西，古语云："授人以鱼不如授人以渔"。《墨子·天志(中)》记载："中吾矩者，谓之方，不中吾矩者，谓之不方。是以方与不方，皆可得而知之，此其何故？则方法明也。"上述就是方法作为度量方形之法。在汉语中，"方法"一词就是做各类事情的办法或手段。方法的定义一般认为是关于解决思想、说法、行动等问题的门路、程序等。从定义可以看出，内涵包括认识方法、表达方法，也包括实践方法，分为思路、途径、方式和程序 4 个层次。科学研究的成果都与方法有着重要的关系，科学史证明科学方法就是经验和理论的平衡。方法学是以方法为研究对象的科学，方法论则是从哲学的高度总结人类创造和运用各种方法的经验，探求关于方法的规律性知识。方法论摆脱了具体工具的束缚，进入了思维领域，它已经超出了经验的范围，上升为抽象的理论系统。方法论是具有普遍意义的一般理论，它有两层含义：一种是指关于研究的方法、研究方式的学说；另一种是指在某一门科学上所采用的研究方法、方式的学说。这两层含义都不是以具体的事物为对象，不可能解决任何以具体事物为对象的具体科学问题，只能对某一具体对象研究程序提供理论性指导。作为具有普遍指导意义的方法论，它所提供的是具体科学研究所必须遵循的一般性规律或法则。方法论影响和制约方法的选择及运用，自觉或不自觉地运用不同方法论的人考虑问题时都会有自己特有的观点和视角，同时在选择研究手段、程序和方法上也会表现出差异。方法论具有导航作用，在科学探索中，每一种新的科学成果的发现，不仅需要科学家独到的思想见解和精密的实验，更需要有引导他们走向成功的方法论。正因为如此，方法论已经成为哲学家、科学家、社会学家等重要的研究课题。科学家在研究方法上各有不同的习惯、风格和特点，不同的学派也各有研究方法的特色和传统，各个学科更有不同的研究方法。方法论的研究，就是要从个别人、个别学派、个别学科的研究方法和研究经验中，总结出关于方法的共同性的、规律性的东西。用过河需要桥或船的比喻来说，方法论并不为人们提供现成的桥或船，而是教给人们怎样认识造桥或造船的重要性，以及怎样创造更好的桥或船的一般原则。这种一般性原则常常能给人们以思想的提示、启发和指引，使人们根据具体情况寻找或创造具体的方法，不再重走历史的弯路，更好地发挥创新精神，争取高效率地完成任务。这种提示、启发和指引，正是方法论的价值。

方法和方法论既有密切的联系，又有本质的区别，二者是辩证统一的关系。从联系的角度来讲，一方面，方法是方法论的分散、不系统的经验材料，缺乏方法论指导的方法是难以发挥其应有作用的；另一方面，具体的方法构成了方法论的基础和素材，没有具体方法支撑的方法论仅仅是抽象的、空洞的，不可能指导人们对方法的运用、总结和提升。从区别的角度来讲，一方面，方法论不是各种方法的简单堆积，只有在一定的原理、观点指导下所形成的系统化、条理化的方法体系，才能称为方法论；另一方面，方法仅是方法论研究的对象、加工的材料，是方法论中的个别和具体，未在一定原理、观点指导下加以系统化和条理化的方法不能称为方法论。

4.1.2 安全科学方法学

1）方法学概念

由于安全科学的综合特性，使得其具有广袤的时空范畴，而安全科学方法学是研究和发展安全科学的最重要和最基本的方法。诚然，科学方法学在任何学科的研究中都非常重要，但安全学科的综合特性使其具有浩瀚的时空，安全科学方法学更显重要。从安全科学方法学的高度来研究安全学科，思路更宽、效果更好，安全科学方法学的研究方法必将更加有利于促进安全科学成果的涌现。安全科学方法学中可用到的常用方法有安全逻辑方法、历史方法、猜想-反驳方法、发散-收敛方法、形象思维方法、创造性思维法、创造工程方法、数学方法、模糊论方法、层次方法、控制论方法、系统论方法、信息方法、计算机方法、预测方法、决策方法、经验方法、怀疑方法、悖论方法、查阅文献方法、调查研究方法、观察方法、实验方法、分类方法、比较方法、综合指标法、统计分组法、归纳方法、演绎方法、分析方法、综合方法、抽象方法、理想化方法、类比方法、对称方法、溯因方法，背逆方法、试错方法、黑箱方法、结构方法、公理化方法、发生学方法、从抽象上升到具体的方法、逻辑与历史相统一的方法、仿制方法、改制方法、模拟方法、模型方法、仿真方法、功能模拟法、中间试验方法、系统工程方法、逆向发明法、联想方法、联想发明法、优化方法、物元分析法、集思法、缺点列举法、特性列举法、希望点列举法、组合法、检查单法、缜密思维法、思维取向法、水平思考法、垂直思考法、假说演绎法、验证方法、证伪方法、引证方法、专家评价法、经济分析法、运筹学评价法、直接考察法、多目标加权评判法、预见法、决策法、计划法、规划法、方案法、目标法、反馈法、社会预测法、经济预测法、科学预测法、技术预测法、统计预测法、追踪决策法、对抗决策法、战略决策法、策略决策法、排队论法、搜索论法、对策论法、博弈论法、直观型预测法、定性预测法、概率预测法、探索型预测法、规范型预测法、定标型预测法、结合型预测法、规律性预测法、灾变预测法、头脑风暴法、智力激励法、智囊团法、德尔菲法、脚本法、未来情景描述法、形态方格法、形态分析法、形态综合法、棋盘格法、相关树法、目标树图法、交叉影响法、目标预测法、目标决策法、趋势外推法、回归预测法、因果回归分析法、时间回归法、指数平滑法、分解方法、移动平均法、算术平滑法、反馈方法、决策树法、模拟决策法、动态规划法、团体成员关系分析法、社交计量分析法、力场分析法等。上述方法中的一部分已经在安全科学技术领域中得到大量应用和拓展，并发展成为安全科学领域特有的方法。可以断言，更多的方法将渗透应用到安全科学技术领域中，同时也必将诞生出一大批新的科学方法。基于不同层次分类，安全科学方法学可分为安全哲学方法学、一般安全科学方法学、具体安全科学方法学。

安全哲学方法学是从人体免受外界因素(事物)危害的角度出发，并以在生产、生活、生存过程中创造保障人体安全健康条件为着眼点，去认识世界、改造世界、探索实现主观世界与客观世界相一致的最一般的安全科学方法理论。安全哲学方法学并不是安全哲学的一个特殊部分，整个安全哲学知识体系都具有安全方法学的功能。安全哲学既是安全世界观又是安全方法学，它适用于自然、社会和思维领域。

一般安全科学方法学是研究安全科学技术各分支、带有一定普遍意义、适用于许多有关领域的安全方法理论。一般安全科学方法学涉及的是一部分学科或一大类学科都采用的研究方法。

具体安全科学方法学是研究某具体学科，涉及某一具体领域的安全方法理论。属于这一层次中的安全科学方法又可区分为两种不同情形：其一是与个别经验相联系的仅能运用于特定场合的专门安全科学方法；其二是某一学科中与个别理论相联系的特有安全科学方法。

很多科技工作者或者研究生习惯于一开始着手做科研，马上切入正题。当然，这些人也不是一点都不讲究方法，他们心中的方法还是有的，比如立即想到的是“文献检索→现状分析→现场调查→实验测试→模拟仿真→方案比选→优化结果”等常用套路。其实，不同的科研项目采用的研究方法可以是各式各样的，远远不只是上述那几个基本套路。在进入正题之前，研究有针对性的完整方法非常重要。方法是科学研究的灵魂，方法得当，事半功倍。这就是我想说的，科研从方法开始。至于对研究成果还是研究结论的描述，科技工作者或者研究生更多的是就事论事，把获得的结果陈述一番就完了，稍微深入分析的很少，能够从整个研究过程中提炼出适合本类项目的研究方法或新方法让别人去学习的少之又少。其实不说提高到提炼新方法的高度，谈点研究经验也是很重要和很需要的。特别是发表论文，读者要学习的主要是你做的研究的方法或经验，而不是知道你做了什么事和得出什么结果。这就是我想说的，科研以方法结束。

上述两种方法是完全不同的。前者是指在做某一科研项目所采用的方法，是别人发明或大家都在使用的方法；后者则是指由做该项目取得的成果而总结出来的具有高度针对性的方法，是自己发明也是自己成果的一部分，是可以让后人开展类似项目研究的操作指南。

科研重视从方法开始到方法结束的规律，其实不仅可以使研究成果更加有分量和更有推广价值，更让别人受益，还可以不断提升自己的科研水平和提高自己的科研效率。科研从方法开始到方法结束的模式可以是一个不断循环和持续改进的过程，如果多年做多个同一领域的课题，每次开展新课题的研究时，如果都认真琢磨将要采用的方法、借鉴老方法、设计新方法，并使研究获得更新的方法，如此坚持下去一定会大获成功，或许会无意中成为方法论专家。

“方法”两字其实很不简单，我们很多人谈起方法好像都知道似的，甚至在指导别人如何使用方法，但方法的内涵是非常丰富的。从科学的角度来论述“方法”的内涵，方法是人们认识世界、改造世界所采用的方式、手段或遵循的途径。“方法”一词，源于希腊文，意思是遵循某一道路，亦指为了实现一定的目的，必须按一定程序所采取的相应步骤。人们在实践活动的基础上，分析研究客观世界的实际过程，掌握发展变化的科学真理，为人类谋福利，这就是人们认识世界、改造世界的目的。要实现这个目的，必然要进行一系列思维和实践活动，这些活动所采用的各种方式、手段、途径，统称为方法。

方法是有结构的。一般说来，方法由 5 种要素构成，即目的、知识、程序、格式和规则。这 5 种要素在方法中各占有不同的地位，具有不同的功能，起着不同的作用。这 5 种要素的功能为：①目的是方法的灵魂，它决定着程序、格式和规则，其他要素都是为目的服务的，并随着目的的改变而改变；②知识是方法的基础和依据，它为目的、程序、格式、规则提供经验和理论，并可以直接转化为方法；③程序是实施方法的过程的规定，它标志着方法所经过的途径；④格式是目的由一程序过渡到另一程序的中介和桥梁；⑤规则是方法中诸要素的法约，它规定着方法的适用范围，从总体上全面规范着主体的行为。

安全科学方法学的上述 3 个层次，既相互区别，又紧密联系。安全哲学方法学作为最普遍和最一般的安全科学方法学，是安全科学技术各分支方法论的概括和总结，无论是对一般安全科学方法学还是对具体安全科学方法学都具有指导意义。一般安全科学方法学虽然和具体安全科学方法学相比有一般性，但和安全哲学方法学相比又带有特殊性。当然，一般安全科学方法学对具体安全科学方法学提供指导，又以具体安全科学方法学为基础，而安全哲学方法学也要从一般安全科学方法学和各种具体安全科学方法学中汲取营养。一般安全科学方法学和各种具体安全科学方法学对于安全哲学方法学的丰富和发展有着积极意义。

2）方法学分类

安全科学方法学是以解决安全问题为着眼点，以人们认识世界、改造世界所应用的方式、手段和遵循的途径为研究对象，在原始创新和组合创新安全科学方法的同时，既分别研究各种安全科学方法的内容、特点、作用及其合理性，又从整体上研究这些方法的相互联系和相互渗透，概括出它们之间存在的规律的一门科学。安全科学方法学是随着人类思想和科学的发展而产生的，安全科学方法学的研究课题，主要以一般科学方法为主体。安全科学方法学所研究的是安全科学技术各分支学科的带有一定普遍意义、适用于许多有关领域的方法理论。通过参考有关文献和结合安全学科的发展历史特点，提出了以下分类方式：

(1) 按安全科学方法发展史的角度来分类。

从安全科学方法发展史的角度，我们可以把安全科学方法分为古代安全科学方法、近代安全科学方法和现代安全科学方法。

① 古代安全科学方法。古代的时间跨度可认为从 60 万年前火的使用开始到哥白尼给神学写下挑战书为止，人类跨越了旧石器时代、新石器时代、青铜器时代，并经过了黑暗的中世纪。古代生产力水平低下，对自然界的认识只能以简单的、直接的观察进行思维的概括和猜测，还不可能以实验来检验自已的推论，而且对自然界的认识还没有摆脱神学的束缚。所以古代安全科学主要以自然哲学的形式存在，还没有从哲学中分化出来。安全科学方法是零散的、简单的。例如居安思危、有备无患等成语无不体现古代的安全方略和思想，听天由命的古代安全哲学在部分人中至今还保留着。

② 近代安全科学方法。可分为两个时期：从 15 世纪下半叶到 18 世纪中叶，这一时期的安全科学认识和安全科学方法是和当时机械的自然观分不开的，自然科学开始摆脱神学的束缚，主要处于收集材料的阶段，基本上是一种经验的自然科学，此时的安全科学方法主要是观察法、实验法、归纳法、逻辑法和教学方法等；18 世纪后，自然科学从分门别类的研究进入阐明自然界各个过程的联系，从经验的领域走进了理论研究，观察法、实验法、比较法，假说法、归纳法和演绎法、分析和综合、抽象和具体、历史和逻辑等方法得到了应用并被引用到安全科学的认识论和方法论中。

③ 现代安全科学方法。进入 20 世纪以来，自然科学向微观和宏观两个方向

深入发展，科学分化越来越细，科学的综合也越来越显著，许多传统方法呈现出新面貌，数学方法的广泛运用使整个科学日益数学化；各门学科的方法之间的相互渗透和移植更加突出，还涌现了许多新的科学方法，如控制论、信息论、系统论、协同论等，大大突破了传统安全科学方法的局限。

(2) 按安全科学方法应用的普遍性程度来分类。

按照这种分类方法，我们可以把安全科学方法分成3个层次。

① 安全哲学方法。哲学是系统化、理论化的世界观和方法论，它适用于自然科学、社会科学及思维科学的一切领域，是一切科学的最普遍方法。马克思主义哲学是科学的世界观和方法论，其他哲学也为人们提供相应的世界观和方法论。

② 自然科学和社会科学的一般安全科学方法，如观察法、实验法、科学抽象、数学方法、假说方法等。

③ 各门具体安全科学方法，适用于各门具体学科领域的安全科学方法，如用于研究机械运动的力学方法等。

(3) 按安全科学认识的发展阶段来分类。

安全科学发现及其认识过程中存在着两个阶段：一个是感性认识阶段，属经验性层次；另一个是理性认识阶段，属理性认识层次。对应于这两个阶段，我们把安全科学方法划分为经验性安全认识方法和理性安全认识方法。经验性安全认识方法主要包括观察法、实验法等获得第一手材料的方法，以及分类统计等对事实进行初步整理和描述的方法；理性安全认识方法主要包括分析、综合、概括等抽象的方法和归纳、假说、演绎、数学等将认识进一步提炼为理论的方法等。

(4) 按安全科学方法的理论基础来分类。

安全科学方法是科学规律的运用，科学规律反映真实的自然，是科学理论的基础。任何科学理论的实用价值在于它能够变为认识世界和改造世界的方法。一旦理论解决了现实问题，这种理论就有了方法论意义。安全科学方法是安全科学认识规律的运用。从科学实验和科学观察获得经验材料，经过以往认识成果提供的手段和逻辑方法的加工，形成科学假说，借助科学假设演绎出的各个结论再回到实践之中接受检验，使假说成为科学理论，或修改，或补充，以至推翻原有的假说理论建立新的假说，科学认识就是这样不断发展的。

(5) 按安全科学方法的程序化程度来分类。

程序化是安全科学方法的一个基本特征，按照安全科学方法的程序化程度的不同，我们可把安全科学方法分为以下4种基本类型。

① 逻辑类方法。这类方法不仅可以通过规律的形式来表达，而且达到了形式化和符号化，是所有科学方法中程序化程度最高的。它主要包括形式逻辑方

法、数理逻辑方法和模态逻辑等逻辑学新分支所提供的逻辑方法。一般科学方法学中所提到的归纳法、演绎法、分析法、综合法以及比较法等也都属于逻辑类方法，这类方法的突出特点是在规律形式表达基础上的符号化。

② 一般规律方法。这类方法可以用规律的形式来表达，但还不能达到形式化或符号化的地步。例如实验法，可以说它包括实验设计、实验操作、实验结果检验等一套规律性的东西，但还不能把它形式化。这类方法主要包括科学抽象法、假说法、数学方法、控制论、系统论、信息论等方法，以及耗散结构理论、突变论、协同论等方法。这类方法的特点是理论上能说清楚，但不能形式化和符号化。

③ 形象化类方法，主要指形象性思维方法。它是一种主要运用形象或以形象为单元进行思维的科学方法，它是一种和逻辑思维等抽象思维相对立的科学思维方法。

④ 直觉型类方法，主要指直觉思维方法。它是一种不受某种固定的逻辑规则约束而直接领悟事物本质的思维方法。

4.1.3 主要方法学名词

1）方法

方法是人们认识世界、改造世界所采用的方式、手段或遵循的途径。安全科学方法也主要来自实践或间接来自实践。方法的构成要素及其关系如图 4-1 所示。

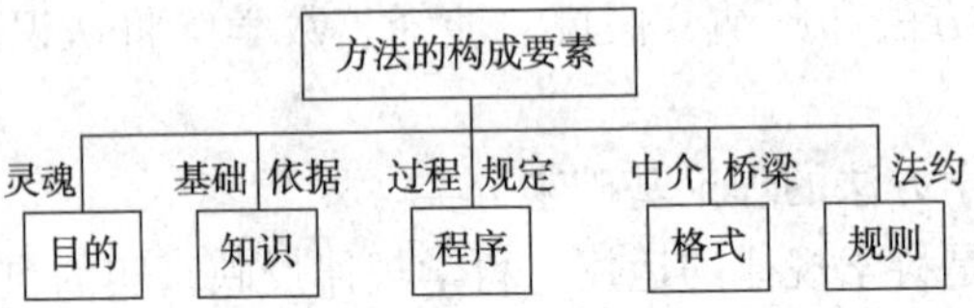

图 4-1　方法的构成要素及其关系

方法的整体虽由图 4-1 所示的 5 种要素构成，但在现实的方法中，并不是所有的方法都显现出 5 种要素。有些方法中，几种要素融合在一起，有的突出这几个方面，有的突出那几个方面，有的表现为知识，有的表现为程序，有的表现为格式，有的则表现为规则，从而使得方法的结构形式呈现多样性。在讨论安全科学方法的五要素时，也同样不必面面俱到，应根据具体问题有所侧重和取舍。正确的方法来自实践。方法只有符合客观世界的发展规律，才是正确的，才能达到预期的目的。认为方法是主观的“自由创造”，那是唯心主义的观点。人们在认识世界、改造世界的实践中，不断研究和总结了一系列思维和实践活动的方式、手段和途径，形成了多种多样的方法。因此，方法的形成和发展的历史，体现了人类思想发展的历史，体现了科学发展的历史。随着现代科学的发展，方法的研究得到了高度的重视和发展，方法在科学认识上也起着越来越大的作用。方法主要具有如下几种作用：

（1）为科学研究指明方向。各门科学的研究对象虽然不同，但都是客观世界在不同方面的实际过程，人们的思维要理解这些过程，就必须从实践活动中总结出研究这些对象的方法，从而为这门科学指明研究方向，促进这门科学的发展。实际上，现有很多安全科学的分支都是方法上的学问，如系统安全分析方法、安全管理模式、安全评价方法等。

（2）建立科学理论的方式。一般来说，科学研究总是从提出问题开始，然后组成研究对象，提出与构造科学理论，检验所获得结果的真理性，科学研究整个过程中的每一个环节，都有方法的影子。例如，安全检查表是众所周知的基本做法，从方法学的角度提升该做法，也是一种用于安全管理和安全评价的系统方法。

（3）说明知识的内在机制。所谓知识的内在机制，就是知识的生产和变换的关系，或者说是方法和理论的关系、方法和方法的关系。例如，事故树分析等方法就表达了事故的顶事件、中间事件和底事件的各种内在关系。

（4）形式化方法的出现。方法有其内容方面和形式方面，随着现代科学的发展，方法的形式方面的研究不断深化。形式化方法的出现和应用，标志着人类抽象思维上升到新的高度，它已成为人们认识科学真理的一个重要手段。现在广泛推广的安全质量标准化就是一种形式化方法。

（5）新方向的不断涌现。科学在不断发展，方法也随之不断发展，各种新方法层出不穷。方法的生命力，不仅表现在它正确地说明各门科学中的新现象，而且表现在它能够确定认识进一步发展的道路，从而引导人们的认识沿着这条道路前进。

2）方法论

（1）基本释义。

方法论是人们认识世界、改造世界的方法的理论。方法论在不同层次上有哲学方法论、一般科学方法论、具体科学方法论之分。依此类推，安全科学方法论也可以分为安全哲学方法论、安全一般方法论和安全具体方法论。哲学方法论是关于认识世界、改造世界、探索实现主观世界与客观世界相一致的最一般的方法理论。哲学方法论并不是哲学的一个特殊部分，整个哲学知识体系都具有方法论的功能。安全哲学方法论既是安全世界观又是安全方法论，它适用于安全自然科学、社会科学和抽象思维领域；一般科学方法论是研究各门具体科学、带有一定普遍意义、适用于许多有关领域的方法理论。一般科学方法论涉及的是一部分学科或一大类学科都采用的研究方法，如观察方法、实验方法、比较方法、类比方法、归纳方法、演绎方法、分析方法、综合方法、假说方法等。安全科学方法论也经常运用到上述一般方法。具体科学方法论是研究某一具体学科，涉及某一具体领域的方法理论。属于这一层次中的方法又可区分为两种不同情形：其一是与个别经验相联系的仅能运用于特定场合的专门方法，如对某些事故的分析方法、某些安全设备仪器的调试方法、安全检测的方法以及某些专门技术等；其二是某一学科中与个别理论相联系的特有方法，如灾害学中的致灾链分析方法、化工安全中的火灾爆炸理论方法、生物安全中的同位素示踪方法等。

方法论的上述3个层次，既相互区别，又紧密联系。哲学方法论作为最普遍最一般的方法论，是各门科学方法论的概括和总结，无论是对一般科学方法论还是对具体科学方法论都有指导意义。一般科学方法论虽然和具体科学方法论相比有一般性，但和哲学方法论相比又带有特殊性。如数学方法，从历史上看，数学几乎同哲学一样古老，数学一开始就具有科学方法的意义。因此，数学及其方法应该普遍适用于任何一门科学。但是，经典的数学方法仅仅涉及事物的量的方面，因此仅靠数学的方法不能揭示事物的全部，不能达到对事物的全面、完整的认识。

(2) 关系说明。

方法论的关系问题包括世界观和历史唯物主义两部分。

方法论与世界观的关系可以表述为：一定的世界观原则在认识过程和实践过程中的运用表现为方法；方法论则是有关这些方法的理论，没有和世界观相脱离、相分裂的孤立的方法论，也没有不具备方法论意义的纯粹的世界观；一般说来，有什么样的世界观就有什么样的哲学方法论。唯物主义世界观要求人们在认识和实践中从实际出发，实事求是。唯心主义世界观则从某种精神的层面出发。客观唯心主义世界观要求人们在行动中遵从某种客观的精神原则或宗教教义、神灵的启示等。主观唯心主义世界观则认为人们可以按着自我的感觉经验、愿望、主观意志等行事。辩证法的世界观要求从事物的普遍联系和永恒运动中把握事物，分析事物自身的矛盾和解决这些矛盾。形而上学世界观则促使人们孤立地、静止地、呆板地考察事物。哲学方法论以一定的世界观为根据，世界观以自身对人们的认识方法和实践方法的指导意义而取得存在的价值。哲学方法论离不开世界观，自然科学方法论也必须以自然观和科学观为前提。各门具体科学的研究方法归根结底也受一定世界观的制约，这种制约以不同层次的方法论为中介。各层次的方法论不直接统一，它们之间存在着某种差别。世界观与方法论的一致性不是简单的统一，懂得世界观并不等于掌握方法论。方法论是运用世界观的理论，但运用世界观、掌握方法论均需要做专门研究。

方法论与历史唯物主义的关系：历史唯物主义正确解决社会存在和社会意识关系的基本原则，是各门社会科学的根本出发点。社会是物质世界的特殊部分，不了解它的特殊性，就不可能把一般唯物主义原则和辩证法思想正确地应用于社会历史的认识过程。历史唯物主义揭示了劳动在人类社会形成和发展中的决定作用，指出了社会的物质关系对于政治关系和思想关系的决定作用，阐明了社会存在同社会意识的关系是历史观的根本问题，为各门社会科学奠定了唯物主义认识论的根本原则。历史唯物主义所阐明的，从社会存在说明社会意识、从生产力说明生产关系、从经济基础说明上层建筑，以及从生产力、生产关系和上层建筑的相互关系说明社会发展规律的认识路线，对社会生活各个领域的研究都具有普遍的指导意义。各门社会科学只有遵循这一认识路线，才能正确地概括经验材料，得出科学的结论。

3）基于历史观的分类

（1）古代方法论。

中国哲学史上对求知的方法有过许多论述，从不同角度表述了有关认识方法的各种见解，形成了具有中国文化传统的认识方法的理论。孔子对求知的方法有所阐发，强调学思并重，明确提出“学而不思则罔，思而不学则殆”。这是注重知的后天来源。孔子主张“博学”“多闻”“多见”，但反对满足于获得众多杂乱无章的知识，要求用“一以贯之”的原则把所有的知识贯穿起来。“一以贯之”是通过思的功夫达到的，也是思的方法论原则。根据这一原则，孔子还提出了“举一隅而以三隅反”“叩其两端而竭”等方法。他还强调“毋意、务必、毋固、毋我”，即反对臆测、武断、固执、主观的思想方法。在孔子以后，墨子注重实际验证或实际应用的经验方法。老子、庄子不重经验而主张直觉的方法，要求冥思以直接领会宇宙的根本。孟子讲尽心，主张反省内求，也是一种直觉的方法。荀子将观物与体道结合起来，要求在对事物的观察中认识规律即“道”，并根据道进行类推，以求得宇宙万物的普遍知识。荀子还主张“虚壹而静”“解蔽”，这是他提出的端正思想以求得真知的方法。

在中国古代的名辩思潮中，惠施、公孙龙等人的论辩反映了一般与个别、相对于绝对的矛盾，他们都从不同的侧面割裂了个别和一般、相对和绝对的关系。后期墨家和荀子则注意把它们结合起来，这一讨论对推动中国古代思想方法论的发展具有重要意义。从宋到明清，哲学家们也比较重视方法论的讨论，程朱学派主张“道问学”，注重“格物致知”的综合方法，认为知为人所固有，但必须格物以致之，“即物而穷其理也”。陆王学派则主张“尊德性”，即重内心，认为一切真知都来源于内心，只要在内心上下功夫就行了。清代的王夫之、颜元、戴震都比较重视认识的方法。其中王夫之把前人所讲的格物致知分解为二：格物是从事物、经验中求得道理，即归纳法；致知是思辨推理的方法，即演绎法。而且，他认为两者是相互补充、不可割裂的：“非致知则物无所裁，而玩物以丧志；非格物则知非所用，而荡智以入邪。二者相济，则不容不各致焉。”

中国哲学传统还特别注重为人们校正行为、提高道德而提供准则和方法。在中国哲学中，伦理学和道德修养、道德实践的方法论有着特别丰富的内容，认识的方法论包含在伦理实践的方法论之中。

(2) 近代方法论。

在古代中国哲学和古希腊罗马哲学中，还没有专门的自觉的方法论学科分支。方法论的发展与近代大工业和自然科学的发展是不可分的。资本主义的萌芽和工商业的发展促使了近代自然科学的兴起和发展，产生了探索正确认识自然的科学方法论的迫切需要。这时，哲学作为方法论的意义才被突显出来。近代方法论的奠基人是英国哲学家培根。他推崇科学，反对遏制科学的宗教神学和经院哲学。培根在《新工具论》中，总结了科学实验的经验，提出了新的认识方法即经验归纳法。培根用他的方法体系武装了科学，推动了科学的发展。

法国哲学家 R. 笛卡尔提出了理性演绎方法论。他同培根一样，反对经院哲学，主张发展科学。笛卡尔不满意经院哲学从圣经教义出发的演绎法，认为从中得不出任何可靠的知识。他重视理性，特别强调数学，主张一切知识都应该像几何学那样，从几条“不证自明的”“天赋的”公理中推演出来，认为只有这种知识才是最可靠的知识。

英国洛克提出了感觉论的认识论，休谟提出了批判理性知识的怀疑论。欧洲大陆的斯宾诺莎和莱布尼茨进一步发展了唯理论的方法论。特别是斯宾诺莎用理性演绎法，效法几何学的方式即公理方法，建立了自己的哲学体系。这时方法论已经作为认识过程的哲学根据。由于 19 世纪以前，整个自然科学还处于搜集材料的阶段，只有数学和力学得到较充分的发展，故机械论和形而上学思维方法占着统治的地位。康德第一个打破了形而上学思维方法的缺口。他从物质微粒之间的吸引和排斥的矛盾统一运动来说明太阳系的形成和发展，促使了机械唯物主义方法的破产。与此同时，他建立了庞大的先验唯心主义体系，力图把整个哲学变成方法论。康德批判地考察理性思维的方法以及它认识世界的可能性，形成了先验唯心主义的批判的方法论。康德批判莱布尼茨的唯理论，说他盲目地相信理性的可靠性，全盘否认感觉经验的必要性；也批判了休谟的经验论，说他排斥理性在认识中的作用，否定普遍性和必然性，否定了科学知识。康德把莱布尼茨的唯理论和休谟的经验论结合起来，认为没有感性直观材料，理性思维是空洞的；没有逻辑范畴、概念，感性直观就是盲目的。但是，在康德看来，逻辑概念范畴不是来自感性经验，而是人类认识能力自身固有的，从而实际上否认了逻辑的客观性。黑格尔批判了康德的批判的方法论。他坚持逻辑的客观性，但把整个世界的历史发展看作是绝对理念的辩证的逻辑的发展。黑格尔在《逻辑学》中，强调了理念辩证法作为普遍的认识方法和一般精神活动方法的作用，因而他的逻辑学也就是其辩证唯心主义的方法论。

（3）马克思论。

唯物辩证法是马克思和恩格斯在唯物主义基础上改造黑格尔唯心主义辩证法所创立的唯一科学的方法论。它是在概括总结各门具体科学积极成果的基础上，根据自然、社会、思维的最一般的规律引出的最具普遍意义的方法论。唯物辩证法是对客观规律的正确反映，它要求人们在认识和实践活动中一切从实际出发，实事求是，自觉地运用客观世界发展的辩证规律，严格地按客观规律办事。

唯物辩证法认为，世界上的一切现象都处于普遍联系和永恒运动之中，事物普遍联系的最本质的形式和运动发展的最深刻的原因是矛盾着的对立方面的统一。因此，孤立地、静止地看问题的形而上学思维方法是错误的，而矛盾分析法是最重要的认识方法。唯物辩证法认为，实践是主观和客观对立统一的基础，脱离实践必然会导致主客观的背离，产生主观主义，所以必须坚持实践以保持主观和客观的一致性。在认识过程中，要用实践检验人们的认识，要善于正确地运用多种多样的科学实验和典型试验的方法。唯物辩证法认为，整个客观物质世界以及其中的每一个事物、现象都是多样性的统一。各自都有自身的结构，包含有不同的层次、要素，组成一个个系统；各个事物、现象、系统都有自身的个性；同时，它们之间又有着某种共性，共性存在于个性之中。多样性与统一性、共性与个性都是对立的统一，由此产生了认识中的归纳法和演绎法、分析法和综合法、由感性具体到思维抽象和由思维抽象到思维具体的方法等。这些不同的方法也都是对立的统一，因而不能片面地抬高其中一种方法而贬低另一种方法，而要把它们各自放在适当的地位，既要反对片面强调归纳法的经验论，又要反对片面强调演绎法的唯理论、独断论和教条主义，而应当把归纳和演绎辩证地结合起来。世界中每个事物、现象都有其自身产生、发展、灭亡的历史规律，在认识中还必须贯彻历史方法和逻辑方法的统一。列宁曾对认识事物的基本逻辑方法做了概括：①力求全面性，必须把握、研究事物的一切方面、联系和中介；②从事物的发展、运动、变化中观察事物；③必须把人的全部实践包括到事物的完满的“定义”中去；④必须注意真理的具体性。随着人们对客观规律的认识不断丰富和发展，马克思主义方法论也将不断地丰富和发展。

（4）现代方法论。

自 19 世纪末 20 世纪初物理学革命以后，各门科学都有了突飞猛进的发展。方法论在科学知识中的比重日益提高，方法论对科学发展的作用也日益显著。这是和科学发展的时代特点密不可分的。具体表现在：①科学对自然和社会的研究越来越广泛、深入，使科学研究中直观性的程度减少，抽象化的程度提高，产生了逻辑思维方法高度发展的必要性；②科学的进一步分化和综合产生了一些新兴学科和边缘学科，促使科学研究的整体性和综合性增强，产生了系统理论等具有方法论意义的新学科；③现代科学发现了一系列原有科学理论体系不能解释和说明的新的事实，出现了一些佯谬，破坏了科学体系原有的原则和思维前后一贯的逻辑严密性，产生了现代科学范畴体系的许多根本性的变化，同时也促使逻辑方法向前发展；④科学研究课题的复杂性、综合性在日益加强，随之而来的科学研究手段日益复杂、精密，科学研究日益成为集体的、综合的事业，由此产生了科学研究课题的各个不同方面、不同层次的相互配合、相互协调的必要，从而也产生了协调科学研究不同方面和不同层次的方法论。

科学发展的特点给哲学方法论提出了一系列需要解决的问题，例如观察和实验的关系、科学事实和因果性解释的关系、归纳和演绎的关系、类推和概括的关系、假说和理论的关系、确定性和不确定性的关系、想象和科学发现的关系、系统和结构的关系、结构和功能的关系、系统和要素的关系、控制和信息的关系、规律和预测的关系，以及理论和实践的关系等。科学的发展对方法论的形式也提出了一系列问题，例如科学语言的分析、科学理论的形式结构的分析、科学理论的形成发展和它们的逻辑有效性的条件等。逻辑经验主义哲学十分重视对方法论形式方面的研究，而且做出了一些有益的贡献。但是，逻辑经验主义哲学否认关于世界观科学存在的必要性和可能性，把一切关于哲学世界观的问题统统斥为“形而上学”的虚妄问题。逻辑经验主义者片面夸大方法论的形式方面，往往局限于对科学理论进行静态的逻辑分析，忽视和贬低经验的客观内容，抹杀科学知识发展中的革命变革问题。自20世纪20年代以来，大多数科学哲学家都把自己的纲领建立在“任何自然科学的知识内容都具有确定的逻辑结构，可以用一个形式命题系统来表示”这样一个设想的基础之上。这种形式化的方法和公理化的方法，在科学的发展中有一定的积极作用，但是如果忽略有关事物的客观本质和真实内容，把对事物的研究仅仅归结为关系的方法和追溯到某种设定的公理的方法则是错误的。

自20世纪50年代以来，西方科学哲学出现了一个新的发展趋势，主要表现在冲破了对科学理论的静态的逻辑分析，而把对方法论的研究同科学发展的历史联系了起来。如英国的K. R. 波普尔、美国的T. S. 库恩及以后的拉卡托斯和P. K. 费耶尔阿本德等都试图从方法论的角度来说明科学理论的革命和发展。波普尔把科学的发展看成是一系列的证伪过程。他强调演绎，否定归纳，推崇证伪，贬低证实。他甚至说：“我们并不能认识，我们只能猜测。”库恩提出科学发展是通过常规科学和科学革命的交替发展来实现的。科学革命则是“范式”的取代。他认为：“新理论如果没有关于自然界的信念的破坏性的变化，是很难兴起的。”他所说的“破坏性的变化”是一种非理性活动的产物。他否认科学革命变革中的继承性。拉卡托斯在吸收波普尔和库恩思想的长处，克服波普尔朴素证伪主义的基础上，提出只有在科学研究纲领的一定秩序的提出和实现的基础上才能发展科学。费耶尔阿本德则认为，一切方法论都有自己的限度。他通过对科学历史实例的分析，力图说明在某种理论统治下的科学是停滞不前的，并提出了推翻一个既定理论的方法，这就是“什么都行”，即科学家可以自由地尝试他所喜欢的任何一种程序。他们都批判逻辑经验主义把科学发展看作单纯知识积累过程的观点。但是，他们共同的特点都是片面夸大知识的相对性，而否认知识中的绝对的客观内容，从而走向怀疑论。

哲学方法论是适用于一切具体科学的具有普遍意义的方法论。现代自然科学的发展不仅发展了各门具体科学自身的特殊的方法论，而且孕育产生了一些只是反映世界某个侧面但带有普遍意义的科学方法论，如数学方法。从历史上看，数学几乎同哲学一样古老，数学一开始就具有科学方法论的意义。虽然数学最初仅仅在如天象、历法、土地测量、机械等少数几门科学中起着方法论的作用，但是世界上一切事物都具有质和量两个方面，量又规定着质，质量互变规律是普遍的辩证规律。因此，数学及其方法应该普遍适用于任何一门科学。马克思认为，一门科学只有成功地运用数学时，才算达到真正完善的地步。现代科学的发展日益表明了这一点。数学方法已日益成为包括自然科学、社会科学、思维科学等一切科学不可缺少的方法。但是，数学方法仅仅涉及事物的量的侧面，因此仅靠数学的方法不能揭示事物的一切方面，不能达到对事物的全面的、完整的认识。同时数学方法的正确运用和数学方法本身的健康发展离不开正确的哲学方法论的指导，因而数学方法不能取代哲学方法论。

(5) 认知方法论。

认知方法论是关于认识世界和改造世界的方法的理论。方法论在不同层次上有哲学方法论、一般科学方法论、具体科学方法论之分。科学方法论，包括培根阐述的实验方法与归纳逻辑、笛卡尔论述的数学方法与演绎逻辑，以及贝塔郎菲的一般系统论方法与中国曾邦哲的系统逻辑结构论。关于认识世界、改造世界、探索实现主观世界与客观世界相一致的最一般的方法理论是哲学方法论；研究各门具体学科、带有一定普遍意义、适用于许多有关领域的方法理论是一般科学方法论；研究某一具体学科，涉及某一具体领域的方法理论是具体科学方法论。三者之间的关系是互相依存、互相影响、互相补充的对立统一关系；而哲学方法论在一定意义上带有决定性作用，它是各门科学方法论的概括和总结，是最一般的方法论，对一般科学方法论、具体科学方法论有着指导意义。

马克思主义哲学是一种科学的哲学方法论，不仅是认识客观世界的武器，也是改造现实的武器。教科书《马克思主义哲学原理》中的哲学内容，并不全是马克思的首创，而大部分是马克思同意的观点，比如辩证法理论。马克思的重要贡献是历史唯物主义。

4.2 安全系统认知方法

从安全信息发展的角度来看，无论安全科学各二级和三级学科构建，还是安全科学与心理学、信息学等其他社会学科彼此渗透、相互结合情况，安全信息学的综合化程度都越来越高。多学科交叉综合的特质表明，安全信息学需要融合借鉴其他学科的知识，尤其是当今社会处于信息时代，信息在系统安全中的作用越来越重要，在安全管理中需要将安全信息作为出发点和落脚点。任何系统都由物质、能量与信息三者及其关联关系构成，可通过评价系统运行情况来表征系统安全的动态演化过程，而信息是安全系统存在和运动的内在机制。安全信息认知方法(System Safety Information Cognitive Method，SSICM)是研究某系统的安全问题，其中所蕴含演化和传播的安全信息认知特征规律，通过分析认知故障进而研究不安全行为产生的基础。系统安全信息认知发生故障，将可能发生各种各样的事故或出现各式各样的不安全行为。安全系统是复杂的非线性系统，对安全信息的认知问题的研究应该采用综合分析法，通过心理认知方法来达到分析系统安全认知。安全系统信息认知属于思维科学，是研究系统要素及安全信息所要遵循的路线，按照该思路研究下去能达到对研究问题的科学认识，实现安全信息认知对事故、风险、危害、隐患等安全科学维度下的安全方法的指导。

在此基础上，作者从方法论的角度尝试挖掘并建立安全信息认知独有的方法体系，确定安全信息认知的目的，划分安全系统，提出安全信息认知分析法的原则和建立信息认知分析的具体方法，以期完善安全信息学学科基础并促进其推广。

4.2.1 安全信息认知的目的

安全系统就是一种思维方法，对于一个事物完整的作用机制的表述方法。实际上就是从物、人、管三要素实现系统目的，用运筹来思考所有物质性的问题，用非物质性(信息)为要素，还有建立物质性和非物质性联系(控制性要素)的相互联系为第三要素。复杂的系统其中涉及复杂的单元因素，系统内部携带大量复杂的安全信息相互交织，因此，要做到厘清系统中的安全信息是颇费周章的事情。鉴于此，就有必要先对系统进行合理适当的框定，包括系统的边界、子系统和分系统，其中可以分为人要素、物要素和事要素。从狭义信息角度来讲，系统安全信息就是系统论里的事要素中的信息(数据、图纸、报表、规章、决策等)，但是随着安全信息含义的泛化，信息的内涵也越来越丰富，安全信息包括以下内容：①人的信息(数量、受教育程度、安全培训水平、心理特质、工作生理技能等)；②物的信息(能源、原料、半成品、成品、土木建筑、机电设备、工具仪表、安全资金和预算投入等所有物资的数量、位置等基本信息和安全相关的信息库)；③管理信息(安全制度、规范、法律法规和安全指标等信息)。

安全是一个非常复杂的系统问题，站在不同的视角和从不同的问题出发分析安全信息认知系统，所得到的结果是完全不一样的。开展安全信息认知分析活动，首先需要明确分析的目的或达到的目标。掌握和运用正确合理的安全信息认知方法是提高安全状态和条件的基本目的之一。人的行为失误是主要的事故直接原因，而人的不安全行为其实质是人的信息认知和处理过程的错误。人对安全信息的认知过程最终目的在于实现某种愿望或达到某种要求。认知的对象载体是系统，那么就可以从系统论和安全科学问题的观点着手实现认知的目的。从安全信息学角度解释为：系统的安全信息认知过程存在信息失真或信息不对称，由此导致信宿对风险的错误认知，从而造成错误的行动。从系统思维来看，认知目的包括：①纠偏人的不安全行为；②实现物的本质安全化；③消除环境消极危害；④填补安全管理缺陷。从安全科学发展历程来看，安全信息认知也应该历经技术时代、人的因素、管理系统、跨组织研究和自适应时代5个阶段。从安全科学主体来看，认知目的包括：①事故建模与致因分析；②伤害及职业病调查；③工业过程安全；④风险评估；⑤安全管理。以上目的只是从不同视角解读得来的，并不一定全面，但是安全系统信息认知的主要落脚点就在于此。此外，从安全科学研究前沿分析可知：安全行为、安全文化、安全氛围及风险认知在安全科学研究中处于前沿领域，如此可以将安全信息认知的目的核心化于以上前沿问题。安全信息的本质是安全管理和安全文化的载体，同时也是事故链式演化的载体。安全信息沿一定的信息通道(信道)从发送者(信源)到接收者(信宿)的流动过程中，产生信息的收集、传递、加工、存储、传播、利用、反馈等活动，从而形成安全信息。人要实现安全的目的，就要充分认知和把握这些安全信息的本质规律，利用好信息来解决安全问题。

4.2.2 安全系统分解

根据安全信息认知方法的不同，子系统可划分成若干有限的、范围确定的单元，称之为认知单元。认知单元的正确划分直接决定整个系统安全信息认知的顺利实施。确定子系统范围或者进行单元划分是认知安全信息的基础条件，同时也是高效管理和理解安全信息的前提。进行安全系统分解最终要建立以人为主的信息、知识、智慧的综合集成体系，也是综合集成方法的体现。安全信息是在系统内产生并传播的，因此有必要根据不同原则来划分系统。根据安全信息的产生功能区划分系统，类似于风险评价所做的单元划分，但又与其不同，建立的分解单元应该保证安全信息流动和演化。在某一时间段里，人们不论是在生产或生活中，都局限于一个相对确定的空间里。但人们所处的系统往往是一个纠缠在一起的复杂体，即便是在一个较为简单的家庭里，涉及的因素也非常之多。为了开展系统安全信息认知分析，需要针对某一个具体的子系统开展分析。对于非常复杂的系统，需要对其进行分解，通常可以把关注的问题作为信源来对待，其他相关的因素可以作为信噪信息来处理。具体建立划分时应遵循尺度分解、维度分解、剖面分解和功能分解四大主要原则，以实现对系统的全面把握。

1）根据系统的尺度分解

如果一个系统有尺度特征，我们可以根据其尺度分解成多个子系统，直至分解的子系统适合做安全信息认知为止。这里的尺度可以理解成看待系统的标准，在系统分解时以此为依据。

系统在尺度方面的划分指标参照安全生产统计制度，包括信息密度、风险等级、系统人员 3 个方面，将生成系统划分成大尺度系统 S_{la}、中尺度系统 S_{me}、小尺度系统 S_{sm} 和微尺度系统 S_{mi} 四类，各指标建立的三维尺度矩阵如图 4-2 所示。信息密度简单理解为系统所含信息量，借鉴系统动力学中的信息密度来表征系统尺度上的非物质要素特质。系统层次可以刻画为信息密度的稳定、运动、发展和变化四方面情形，对应系统携带信息量依次递增，信息熵依次增大。风险等级是分析评价的结果，系统规模越大、越复杂，其自身风险水平也越高。风险等级作为系统风险控制的参照来表征安全系统尺度是可行的，一般将风险分为 1~4 级，表示不同系统应采取对应的风险控制措施。以可能性影响因素、严重性影响因素和敏感性影响因素作为风险评价指标，指标的主观性较强。安全系统可以考虑将风险分为可忽略、可接受、适当控制和立即消除 4 类风险，其实质还是传统风险分级。系统人员是在工商统计部门系统分级的基础上引入的定量指标，由于系统复杂性、安全性与其暴露其中的人员数量具有正相关关系，因此可考虑将企业分级标准指标泛化后纳入安全系统分解体系中。因此，可以按照上述 3 个指标构建出系统尺度矩阵。3 个指标分级如表 4-1 所示。

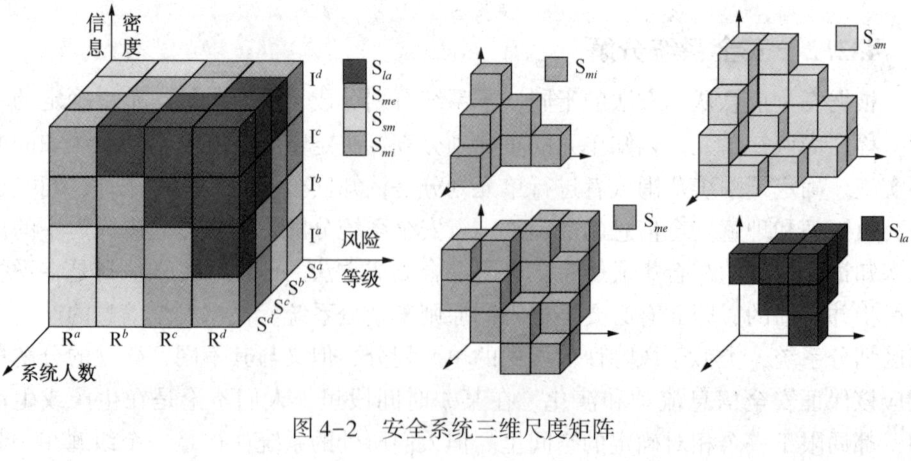

图 4-2　安全系统三维尺度矩阵

表 4-1 指标分级标准

信息密度		风险等级		系统人员	
分级	描述	分级	刻画	分级	数量
I^a	稳定	R^a	可忽略	S^a	$s<20$
I^b	运动	R^b	可接受	S^b	$20\leqslant s<300$
I^c	发展	R^c	适当控制	S^c	$300\leqslant s<1000$
I^d	变化	R^d	立即消除	S^d	$s\geqslant 1000$

系统尺度的划分是从规模和物理量上定性与定量相结合的划分手段，这样分解安全系统的好处在于，可以用系统方法考察安全信息认知问题，将安全信息产生的信源具体化并可探明信息流汇聚过程。安全信息的演化和发展本身处于某系统中，因此用安全系统的思维方法研究系统安全信息，以不同等级系统内各要素关系为切入点，能够简化人们对系统安全信息的认知，形成整体和综合的安全信息理念。

2）根据系统的维度分解

维是指事物"有联系"的抽象概念，也就是事物的某方面联系。这里指的不是空间维度而是类似于研究方向，是从不同视角来考虑安全系统的方法。如果一个系统没有明显的尺度特征，特别是对于类似知识、技术、文化、氛围等问题，那么我们可以根据分析目的，从维度上对系统进行分解或降维。安全系统安全信息认知的目的就是提高人的安全意识、知识和技能，从上游基础理论到中游技术基础再到下游的工程应用都需要构建知识、技术和氛围的安全系统。借鉴以往构建的安全维度分解模型，结合安全信息认知的特点，我们就可以从安全信息认识视阈出发，建立信息学意义上的安全系统分解模型，如图 4-3 所示。对安全系统而言，系统安全影响因素是由系统内人、物与环等系统要素间相互作用或与外界发生作用而产生的，同样具有多维性。安全信息学的交叉综合学科属性及安全信息的复杂性和非线性也表明安全系统具有多维性。目前学界还尚未提出安全降维思想，维度在不同学科定义不同，维数的增加会使得人们对事物的认识更加系统化。事物的客观属性具有多维性，但是维数的增加会导致认知的困难和复杂性，安全系统同样具有多维性。安全系统的多维性是指，影响系统安全信息产生、传播、演化和认知的多种因素的共存性及其对安全系统的影响。

3）根据系统的剖面分解

这种分解属于横断思维，即从不同的视角来剖析分解复杂系统，得到某一个剖面后再进行安全信息认知分析。这种考虑将安全系统视作一个立方体，体内包有 3 类内涵球体，形象展示安全系统剖解后的形式。用不同横剖面的形状可以获得不同横断思维下的安全信息认知分析结果，可以将安全系统剖解为四

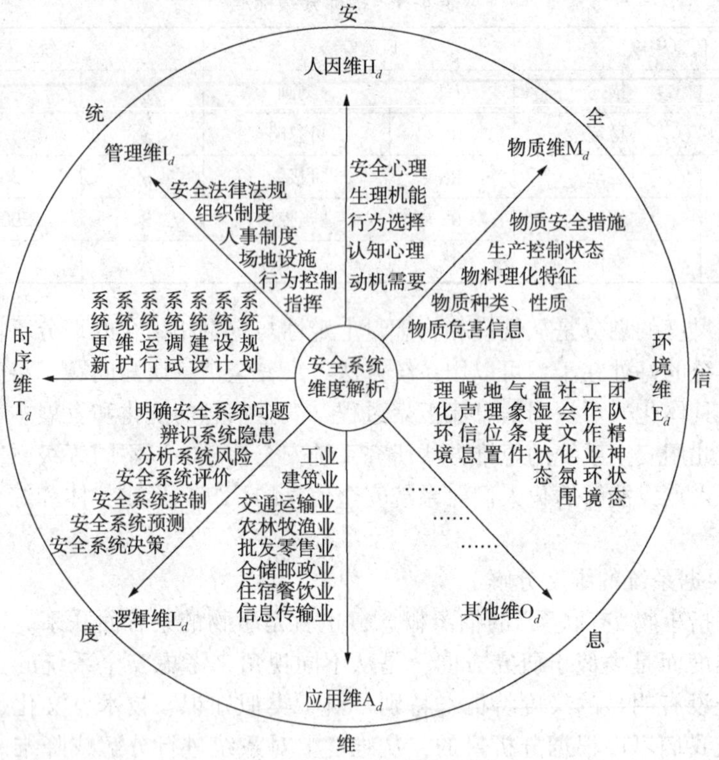

图 4-3　安全系统多维结构模型

大面，分别是学科科学剖面、专业科学剖面、应用科学剖面和特定问题研究剖面。对应的四大类安全系统分别是：安全上游系统、安全中游系统和安全下游系统；安全主体系统、安全客体系统和安全实现方式系统；安全技术系统、安全方法系统和安全科学系统；安全物质系统、安全能量系统和安全信息系统。具体划分如图 4-4 所示。

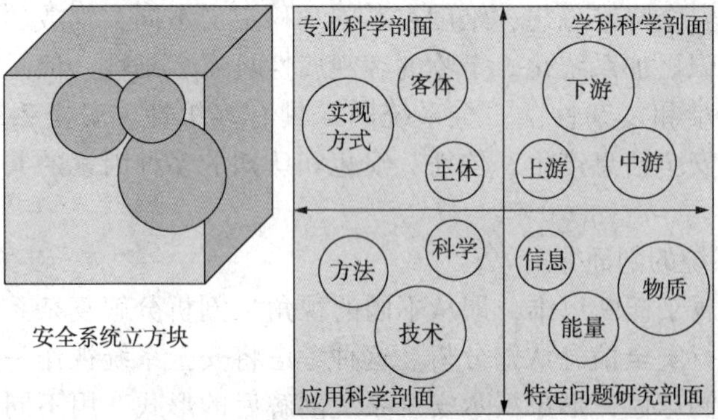

图 4-4　安全系统横断剖解图

上述四大剖面是依据安全科学研究方向确定的，以安全科学来划分系统有助于从安全角度理解系统的特点、功能和规律，尤其是管理和认知系统中的安全信息。剖面分解能够明确安全系统目前的研究处于何种阶段，例如：从学科科学剖面而言，安全系统的更多的是处于下游及中游的研究，结合安全信息的系统研究来看，上游更是少见；从特定问题研究剖面来看，对于及时应用于物质的研究较多，而信息及认知专项研究几乎空白，这些从图 4-4 中显示的圆环大小可直观获知。从不同角度对安全系统球体剖解后获得的内部剖面可知，目前及以后对于安全系统的研究侧重点所在，为系统安全及安全信息认知奠定系统思维下的研究基础理论。

4）根据系统的功能分解

这种分解将安全系统在实际中的应用表现进行功能划分，安全系统功能是泛指安全系统的整体表现。安全系统可从研究实现安全产业角度降低风险、提高管理和加强监控等方面来阐述其功能，但是从系统的角度来说，用“输出”或“功效”表征安全系统功能更为贴切。由于不同的系统类型表现的作用不同，因此可以将安全系统分为生产安全系统、社会安全系统、人机安全系统、安全文化系统、安全技术系统、安全管理系统、安全信息系统、安全应急系统、工业安全系统、人体安全系统、环境安全系统、物质安全系统等。上述各系统及其功能划分如表 4-2 所示。系统功能体现在最终系统的目的上，因此，也可以据此明确安全系统的目的。如果从其他层面按功能划分，也可以得到其他分解系统。按照安全系统当前应用和基础研究重点进行划分，安全系统划分最终目的是，以系统思维去认识和把握安全信息认知规律，使得人们可以更全面综合地认知安全信息。

表 4-2　安全系统的功能分解

系统分类	功能解释	系统范畴
生产安全系统	保证基础生产领域获取产品及基础产业服务	生产领域
社会安全系统	提供社会人群及管理相关安全方案，实现社会整体安全氛围	生活领域
工业安全系统	保障工业系统内安全，提供生产过程安全保护及防护	安技服系统
安全信息系统	安全信息管理及控制信息致害	安全信息学
安全管理系统	实现对人、事、物的控制达到管理效果，对人的行为控制及调节	安全管理学
安全文化系统	构建家庭、企业和社会的全面安全文化，实现安全“三观”	安全文化学
安全技术系统	通过技术改造，保障设备设施的安全	安全技术学
安全应急系统	灾害事故后的应急救援与恢复，政府、企业和公众等层面的组织协调和救援	应急救援

续表

系统分类	功能解释	系统范畴
人体安全系统	达到对人心理生理及认知把控，调整人的行为，实现人的安全状态	安全人体学
物质安全系统	使物质系统保持动态平衡，实现本质安全化并保持物的安全状态	安全物质学
环境安全系统	工作、自然及社会环境系统对于安全活动的影响控制及不利环境因素的消除	环境领域
人机安全系统	保持人的高效舒适工作，预防疲劳状态，实现人机和谐关系	人机工程学
其他系统	……	……

4.2.3 安全信息认知序

1）安全信息时间认知序

我们所要分析的子系统都处于一个动态的复杂系统之中，因此一个子系统安全信息认知也是一个动态的过程，不同的时间段内其安全信息认知分析结果是不一样的。这一点也是区别已有系统安全分析方法的主要特征。研究的时间序列和传统的时间序列分析不同，通常由4个要素组成：人群趋势、生物节律变动、周期性变动、随机波动。结合时序分析和人的认知规律提出的安全信息认知的人群趋势，指的是人群的群体心理下的认知选择在一段时间内具有的持续性特点；生物节律变动是人的情绪、体力和智力规律变化会引起人的认知发生节律性变动的特征；周期性变动是指受季节、节假日和天气等周期性因素的影响，人对安全信息认知会出现周期重复性；随机波动是人们的认知在时序中呈现非固定长度的且涨落交替的非周期波动现象。那么，明确了时序的4个主要因素后，可以思考并尝试确定系统安全信息认知的时间序列及时段。在安全系统中，人的认知受到以上规律支配，因此我们可以将认知因素和时序因素综合考虑，从而确定时段长度。通常确定的时间区间不宜过长，时间越长，系统的变数越多，分析结果越不准确；同样，它系统对自系统（确定分析的子系统）影响也是动态的，时间越长，它系统的影响就很难准确描述。为了扩大系统安全信息认知的时间区间，在适宜的条件下，系统安全信息认知过程可以是一个动态循环过程，类似于计算机编程的循环迭代计算。从事故角度来看，安全信息在时间上的延迟对安全影响很大，事故的发生就是由于时间上存在延迟而导致信息不对称才引发的。

有必要说明的是，安全系统认知的时长确定问题并不仅仅受认知因素影响，还受到系统复杂程度和人为干预等诸多影响条件控制，因此不能单一地说多长时间（比如十分钟、一小时、早上八九点等）是安全信息认知的最佳时长，这样就缺乏严谨和科学性了。基本认知因素受到源域、目的域和经验基础等多因素影响，不仅与认知因素有关，还和个体的目的及经验相关。鉴于此，经讨论影响安全信息认知效果的时间因素，安全信息认知的安全期并不是明朗的科学概念。总结出的影响系统安全信息认识的时间因素如图 4-5 所示。

图 4-5　时间视阈下的安全信息认知因素

2）安全信息空间认知序

安全系统是加工安全信息的机构，具有一定的空间结构。在空间上研究安全信息、界定信息产生传播的范围，对于系统安全信息的认知具有重要价值。只有将信息框定在一定的空间中，才能实现安全信息认知的系统性。安全信息的缺失和不对称是不安全的必要条件，表现在时间上的延迟和空间上的错位。空间上的错位理解为安全信息在传播中出现的非定向传递，导致部分信息未按期望路线传递而误入其他界面，以引起期望信息的缺失或对其他界面的扰乱。只有对安全信息及时、广泛、有效地利用，安全工作才能不断加强。安全信息流因外界影响而出现信息空间或边界范围扩大。外部安全信息传递也有一定的空间限制的，比如在给定的一个系统内。信息的边界条件对于理解和研究信息认知，在一定意义上限制了复杂性和满足了可操作性。如何消除这种空间的错位？首先得界定研究的系统边界及空间序。在空间上，系统是按一定顺序为安全信息提供流动动力的。安全系统空间具有有序性、流线性、载体性和多向性。系统是非线性的，因此其中的安全信息也具有明显的线性特征，因为信息流时刻都处于干扰、失真和噪声充斥的复杂环境中，极易发生安全信息紊乱和涡流现象。

可以将安全系统的空间序列大体分为信核区 $A_{co.}$、载体带 $B_{ca.}$、扩散区 $A_{sp.}$、干扰带 $B_{in.}$、信道区 $A_{ch.}$、负载带 $B_{lo.}$、衍化区 $A_{de.}$、涡流带 $B_{vo.}$、外沿区

$A_{oe.}$等围成的“五区四带洋葱”模型(简称 FAFB 模型)。其内涵具体阐述如下:基于安全信息认知的系统是对信息传播规律把握下的抽象性构建，该模型与传统系统空间序列分析不同，并不是系统的空间先后顺序，而是将系统中安全信息认知嵌入其中，进而形成信息认知规律解构思维下的安全系统空间模型。五区分别指的是信核区、扩散区、信道区、衍化区和外沿区这 5 个与安全信息密切相关的区域。提出的区域概念并不是一般意义的物理空间区域，而是抽象的信息空间。①信核区 $A_{co.}$是系统中安全信息的核心区域，负责安全信息的最初产生作用，类似于信源这一概念的内涵。系统初始扰动、故障、结构失稳等任何最初的直接不安全状态都是安全信息产生的来源。信核区处于模型的最中心位置。②载体带 $B_{ca.}$是保证信源安全信息发生传播的初级载体形式。安全信息只有通过载体才能存在和传播，而载体客观状态往往形成包绕信核区的多带状分布，例如，在设备内高压内容物泄漏后，参数传感监测带、设备材料单元压力、导热载体带、物料控制带均起到信息载体作用，使得初始安全信息开始传播并蔓延开来。载体带处于信核区和扩散区之间的过渡带。③扩散区 $A_{sp.}$发轫于载体带之后，通过各种形态将安全信息扩散出去。安全信息传播以不同路径进行，微观上以物质系统为主线，宏观上以企业、政府和社会为条线展开。前者是企业内生产系统的信息流程，涉及人、物及管理因素，后者是安全信息耦合效应的宏观路径。扩散区承载各式信息进行向外扩散和传播，位于载体带之外。④干扰带 $B_{in.}$顾名思义就是对扩散过程的噪声混杂。安全信息传播中必然会受到许多干扰以使得安全信息出现衰减、失真和不对称现象，这是由安全系统自身复杂性决定的。因此，各种物理的、人为的、自然的非信息干扰会掺杂进入安全信息流动，一起影响后续信息质量及人的认知效果。安全信息的干扰带位于传播区之外，与传播区相伴相生。⑤信道区 $A_{ch.}$是传播信息的通道，具象上就是各种载体提供的传播媒介，包括社会媒体和声、光、热等物理介质;抽象上信道是受干扰安全信息重新传导的介质系统，位置在干扰带之外并外接负载带。⑥负载带 $B_{lo.}$与之前的载体带不同，它是承载信道区安全信息传播的物质实体，例如人机界面、电缆、显示器、监控器等显示装置形成的终端区。⑦衍化区 $A_{de.}$是安全信息耦合和变异的区域。安全信息会因负载状态的变化发生错误的耦合或变异，开始出现衍生安全信息。这些新的信息大部分是人们不愿意看到的伪安全信息，是对安全控制和事故预防起到消极认知的信息群。⑧涡流带 $B_{vo.}$是安全信息衍化后出现的信息紊乱传播的现象。安全信息涡流通常是不希望看到的，例如，企业发生重特大事故后采取不当应急措施导致次生事故发生，或者媒体对安全信息的虚假发布引发社会恐慌等现象。⑨外沿区 $A_{oe.}$是安全系统之外的区域，属于边界外框定范畴。安全信息传播不可能只封闭在特定的安全系统中，会存在信息外溢和蔓延，尤其是对周边社区或整个社会可能产生严重的涟漪效应，这取决于涡流的强度和时长。因此，杜绝安全信息涡流发生，可以控制外沿区的存亡和大小。综上所述，安全系统的 FAFB 模型刻画出信息认知视阈下的系统空间序列，为安全信息认知的系统理解提供新思路。该模型具体情况如图 4-6 所示。

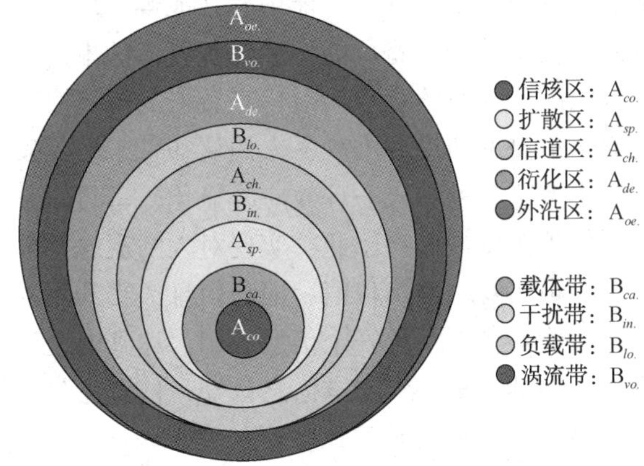

图 4-6　系统空间的 FAFB 洋葱模型

安全信息的其他认知序包括经济序和约束序两个方面，框定经济序及约束序对分析安全信息认知起到实际应用作用。在现实的生产和生活中，安全是相对的，安全也需要考虑人力物力财力的经济问题。系统安全信息认知分析不能超出允许的经济能力。系统安全信息认知往往会受到技术条件的约束。当遇到技术障碍时，在没有办法找到替代该技术的方法时，则只能等待新技术的开发，或是采用其他安全分析方法。

4.2.4　安全信息认知一般步骤

上述分析阐明了实施安全信息认知的基本原则方法和前期准备。为了最终实现对安全系统的安全信息认知，就得遵循以下基本步骤，在此基础上针对具体的系统再细化并具体对待。安全信息认知是人参与下的认知过程，因此外因是事、物、环和管等非人因素的综合体现，而内因是人这一认知主体。因此，只有将外因条件达到成熟并通过内因起作用，方可实现认知和再认知，进而对系统安全做出决策、预测和评价。认知过程影响因素和信息传播规律总结可以提出针对安全系统的安全信息认知一般方法步骤，具体如下：

（1）确定安全认知信源。

（2）明确安全信息载体类型及扩散区。

（3）分解安全认知的信源为真信源和信源载体。

（4）确定信宿感知信源的方式和功能器官，一般的信宿感知方式包括听、看、触等。

（5）确定信噪的具体内容，也就是干扰区种类及噪声掺杂形式。

（6）在信源和信噪确定的情况下，对信宿感知器官可能存在的问题进行分析。

（7）安全信息的耦合、衍化和涡流效应造成的信息缺失及不对称现象分析。

（8）评估信宿的观念、意识、知识、能力和技能等。

系统安全信息认知发生故障，将可能发生各种各样的事故或出现各式各样的不安全行为。这些认知障碍或故障表现为对信息获取的不及时和信息内容的不真实两方面，即缺乏安全信息的速度和准度。人的认知带来的不安全行为主要体现在习惯性违章、冒险作业、各种消极心理效应外显化、盲目跟从、信谣传谣并恐慌担忧和极端心理创伤等诸多方面。因此，实现对人的观念、能力和认知后果的评估并创造安全信息的真实及时准确价值，消除信息失真和不对称现象，减少信息耦合下的涡流效应，能够实现系统安全信息认知，达到安全和消除事故的最终目的。以上步骤只是一种尝试来探索安全信息认知，仁者见仁，智者见智，可能更具有普适的方法需要得到更多的研究和检验。

4.2.5 安全系统认知讨论

安全系统是安全信息学研究的重点，对于安全系统中的复杂信息的理解是重中之重，那么就先要确定认知目的，包括：①纠偏人的不安全行为；②实现物的本质安全化；③消除环境消极危害；④填补安全管理缺陷。或者从安全科学主体来看，认知目的包括：①事故建模与致因分析；②伤害及职业病调查；③工业过程安全；④风险评估；⑤安全管理。系统物质流和能量流动过程中收集、传递、加工、存储、传播、利用、反馈等活动形成安全信息。

处理安全信息问题时，有必要利用从局部到整体的思路对系统进行分解，认知单元的正确划分直接决定整个系统安全信息认知的顺利实施。确定子系统范围或者进行单元划分是认知安全信息的基础条件，同时也是高效管理和理解安全信息的前提。系统建立划分时应遵循尺度分解、维度分解、剖面分解和功能分解四大主要原则，以实现对系统的全面把握。同时，构建出的若干分解模型直观体现出安全系统分解的多样性和重要性。

安全系统中的任何子系统都处于一个动态的复杂系统之中，因此子系统安全信息认知也是一个动态的过程。此外，系统中安全信息的传播演化需要在一定的空间序中进行，时间延迟和空间错位都会导致安全信息缺失和不对称发生。构建的安全信息认知时间序、空间序和其他序等，用来明确主体认知安全信息时考虑的影响因素。具体来说，时间序中提出人群趋势、生物节律变动、周期性变动和随机波动等4类因素，空间序建立 FAFB 洋葱模型等阐述系统中安全信息序的问题。

归纳的安全信息认知的一般步骤，用以指导人把握和理解安全信息在系统安全中的价值，评估安全信息解决安全问题的作用。从人的认知行为出发研究消除人的不安全行为进而达到安全的目的，具体的评估方法有待进一步研究。总体而言，提出的一般步骤为安全信息学发展提供了基础理论。

4.3 安全信息学的方法论基础

当今世界处于信息化大发展、大变革的时代，信息在时空传播中对管理提出了模式变革的思维创新的要求。安全管理就是借助大量的安全信息进行管理，其现代化水平决定信息科学技术在安全管理中的应用程度。信息学理论一直以来都是科学研究的重点之一。信息是标志物质间接存在性的哲学范畴，它是物质存在方式和状态的自身显示，这体现出信息是物质的存在形式。所以，将安全科学、信息学和认知科学等的研究结合起来研究，这样既丰富了安全科学的学科体系，也能完善信息学的研究。目前积极开展安全信息学研究的学者并不多，尽管有些学者对安全信息也进行过有益的探索研究，但是他们均没有从学科的基础性层面给予认知，安全信息学学科内容还是等待研究的处女地。如何获取安全信息学的有效方法？对文献、书籍等的学术思想进行深入研究，开始探讨安全信息学方法论的基本问题，为安全信息学科提供了有价值的理论。

从安全科学的发展角度来看，安全科学几乎都侧重安全技术在生产生活中的应用，而对学科体系的基础理论研究则非常罕见。安全信息学属于安全科学的重要二级学科，是以人的身心安全健康为着眼点，围绕安全信息传播系统各要素内部和外部之间的信息传递机制，研究信息不对称系统的结构、功能、演化和协同作用等的一般规律，是对人及外界信息传播机理、安全行为和安全策略的信息学研究。从信息入手开展研究，才能获得普适性的结果。同时，安全信息学是对安全系统中的各要素及人的认知进行全局性整体研究，对安全信息学的建立、学科定位和发展创新都具有深层次意义。

4.3.1 安全信息方法论的定义

安全信息学(Safety Information Science，SIS)是以一定时空内理性人的身心安全健康为着眼点，围绕安全信息传播系统各要素内部和外部之间的信息传递机制，研究信息不对称系统的结构、功能、演化和协同作用等的一般规律，进而对安全信息开展对称分析、对称评价、对称设计、对称创造、对称管理、对称实践等活动，寻求实践安全信息最优对称化的一门安全学科分支。

方法是人们认识世界、改造世界所采用的方式、手段或遵循的途径。安全信息方法论主要是以信息学的思想方法、认知科学学的理论方法、安全信息监测方法、安全信息收集统计方法、安全信息分析处理方法、安全信息预测方法、安全信息决策方法为研究对象的一种方法学。它是指导安全信息学按照规则路线形成完备可用学科的前提要件，指导学科该怎么发展及发展成什么样。在基础理论研究范畴中，方法论也得涉及哲学、社会学和心理学等相关知识的借鉴。因此，方法论的研究具有提纲挈领和举足轻重的地位。安全信息学的方法学的系统结构如图 4-7 所示。安全信息学是综合学科，与其交叉学科之间的关系如图 4-8 所示。图中，安全信息学的领域用中间的椭圆形表示，交叉学科用方形表示，箭头代表着交叉和综合关系。

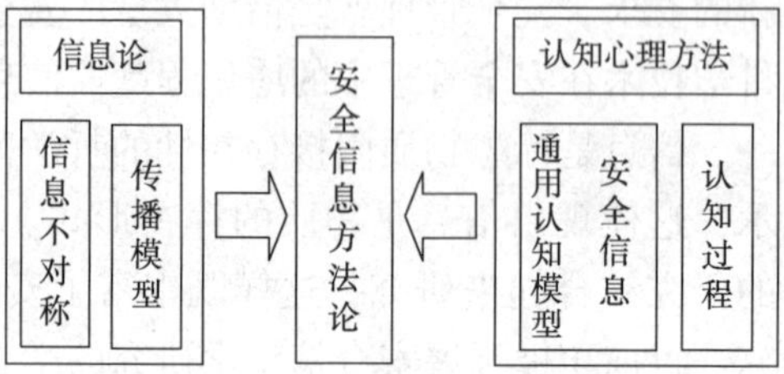

图 4-7　安全信息学的方法论系统结构

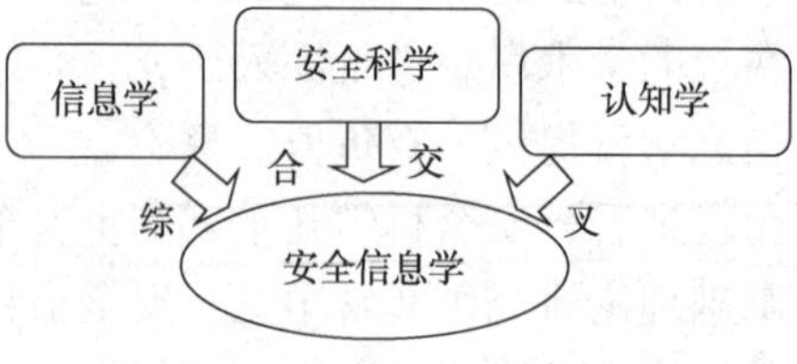

图 4-8　安全信息学的交叉学科属性

信息论和认知心理方法在方法论体系中占据核心地位。结合信息学、认知心理学和安全科学的综合属性构建的方法体系也是符合综合交叉学科的本质特征的。以信息不对称和传播理论为蓝本，以安全信息认知模型和认知过程为基础综合出来的方法论，不但能具备方法的客观性，也能具备论的思想性。其内涵可以这样理解：方法论是关于认识世界、改造世界的根本方法的学说，任何一门科学或技术都会根据自身的特点，生成一套具有鲜明学科特色的研究思路、原则与理论。安全信息认知是考察人的认知层面获得安全信息的能力，在认知心理学研究中已经形成了人们认知的信息加工法，该法将安全信息的认知过程进行分析，明确人的认知能力在处理安全信息时的一系列反应。安全科学是信息学研究的本体对象之一，随着信息论的深入研究，安全信息学的研究对象、研究特征和方法论原则等科学问题对安全科学具有重要意义。

4.3.2　安全信息学与安全信息方法论之间的关系

给安全信息学的研究对象提供理论指导和方法支持，具有方法论的价值。安全信息学与安全信息方法论之间存在以下5点联系：

(1) 安全信息方法论是安全信息学的方法理论支持。

安全信息方法论是对各种安全信息加工方法进行具体分析、比较研究，总结出各类安全信息方法自身的优缺点及适用范围，根据系统中安全现象的自身特点和系统带有的安全信息意义来选择更恰当的安全信息加工方法，从而达到安全信息学的目的。安全信息学的构建需要一揽子系统方法作为工具，而指导学科理论的形成就是方法论重要地位的体现。因此，安全信息方法论为安全信息学提供方法的理论指导。

(2) 安全信息方法论是安全信息学体系内的重要部分。

安全信息学和安全科学其他二级学科一样，是可以深度拓展和挖掘的综合交叉学科，具有广泛的综合性，可以从不同纬度来创建各具价值的学科。安全信息学囊括安全信息的所有研究，包括理论安全信息学与应用安全信息学。这两者是形成安全信息学科体系的基石，上游理论为下游实践提供指导，反过来下游实践又促进上游理论的完善和发展。安全信息学基础理论研究重要部分就是其方法论，因此，安全信息方法论是安全信息学的重要内容之一。

(3) 安全信息学为安全信息方法论提供内容指导。

安全信息学的主要研究内容是安全信息对安全的规律及其特点，安全信息的认知、传播机制和事故致因等。工具的发展是要以应用为背景的，所谓物尽其用。在学科理论发展的过程中，需要什么样的理论，就得以匹配的方法去实践，实际需要催生出方法工具。安全信息学的理论基础是信息传播模型、认知心理原理、安全信息通用认知模型和事故致因理论等。无论是从已有理论本身在安全信息学上的适用而言，还是从安全科学自身原理对安全信息学的迁移影响来看，都需要研究如何运用这些原理理论以及怎样用的问题，并研究何种手段可以实现安全信息在安全科学的利用等。

(4) 安全信息方法论是构建安全信息学的基础。

从安全信息学研究对象可知，学科的建立和发展需要不断地强化其自身理论的合理性，在实践中通过方法论指导应用安全信息学的理论去解决实际面临的安全问题是该学科的终极目的。上游的基础研究必定要在下游应用中得到检验，而保证安全信息学的基础之一就是其方法论上的研究成果。缺少方法的学科不能长久，没有指导方法的方法就是虚谈。因此，安全信息方法论是安全信息学的重要基础之一。

(5) 安全信息学是安全信息方法论的实际运用。

方法价值的体现最终是通过其作用的对象是否实现作用来实现的，工具用在哪是通过利用工具作用的对象来表现出来的。只有利用工具的合理实现，被作用物的价值才能体现出来。方法论说得再好也只是停留在纸面的理论，只有通过指导学科的形成才能真正体现其自身价值。安全信息学创建的目的之一就是通过具体的安全信息方法在安全科学中的运用，来研究安全信息对安全和事故现象的，并以此制定合理的预防措施。安全信息学的建立是系统工程，需要各阶段具体的方法指导。因此，安全信息学是安全信息方法论的具体运用形式。

4.3.3 安全信息学的方法论原则

安全信息学的作用旨在抓住生产生活中影响安全的一切信息这一矛盾，研究安全信息的发生、传播、演变和认知规律，以便使人们有效预防事故发生，保护安全生产顺利及人的生活安康。方法论原则与方法论基础联系密切，甚至在相当程度上由方法论基础所决定。根据安全信息学的学科特点，安全信息学应该坚持以下基本原则：

(1) 准确性原则。

人的认知安全信息并不等同于信源安全信息，从信源信息到认知信息的过程会经历诸多信息的变异和传播，在信息流动的过程中就可能出现意想不到的各种情况。信息在传递中存在的缺失、失真或不对称现象，往往会导致最终影响决策的安全信息失去价值意义，其准确性和一致性大打折扣。安全信息的研究者在对安全信息进行分析时，必须对收集的安全信息去伪存真、去粗取精，进行详细考证分析，以客观态度和准确的信息进行安全分析。总之，安全信息的准确性是保证学科研究的基础，求真求实地把握安全信息的本质是至关重要的原则。

(2) 时效性原则。

安全信息从信源产生就一直以载体为形式传播开来，信息的及时被感知对于安全分析预测起到决定作用。安全信息数据资料必须是此时此刻最新的信息，必须即时反映此时此刻系统各要素的实时状态，这就为信息收集提出了动态要求。时效性原则是安全信息核心价值之一。

(3) 完备性原则。

系统的运行是由复杂多样的信息构成的，安全信息源于系统之中，人的信息认知过程是综合各方面安全信息的权衡行为。因此，缺少某一方面的安全信息就不能准确把握系统的状态和形成正确的安全认知观，进而难以做出符合要求和避免事故的合理行为决策。

(4) 整体性原则。

安全信息学研究时要全面考察影响安全信息发展的其他一切因素，并且要整体地、全面地把握和分析，既要纵向考虑系统内各单元层之间安全信息的传播机理，又要横向分析系统之间的安全信息模式。整体性原则的作用就体现在安全信息广泛的联系中。

（5）可持续原则。

在发展中应该具有中游及下游的全覆盖，中游的具体深入和下游的实践应用在安全信息学中应均有体现，为中下游的开拓要留有余地。因此，为建立安全信息学而创建安全信息学的观念是狭隘和危险的。学科的持续发展需要不断的扩展自身学科链，安全信息学的可持续原则就为该学科的深入持续研究提供了方法论指导。

4.3.4 安全信息学的研究方法与程序

1）信息及认知学的一般方法

信息学就是将信息观、信息理论作为一种方法来观察和处理问题的，主要的方法包括：①哲学方法，如贝塔朗菲系统论、布鲁克斯知识吸收学和乌勒舒拉的哲学等；②一般科学方法，如经验科学法、理性思维法和横断科学发等，科学抽象与类比、统计数学等具体方法在申农信息论的建立中的典型应用；③信息学本身方法，如信息计量学方法、引文分析方法和信息整序方法等。认知学的方法是信息加工理论，把认知过程分解成一系列有序阶段。就认知的角度而言，信息是研究环境内外人的信息接收、使用和行为方面的过程状态。

2）安全信息学的具体方法

安全信息学是具有广谱性的综合学科，几乎所有的社会科学和大部分自然科学的研究方法均可以为安全信息学所采用。以安全科学为宗旨，将其他学科对安全问题的知识、经验、技术等经过分离、综合和系统化形成新综合学科为依据，安全信息学也需要借助其他学科的知识、技术和经验等。使用的方法进行安全信息学科化后运用于安全信息学，具体各方法如表 4-3 所示。

表 4-3　安全信息学的具体方法

方法名称	主 要 内 容
描述法	把安全系统内各个要素的所有内容、经验事实或材料等用特定的信息符号体系记录，以符号化描述一切实体
搜集法	通过调查事实的直接经历者或者通过文献、档案、书刊来获取，具体有观察法、访谈法、实验法、调查法、统计法和文献阅读法等。搜集资料是安全信息课题研究的基础保障
整理法	整理法就是对大量琐碎的原始安全信息资料进行系统化处理方法，整理的过程也是去伪存真、去粗取精的过程。主要通过比较、类比、分析、综合、归纳演绎和数学方法等来实现整理的目的，找出安全信息资料中本质和规律的东西
概括法	指的是思维过程中提取事物的共同性形成概念。安全信息的概括可以使得信息条理化，有助于实现分类管理和摸索一般规律。在抽象基础上的概括才能得到安全信息的关系、属性和特征

续表

方法名称	主要内容
统计法	对安全信息学研究对象的内容、范围。安全信息的类型、信息源及信噪和心理认知过程影响因素等引发事故和人因行为的数量关系、传递关系的分析研究
因素法	将信息传播过程分为内部和外部，将安全信息分为人、物、环和管等 4 个方面，划分要素，借助分析等方法研究各因素安全信息的关系、局部传播机理，为形成整体安全信息模型提供系统依据
比较法	比较法应用到安全信息学中，与不同种类安全信息相比较，与不同信息传播模型相比较和不同安全信息认知模型相比较，借鉴其各自特点。把比较学、安全信息学结合起来，通过对安全信息学中存在的不同时空下的安全信息认知过程进行对比研究，找出共同的信息传播和认知规律
建模法	安全信息学研究也包括信息传播模型和信息认知模型两种，通过构建一系列有内涵、有价值的安全信息模型可以为学科建立夯实基础，以建模为手段可以逐步具体化、深入化安全信息传播和认知过程，同时也能完善基础理论
数学法	信息的刻画和表示可以实现定量化，例如安全信息失真率、延迟时间、信息缺失量、信噪量等，将安全信息认知过程各环节信息进行定量描述，实现定量安全信息分析研究
其他法	……

3）安全信息学研究的一般程序

安全信息学研究包含一系列有序步骤的整体过程，结合信息学和认知心理学的研究结论，可以将安全信息学的研究划分为如图 4-9 所示的过程。

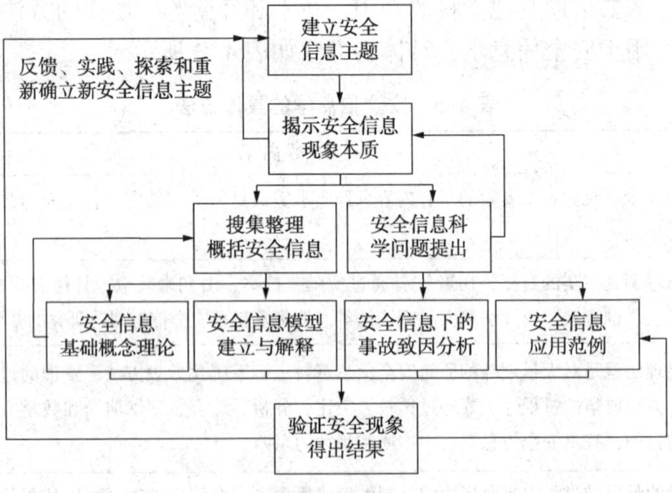

图 4-9　安全信息学研究的一般程序

首先，从研究中的角度可以把握该学科的主体方向。研究者是安全信息学研究目的、对象、内容、方法、思路和主题等的主体，其自身学识能力、信息学及认知知识储备、安全科学素养、思维思路、三观、立场等会影响安全信息学的基础研究过程及认知过程的结果。其次，安全信息学的研究分为 5 个主要步骤，步骤之间结构紧凑，层次分明且存在反馈。安全信息学研究主要有建立相应的安全信息主题，比如安全信息对人的行为研究，然后通过对安全形象背后的安全信息本质进行深入分析综合，得出一般信息学规律。通过对安全信息的概括整理提出科学问题，再进入四大板块的研究：基础概念理论、模型构建（基于信息传播和认知科学）、事故致因分析和应用范例研究。最后，得出可以验证的安全信息规律。安全系统由人、物、能量和信息 4 个要素组成，充分可靠的安全信息是安全的基础保障。安全信息学的研究应该具有可行性和可操作性，对于实践验证具有重复性和迁移性。安全信息的发展需要从实践中深化理论，在理论中推动实践。

安全信息学是安全学、信息学及认知学的交叉综合学科。安全信息学方法论是为安全信息学提供方法论指导的理论基础。方法论中的安全信息学与安全信息方法论之间存在 5 点联系，主要是：安全信息方法论是安全信息学的方法理论支持，安全信息方法论是安全信息学体系内的重要部分，安全信息学为安全信息方法论提供内容指导，安全信息方法论是构建安全信息学的基础，安全信息学是安全信息方法论的实际运用。从已建立的安全科学学科体系中可见，安全信息方法论处于安全信息学下的分支学科，其重要性不言而喻。目前安全科学需要更多地填补学科空白，在安全信息学的框架下，大力发展其分支学科任务极其重要。同时，安全信息学也是三级学科。安全信息学的学科基础是安全科学、信息学和认知心理学，其中以信息不对称理论、信息传播模型和认知过程等为理论基础。安全信息学与安全科学下属的诸多学科存在交叉综合关系，构建了 23 个安全信息交叉学科分支，明确了安全信息的学科基础。随着学科的发展，分支也有待补充和完善。

安全信息学的作用旨在抓住生产生活中影响安全的一切信息这一矛盾，研究安全信息的发生、传播、演变和认知规律。原则性的问题在学科中具有指导意义，提出了安全信息学方法论遵循的 5 条主要原则：准确性原则、时效性原则、完备性原则、整体性原则和持续性原则。从这些原则可以看出，方法论原则体现了安全信息学的特征。

第5章　安全信息学基础理论模型

5.1　安全理论建模思想与结构

模型方法是人们认识世界、改造世界主要的一种思考工具和研究手段。同样，在安全科学领域，安全模型也是安全科学理论研究与实践的基础。安全模型的种类有很多，如果将安全模型分为实体安全模型和理论安全模型，那么这里只关注理论安全模型。理论安全模型通常可以表达涉及安全的机理、机制、模式等，比如通过逻辑推导得到表示某一行为过程或生产过程各有关因素之间的关系。安全科学属于典型的交叉综合学科，无论是从哪个视角划分的研究对象(如安全说、事故说、风险说等)，都具有复杂性特点，并最终都回归到系统问题。对于一个难以直接着手研究的复杂客体，怎样着手研究，能不能顺利地进行研究，其关键常常就在于能不能针对所要研究的科学问题构建出一个合适的科学模型。此外，安全科学也属于复杂性科学。根据模型方法对复杂性科学的重要作用可知，安全科学研究无论采用还原论路径还是整体论路径，都不能停留在隐喻的层面，否则就难以成为符合科学规范的科学大家庭的成员。虽然安全科学与工程在我国已经成为一级学科，但学界仍存在对安全科学科学性的质疑，一个重要的原因就是缺乏富有安全科学特色的理论模型。只有上升到理论模型建构层面，并且真正建立起属于自己的、富有安全科学特色的理论模型，安全科学才能真正上升到科学层次，才能立足于世界科学之林。总之，能否建模和有没有成熟的安全科学理论模型，是衡量安全科学的科学性的重要标志。综合上述分析，开展理论安全建模基础性问题研究，具有重要的理论价值。由于理论安全模型通常会涉及多个因素，即由多个因素有机组成，因此理论安全模型可以说是表达了一个系统。换言之，理论安全模型具有系统属性，可从系统思维层面来探析安全理论建模的方法学问题。系统思维把认识对象作为系统，是从系统和要素、要素和要素、系统和环境的相互联系、相互作用中综合地考察安全现象的一种安全思维方法，强调整体观。因此，在安全科学学的高度，从研究视角来看，我们在梳理现有理论安全模型常见构建思想和分类的基础上，分析基于系统思想的理论安全建模思想与结构。

5.1.1 常见安全理论模型概述

1）定义与内涵

安全理论模型是在安全科学研究中构建的反映研究对象安全或危险本质规律的抽象表述，其内涵如下：①理论安全模型是对安全科学客体的一种合理抽象，与实际原型相比，具有简化和理想化的特点，可直观地体现科研路径、方法和科研成果；②理论安全模型是安全科学研究与实践活动中主体与客体之间的一种特殊中介，既是研究工具，又是研究对象；③理论安全模型是安全科学认识的阶段性成果，其构建过程实际上是对已有的安全经验和知识进行去伪存真的思维加工过程；④理论安全模型融入安全科学工作者新的猜测和假设，含有新的思想和概念，因此，理论安全模型又是进一步研究原型客体的新起点；⑤随着安全科学的发展、安全内涵和外延的不断拓展以及安全科学研究对象复杂性的提高，理论安全模型可将相互隔离的自然科学和社会科学的概念和方法汇聚起来。

任何模型都具有一定的系统性，任何系统又都有一定的结构。理论安全模型由 4 种要素构成，即模型目的、知识、程式和规则。这 4 种要素在理论安全模型中具有不同的功能和作用：①目的是理论安全模型的灵魂，它决定着知识、程式和规则，其他要素都是为目的服务的，并随着目的的改变而改变；②知识是构建理论安全模型的基础和依据，它为目的、程式、规则提供经验和理论；③程式是理论安全模型的实践程序和规定，它标志着理论安全模型构建和应用所遵循的路径；④规则是理论安全模型中诸要素的法约，它规定着诸要素的适用范围，并从总体上指导研究主体应用理论安全模型的行为。

2）模型构建思想

现有的安全理论模型分属于不同的学者，其根据不同的研究领域的目的而创建，典型的思路有：①基于事故的层面，以系统事故预防为主线的逆向构建路径，构建传统的事故致因模型；②从未形成事故的风险或隐患出发，并以系统风险控制为主线的中间构建风险管理模型；③从本原安全开始，并以系统安全为主线的正向构建路径，构建人、机、环、管等组成的系统安全综合模型；④单点致因的“点形”构建路径、线性致因的“线性”构建路径、交叉性致因的“面形”构建路径和系统性致因的“体形”构建路径等。表 5-1 所示为部分已有安全理论模型举例。

如果一件事物能随着另一件事物的改变而改变，那么此事物就是另一件事物的模型。模型的作用就是表达不同概念的性质，一个概念可以使很多模型发生不同程度的改变，但只要很少模型就能表达出一个概念的性质，所以一个概念可以通过参考不同的模型从而改变性质的表达形式。模型与事物发生联系时，会产生一个具有性质的框架，此性质决定模型怎样随事物变化。

表 5-1　理论安全模型分类

分类标准	举　例
性质	概念安全模型、框图安全模型、逻辑安全模型、符合安全模型、数学安全模型、其他
学科层次	上游(哲学层面的学科基础理论)安全模型、中游(学科层面的应用基础)安全模型、下游(应用层面)安全模型、其他
通用性	普适性理论安全模型、一般性理论安全模型、有限性理论安全模型、其他
科学性	理论的安全模型、经验的安全模型、半理论半经验的安全模型、其他
应用领域	按具体应用范围分为作业单元、车间、工厂、某工程等；按行业分为矿业、冶金、土木、交通等；其他
量化程序	定性分析理论安全模型、定量分析理论安全模型、半定量理论安全模型
动静状态	静态理论安全模型、动态理论安全模型、突变理论安全模型、缓变理论安全模型、其他
连接形式	串联理论安全模型、并联理论安全模型、复杂连接理论安全模型、其他
线性非线性	线性理论安全模型、非线性理论安全模型、高阶的理论安全模型、其他
维度	一维理论安全模型、二维理论安全模型、三维理论安全模型、四维理论安全模型、多维理论安全模型、其他
知识领域	自然科学的理论安全模型、社会科学的理论安全模型、技术科学的理论安全模型、生命科学的理论安全模型、系统科学的理论安全模型、其他
要素	人的理论安全模型、机的理论安全模型、环境的理论安全模型、管理的理论安全模型、综合的理论安全模型、其他
尺度	微观的理论安全模型、中观的理论安全模型、宏观的理论安全模型、其他
形状	多米诺骨牌理论安全模型、奶酪理论安全模型、蝴蝶图理论安全模型、链式理论安全模型、网式理论安全模型、屏障理论安全模型、其他
时间	过去理论安全模型、现在理论安全模型、未来理论安全模型、其他
能动性	主动型理论安全模型、被动型理论安全模型、其他
可视化程度	显性理论安全模型、隐形理论安全模型、其他
人的行为	个人行为理论安全模型、群体行为理论安全模型、内隐行为理论安全模型、外显行为理论安全模型、其他
组织行为	宏观组织行为安全模型、中观组织理论安全模型、微观组织理论安全模型
应用领域	数学模型、物理模型、结构模型、工业模型、仿真模型、人力资源模型、足彩模型、3D 模型、其他
构成形式	实体模型、虚拟模型、其他

表 5-1 所列举的理论安全模型的建模思想体现了系统思维，建模的概念、框图、逻辑、符号等划分自成体系。真正的建模应该具有系统思维，模型的内部要素之间和要素内部应该是系统的有机整体，也能实现完整和稳定的模型系统。

5.1.2 安全理论模型构建思想

1）系统思维构建理论安全模型

从系统思维构建理论安全模型在安全科学理论研究中的关键作用来看，理论安全模型是安全科学理论体系的基石。安全系统科学原理是安全科学原理和系统安全原理的核心。而安全系统思维是安全科学原理的核心思想，安全系统科学是安全科学学科的主体。此外，系统思维也是交叉学科研究的方法论基础。由此推知，系统思维在安全科学理论研究中具有科学核心作用，进一步推知，理论安全模型也必须体现系统思想。

从构建理论安全模型需解决和需面对的实际安全现象来看(此处用"安全现象"代替"安全问题"，因为安全现象还包括积极的一面，而安全问题只反映现实中消极的一面)，安全现象总是发生于特定时空的系统。而任何安全现象背后都隐藏着千丝万缕的复杂关联，并且随着社会技术系统复杂性和耦合性的提高，所要研究的系统安全现象的时空属性和综合属性也快速提高，更需要用系统思维去解决和面对系统安全现象。

从理论安全模型自身属性来看，由于理论安全模型通常会涉及多个因素，即由多个因素组成，因此理论安全模型可以说是表达了一个系统。换言之，理论安全模型具有系统属性。既然理论安全模型是一个系统，则建立的每个理论安全模型都要考虑或都具有系统的这些属性，如整体性、目的性、相关性(包含反馈性、有序性)、动态性、涌现性(包含创新性、预见性)、实践性、开放性等；反过来，理论安全模型也可以根据系统的特性来创建。

更重要的是，上述系统属性分析也为基于系统思维的理论安全建模提供了具体的、可操作的实施路径。因此，可将基于系统思维的理论安全建模思想归纳为系统整体性思想、目的性思想、相关性思想、动态性思想、实践性思想、人因思想和涌现性思想。而开放性是客观存在的，任何子系统安全都没有绝对的边界，也不是完全孤立存在的。

2）安全理论模型构建思想

(1) 由系统整体性思想创建理论安全模型。

要创建一个表达系统整体性的理论安全模型，首先需要对系统做一个普适性的分析。从辩证唯物主义观点来看，客观世界的事物都是普遍联系的。能够反映和概括客观事物普遍联系这个实际和本质特征，最基本和最重要的概念就是系统。所谓系统是指由一些相互联系、相互作用、相互影响的组成部分构成并具有某些功能的整体。这样定义的系统在客观世界是普遍存在的。客观世界包括自然、社会和人本身。从人本出发，现代社会系统的构成可归为3类要素：①人(人以外的动物当作物质)；②自然，即自然界基本要素，包括物质、能量和信息；③社会，即由人缔造的各类有形和无形的人造系统及其社会关系。具体解析如下：①人是任何系统的直接或间接设计或操控者，也是任何系统的直接或间接的受益者或受害者，因此，在理论安全模型的创建中，人因是不可遗漏的主体要素；②由于自然界组成的系统中最基本的要素是物质、能量和信息，因此，整体性的理论研究通常要围绕上述3个要素展开；③马克思说人的本质是一切社会关系的总和，人类所处的整个社会系统中各种复杂的行为和关系都是由人类所为的，这些复杂行为和关系主要有组织行为、经济行为、文化行为、教育行为等。还要指出的是，信息既是自然界的组成要素，又是人、自然界和人造世界及各种社会关系的表征，具有普遍关联性。

(2) 由系统目的性思想创建理论安全模型。

创建任何理论安全模型都需要有目的性，这也体现系统的属性。理论安全模型的目的性可以有很多种分类方式，例如：①按照模型应用的目的分，包括事故致因模型、安全管理模型、安全分析模型、安全评价模型、安全预测模型、安全决策模型、安全促进模型等；②按照应用的场合分，包括各种工种的安全模型、各种生产工艺过程的安全模型、各种行业的安全模型；③按照应用时态分，包括解决过去时问题(事故统计等)的安全模型、解决当下问题(现在需要的)的安全模型、解决未来问题(安全预测等)的安全模型等。

(3) 由系统相关性思想创建理论安全模型。

理论安全模型中的各要素都是相互关联的，这类关联从逻辑关系上可以分为数理逻辑、顺序逻辑、推理逻辑等。①数理逻辑，如力学、集合论、模型论、证明论、递归论等；②顺序逻辑，如由一般到特殊、由特殊到一般，由抽象到具体、由具体到抽象，由主要到次要、由次要到主要，由现象到本质、由本质到现象，由原因到结果、由结果到原因，由概念到应用、由应用到概念，由理论到实践、由实践到理论，由直接到间接、由间接到直接，由大到小、由小到大(空间逻辑)，由里到外、由外到内(层次逻辑)，由低梯度到高梯度、由高梯度到低梯度(梯度逻辑)，以及正向到逆向等；③推理逻辑，如演绎、归纳、类比、相似等，还有线性推理、条件推理等。此外，按照理论安全模型中各要素的关联形式可以分为：一维关联、二维关联、三维关联、高维关联、流的关联、场的关联、立体的关联、复杂关联等。

(4) 由系统动态性思想创建理论安全模型。

根据系统演化论，系统层级结构与相应功能在时间和空间中是不断涌现与演化的，系统状态(或性质)在时空中生灭、平衡、稳定、运动、传递、相变、转化、适应、进化、分化与组合、自组织与选择性随机演化等规律决定系统安全是动态的。因此，可根据系统的动态属性构建理论安全模型，进而体现理论安全模型动态特征，具体形式有：①时间序列形式，如作业分析、时间分析、动作分析、过程分析、流动分析、链式反应、多米诺骨牌效应等；②加速度形式，如运动加减速、旋转加减速等；③由失控、损失、破坏等表达动态性；④由变化、恶化、好转、反馈等表达动态性等。

（5）由系统实践性思想创建理论安全模型。

根据系统实践论，人类任何具体实践活动都属于系统问题，因而离不开系统实践思想的指导。因此，理论安全模型需要反映实际并用于实践。反过来，根据大量实践经验也可以建立理论安全模型，例如：根据大量事故统计规律建立理论安全模型(如海因里希提出的冰山模型)，根据大量安全典范特征规律建立理论安全模型，根据经验类比建立理论安全模型，等等。

（6）由系统人因思想创建理论安全模型。

人可以是系统安全失效的受害者，更可以是系统安全的设计者。因此，可根据系统人因思想，以人因特性为切入点创建理论安全模型。①人的感觉器官具有同认识直接联系的高度检测能力，没有固定的标准值并且易产生飘移，具有味觉、嗅觉和触觉等。②人的操作器官(特别是手)具有非常多的自由度，并且各自由度能够极其巧妙地协调控制，可做多种运动。来自视觉、听觉、变位和重量的感觉等高级信息被完美地反射到操作器官的控制，从而使人进行高级的运动。③人的认识、思维和判断具有发现、归纳特征的本领，人具有认识、联想和发明创造等高级思维活动，具有丰富的记忆、高度的经验，通过教育、训练能够适应处理多方面问题。④人必须适当地休息、休养、保健和娱乐，难以长时间地维持一定的紧张程度，不宜做缺乏刺激及无用的单调作业。⑤在紧急状态下，人完全不能应付的可能性很大。例如，作业因意欲、责任心、体质或精神上的健康情况等心理或生理条件而变化，易于出现意外的差错：不仅在个性上有差别，而且在经验上也不相同，并且能影响他人，若时间富裕、精力充沛，则处理预想之外的事情也会更多。⑥人和人之间的联络容易，人与人之间关系的管理很重要。⑦人相当于一台轻小型的机器。人必须饮食，必须进行教育和训练，对于安全必须采取万无一失的处置。除了工资之外，人必须考虑福利、卫生和家属等。⑧意外时可能失去生命。⑨人具有独特的欲望，希望被人重视。人必须生活在社会之中，不然由于孤独感、疏远感就会影响工作能力。个体之间差别大，人需要尊严和有人道主义。

（7）由系统涌现性思想创建理论安全模型。

系统思想中最简单和基本的思想是，系统的结构与环境共同决定系统的功能。当然，系统功能反过来也会影响其结构和环境，它们往往是相互影响的双向关系。系统环境包括自然环境与社会环境，系统结构包括物理结构与信息结构，不同时空尺度和层次结构一般对应不同的模式和功能。系统功能一般不能还原为其不同组分自身功能的简单相加，故称之为涌现，它一般是在时间与空间中演化的。进一步在给定环境条件下，系统的结构可以唯一决定功能，但反之则不然。换言之，涌现性可以使新建立的系统出现类似“1+1>2”和“1+1<2”的现象。对于安全系统也是如此，人们希望新设计的安全系统的可靠性比系统中单一要素发挥的作用更大或寿命更长。综合系统的多种特征建模，可以使创建的新的理论安全模型所表达的机制和原理更具科学性与新颖性，并附带出更多的额外和想不到的功能及创新效应或预见性。综合上述分析，基于系统思维的理论安全建模思想及其实例如表 5-2 所示。

表 5-2　系统思维下的理论安全模型思想

思想类型	侧重系统整体性的建模思想	侧重系统建模目的性的建模思想	侧重系统相关性的建模思想	侧重系统动态性的建模思想	侧重系统实践性的建模思想	侧重系统人因的建模思想	侧重系统涌现性的建模思想
模型体现系统特征	体现整体性	体现目的性	体现相关性	体现动态性	体现实践性	体现人本特性	体现涌现性
模型内涵说明	人、物质、能量、信息、安全行为、安全经济、安全文化、安全教育等	事故致因、安全管理、安全分析、安全评价、安全决策、安全预测等	数理逻辑、顺序逻辑、推理逻辑、三段逻辑等流、场、空间、高维等	时间序列、加速度失控、损失、变化、反馈等	事故统计、安全典范、经验类比等	无意失误、有意破坏、生理伤害、心理伤害、财产损失、人员损失等	正涌现性、负涌现性、零涌现性等
表达实例	标准化体系模型、ISO 系列模型	目标管理模型、人因事故模型	FTA 模型、故障模式和影响分析模型	多米诺骨牌模型、流变-突变模型	海因里希模型、瑞士奶酪模型	人失误原因分类模型、认知可靠性和失误分析模型	氛围效应模型、基于系统理论事故致因与流程模型

3）安全理论模型建模结构

理论安全模型本质上是一个系统，因此其构建过程也要遵循系统工程方法论。基于阿瑟 · 霍尔(Arthur Hall)构建的系统工程方法论结构包括知识维逻辑维和时间维的理论安全结构。

(1) 知识维。

知识维即理论安全模型构建所需的知识体系与理论基础，包括安全科学、系统科学与其他科学理论。其中系统科学包括：①系统方法论，如演绎与归纳、还原与综合、局部与整体、定性与定量、机理与唯象、结构与功能、确定与随机、先验与后验、激励与抑制、理论与应用等相互结合或互补的方法论；②系统演化论，如自组织理论、稳定性与鲁棒性理论、动力系统理论、混沌理论、突变理论、多(自主)体系统、复杂网络、复杂适应系统等；③系统认知论，如认知科学、建模理论、估计理论、学习理论、通信理论、信息处理、滤波与预测理论、模式识别、自动推理、数据科学与不确定性处理等；④系统调控论，如优化理论、控制理论与博弈理论等；⑤系统实践论，即系统学应用于各门具体学科和领域时的相应理论。理论安全模型构建属于系统问题，离不开系统实践论的指导。

(2) 逻辑维。

逻辑维即面对某个系统安全现象或安全科学理论，构建理论安全模型需要遵循的一般思维步骤，主要分为：①明确或定义系统安全现象，无论是处于模型新建、完善还是更新阶段，首先需要确定面对的系统安全现象，这也是由系统动态性思想构建理论安全模型的体现之一；②确定系统安全理论建模的目的，这是由系统目的性思想构建理论安全模型的体现；③根据系统建模思想，确定理论安全建模的思路、方法等；④根据建模思想分析，代入基于系统思维的理论安全建模范式；⑤进行理论安全模型的构建、实践、完善、更新等后续相关建模研究活动。

(3) 时间维。

任何事物都有特定的生命周期，因此，理论安全建模实践需要考虑从模型构思到模型构建再到模型退役的整个过程，这也是系统建模思想的体现。理论安全建模的整个生命周期可以划分为模型构思、模型开发、模型检验、模型使用、模型完善和模型更新(或模型退役)，每个阶段都要遵循特定的建模逻辑思路。

5.1.3 安全理论模型构建方法论

通过构建模型来揭示原型的形态、特征和本质，是科学研究的常用方法。同样，在安全科学研究领域，模型也广泛应用于阐释事故发生机理、风险控制与管理原理、安全科学原理等，被称为理论安全模型。随着安全科学内涵和外延不断拓展，其研究对象日益复杂，而建模却能化繁为简。因此，理论安全模型构建在安全科学研究中具有不可替代性。但如何构建科学的理论安全模型，这需要以安全模型基础理论及构建方法论为指导。换言之，理论安全模型构建方法论研究具有学术价值与现实意义。目前学界理论安全模型的构建主要集中在两个方面：①基于“逆向构建”范式(以事故预防为主线，并以事故为切入点)构建的理论安全模型；②基于“中间构建”范式(以风险控制与管理为主线，从风险、未形成事故的隐患出发)构建的安全模型。上述研究表明：理论安全模型在安全科学理论研究与实践中发挥着指导和纲领作用。但遗憾的是，并没有相关研究指导我们如何构建理论安全模型，即安全理论模型上层的方法论理论研究还处于空白状态，这也证明了安全理论模型方法论研究的学术价值所在。鉴于此，本节论述理论安全模型的定义、结构与特征等基础问题，从科学方法论的视角出发，分析不同类型安全理论模型的研究取向，提炼其构建的一般方法和步骤，并得出其构建方法论的范式体系。

1) 安全理论模型的构建原则

理论安全模型构建的方法论是关于理论安全模型构建一般方法的理论、指导思想和基本原则，是为解决理论安全模型研究与实践问题而形成的一套关于选择具体方法和程序的思想、原则和步骤的知识体系。在进行理论安全模型构建时，不能把其研究方法论等同于研究方法，而应该用完备的方法论体系去指导和探讨具体研究方法。此外，理论安全模型需要不断地经受实践检验和不断地加以改进，这就需要安全科学工作者在综合运用多种方法的同时遵循一定的构建原则。

(1) 有效性。

有效性能够反映安全科学客体的基本特征和属性。通过研究理论安全模型足以获得有关原型的一切必要信息，谨防片面地追求理论的漂亮而忽视原型的倾向，避免出现某模型不反映某原型的情形。

(2) 简单性。

理论安全模型比原型简单，力求把原型的一切可压缩的信息压缩。从原型到模型是一类信息压缩的操作过程，即在保持原型主要特征的前提下，把信息压缩到最低程度。

(3) 可操作。

能进行实验和理论研究与实践的理论安全模型才具有学术价值。对于物质形式的安全模型，就是要便于进行观察和测量等实验性操作；对于思维形式的安全模型，就是要便于进行逻辑推理和数学演算等理论性。

(4) 可检验性。

如果一个理论安全模型不具有可检验性，就不是一个科学的模型。安全科研工作者应主动、自觉地利用模型的可检验性进行检验。如果通过检验发现模型的缺陷，就要对模型进行修正，甚至代之以新的安全模型。

2) 安全理论模型的构建的一般方法

基于科学方法论的视角，通过分析与归纳现有理论安全模型构建思路与方法，提炼的理论安全模型构建的一般方法包括相似-简单法、结构-功能法、演绎-归纳法、分解-联合法。对于安全科学研究来说，一个新的理论安全模型实际上是一条新的研究路径和一种新的研究思路，通过这些方法构建的理论安全模型必须经过实践的检验，并加以不断完善。

(1) 相似-简单法。

在相似性方面，按照所要研究的安全科学问题的性质和目的，通过对原型客体进行科学抽象，突出主要因素、主要矛盾和主要关系，抓住原型关键属性，从而建立与原型具有本质上相似性的安全模型。在简单性方面，对原型所处的状态、环境和条件进行分析比较，做出一些合理的简化与假设，以便能够运用已有的科学知识和科学工具，用低层次事物和比较简单的模型去解释高层次复杂性安全问题。

(2) 结构-功能法。

结构方法和功能方法相结合，在现代科学认识中具有极其重要的作用。根据模型的结构决定功能这个辩证关系原理，在构建安全模型时通过优化模型结构使模型发挥最佳功能；同时，还可根据安全模型的内部结构来推测和预见它的功能。此外，安全模型的功能以不同方式反作用于结构，因此可以通过改变安全模型的输出功能来调整安全模型的结构，也可从所期望的安全模型功能来推知安全模型的内部结构。

（3）演绎–归纳法。

演绎–归纳法通常采用演绎法或专家经验法，确定安全模型的类别和结构，然后用归纳法辨识和确定模型参数。其中，演绎法是根据安全系统的一般原理、定律、系统结构和参数等的具体信息和数据，进行从一般到特殊的演绎推理和论证，建立面向子系统的安全模型；归纳法是利用实际安全系统的输入或输出的观测数据与统计数据，运用记录或实验资料，进行特殊到一般的归纳和总结，建立系统的外部等效模型。

（4）分解–联合法。

在大系统理论安全模型构建中，建议采用“分解–联合”建模法。首先，将大系统分解为若干子系统，不计各子系统之间的相互关系，根据子系统的具体情况，采用相应的方法和粒度，建立各系统局部的子模型。其次，根据子系统之间的定性、定量、静态、动态的相互影响、相互联系，建立各子系统之间的关系模型，利用各种关联关系，将子模型联合起来，构成大系统的全局的总模型。

3）安全理论模型的构建的一般程序

理论安全模型在安全科学研究中的纲领性与指导性主要体现在其对安全现象的解释与预测、对安全规律和安全科学的刻画方面，其构建方法论的研究应该着眼于各类安全模型构建一般步骤与方法的升华。因此，按照理论安全模型的存在形态，从已有和未知(待提出)两个层面论述理论安全模型构建程式。

（1）已有理论安全模型研究程序。

在进行安全科学研究时，很多时候需要用到已经存在的理论安全模型。理论安全模型本身固有的局限性，决定已有理论安全模型的使用范围和作用是有限度的。因此，在运用已有理论安全模型进行安全科学实践时，需要对不同的理论安全模型进行比较、评价和筛选。

（2）未知(待提出)安全理论模型构建程序。

安全理论模型的构建过程实际上也是对原型客观本质属性和内在矛盾的认知过程，科学抽象的作用正在于发现并提取客体的某种属、关系和联系。因此，按照科学抽象的一般程式，即从“感性的具体”到“抽象的规定”，再到“思维的具体”，最后到“实践的检验”，提出构建理论安全模型的一般步骤，如建模准备、模型假设、模型建立、模型求解、模型分析、模型检验、模型应用。

其中，“感性的具体”是指在实践过程中得到的关于安全科学客体的感性直观；“抽象的规定”是指运用安全科学思维对系统整体进行分解与分析，过滤其中偶然的和非本质的要素，抽出必然的和本质的要素，并对系统各方面的本质加以规定；“思维的具体”是指客观系统与主观思维形式的统一，它使安全科研工作者掌握原型各方面的本质以及它们的相互联系，进而对各种安全现象做出深刻而全面的解释和预测；“实践的检验”是指用实际现象、数据等检验理论安全模型的合理性和适用性。理论安全模型在实践中的运用既是安全科学研究的终点，也是更高基础上的起点，从而构成安全科学研究与实践的螺旋式上升运动，理论安全模型的生命力及其科学价值也正在于此。

理论安全模型的构建是以安全科学研究者为主体的动态、有序和系统的过程，研究主体的思维、知识、背景与技巧等影响着其对安全现象和安全问题的抽象以及理论安全模型构建取向的判断，进而影响着研究成果的客观性和科学性。新的理论安全模型要能够说明各种有关的安全实验现象，能够对过去已知的事实做出回溯性的科学解释，能预见新的安全事实。

5.2 新创安全信息基础模型

提到安全信息基础模型就不得不先了解人的本质及行为，这关系到人处理安全信息的过程。探讨人的本质，是研究安全信息模型的出发点。对于人是什么，历史上有不同的看法。

1）人的本质

“人是什么”的问题是人类认识史上的又一个斯芬克斯之谜。在很久以前，人们就开始探索，企图揭开这个谜的谜底了。古希腊哲学家巴门尼德认为，人是从土中生出来的。德谟克利特认为，人是从地里出来的，就和虫豸之类产生的方式一样。由此看来，对于人和动物的界限，他们还不能区分开来，并且对于人的产生的看法也是非科学的。一些学者力图把人和动物区分开来。比如古希腊哲学家亚里士多德把人定义为“陆栖两脚的动物”。中国古代也有类似的说法。《列子·黄帝》指出：“有七尺之骸，手足之异，戴发含齿，倚而食者，谓之人。”他们虽然看到人的身长、体形特征、居住和饮食方式不同于动物，但也没有把人和动物真正区分开来。

近代资产阶级及其学者对人做过系统和富有成果的研究。他们用人权反对封建主义的神权，引起了对人的研究的普遍兴趣。他们反对把人归结为上帝，主张还其自然，认为人是有血有肉、有着各种欲望并应得到各种享受的，但具体的说法又各个不同。德国哲学家路德维希·费尔巴哈是近代资产阶级学者中，对人的研究最富有理论成果的学者。费尔巴哈反对用神学的观点来解释人，认为人不是上帝的作品而是自然界的产物，人的本质不是上帝而是它自身。“理性、爱、意志力”等就是人的本质。费尔巴哈从人是自然界的产物去考察人的本性，这无疑是反对宗教神学的一颗有力的炮弹。但他考察的仅仅是“人自身”，而不是现实的历史的人，是抽象的人而不是处在一定社会关系中的人，因而他所理解的人的本质，正如马克思指出的，只是“理解为‘类’，理解为一种内在的、无声的、把许多个人纯粹自然地联系起来的共同性”。

通过以上简单的回顾，可以看出人是什么的问题既古老又新颖，既平常又深奥。如果说揭开“斯芬克斯之谜”的是古希腊英雄俄狄浦斯，那么揭开“人是什么之谜”的就是马克思和恩格斯。马克思主义关于人的本质学说的提出，在“人是什么”这个问题上，驱散了重重迷雾，揭开了庐山真面目，使人们的认识豁然开朗。

在人的问题上，马克思、恩格斯比历史上任何哲学家、科学家都高明独创之处在哪里呢？就在于他们从社会关系的总和方面去考察人，考察人的本性。马克思说：“人的本质并不是单个人所固有的抽象物。在其现实性上，它是一切社会关系的总和。”这是对人的本质问题最科学、最深刻的说明。人类所处的各种社会关系不是永恒不变的，而是一个历史过程，因此不存在永远同一的人的本质。在其现实性上，人的本质是一个历史过程。

生产劳动是人类产生、存在的基础。生产劳动的发展是人的本质发展的基础。在生产劳动过程中，人改变着社会所处的自然界环境，也改变着人的社会环境。生产劳动是社会生产力和生产关系即经济关系的矛盾。这一矛盾既推动生产力，也推动着生产关系的发展。社会生产力以生产工具为代表。在中国历史上，生产工具经历了石器、铜器、铁器、机器等历史阶段。在生产力发展的不同阶段，人类改造自然的能力是不同的。不仅如此，不同的社会生产力阶段还产生了不同的生产关系。在中国历史上，和不同的生产力的历史阶段相适应，产生了不同的社会生产关系：原始共产主义的生产关系，奴隶主占有制的生产关系，封建的生产关系，资本主义的生产关系，社会主义生产关系。这种不同的经济关系构成了不同历史阶段的人的本质。原始共产主义社会的人的本质：氏族成员共同占有生产资料，人们在生产上、在生活中平等互助；氏族成员把个人融入氏族集体之中，没有任何纯个人的思想、行为、欲望。这时人的本质是纯朴的、无私的。原始共产主义生产关系之后产生的奴隶主占有制的、封建的、资本主义的生产关系，均以生产资料私有制为核心，由此造成了人们在生产过程中处于不同的地位和起着不同的作用。

在奴隶社会中，人们分裂为奴隶、奴隶主以及小生产者阶级和阶层等。封建社会代替奴隶社会后，人们分裂为封建地主阶级、农奴农民阶级以及其他阶级。在资本主义社会中，人们分裂为资本家阶级、无产阶级及其他阶级。社会主义社会代替资本主义社会之后，在其初级阶段，剥削阶级作为一个阶级被消灭了，只剩下剥削阶级残余；无产阶级成了社会主义国家的统治者，整个阶级占有社会主义制度下主要的生产资料；农民不仅摆脱了封建剥削，而且已成为集体农民。但是，社会主义社会还有阶级差别。因此，社会主义社会中的人们正在摆脱原有的阶级本质，但还有阶级本质的残存。只有最终实现了共产主义，人的阶级本质才会彻底消灭，由此可以得出这样的结论：阶级性是历史发展到一定阶段的人的本质的一个层次，而不应该否认阶级性是人的本质的一个方面。

人的本质是稳定的，但不是绝对不变的，只是难以变动而已。人类的本质、个人的本质均如此。一个人呱呱坠地，就加入了一定的经济关系、民族关系、阶级关系、家庭关系。当背起书包进入学校时，他就有了师生关系、同学关系；当走出学校参加工作时，他又有了同事关系、上下级关系……在阶级社会中，一个人的阶级本质对于某个阶级的绝大多数人来说是不变的，否则阶级就不存在了。至于某一阶级的人则在社会变革中改革了原有的阶级(阶层)地位，转入别的阶级或阶层。这样，这些人的本质也变了。人的本质是历史的发展着的各种社会关系的总和，这是有充分历史根据和现实根据的唯一科学的关于人的本质的理论。

2）人的行为

行为，简言之，就是人类日常生活所表现的一切动作。行为科学认为，行为既是人的有机体对外界刺激做出的反应，又是人通过一连串动作实现其预定目标的过程。

从心理学的角度来讲，人的行为起源于脑神经的交互作用，总合形成精神状态，亦即所谓意识；由意识表现之于动作时，便形成了行为，而意识本身则成为一种内在行为。人类行为是有共同的特征的，也就是不管男女老少，不管何种社会阶层，以及任何时代、任何种族的人类，其有着不同于其他动物的行为的共同点。综合心理学家研究的结果，人类行为特征至少有下列几个方面。①自发的行为，指人类的行为是自发的而不是被动的。外力可能影响他的行为，但无法引发其行为，外在的权力、命令无法使一个人产生真正的效忠行为。②有原因的行为，指任何一种行为的产生都是有其起因的。遗传与环境可能是影响行为的因素，同时外在条件亦可能影响内在的动机。③有目的的行为，指人类的行为不是盲目的，它不但有起因而且是有目标的。有时候在第三者看来毫不合理的行为，对他本人来说却是合乎目标的。④持久性的行为，指行为指向目标，目标没有达成之前，行为是不会终止的。也许他会改变行为的方式，或由外显行为转为潜在行为，但还是继续不断地往目标前进。⑤可改变的行为，指人类为了谋求目标的达成，不但常变换其手段，而且其行为是可以经过学习或训练而改变的。这与其他受本能支配的动物行为不同，它是具有可塑性的。研究人的行为的共同特征，对探索动机的规律、管理心理活动的规律是有很大帮助的。

人的行为的基本单元是动作，所有的行为都是由一连串的动作所组成的。人生在世界上，总是在做某些事情的，如走路、谈话、吃饭、睡觉、开汽车、造房子、织布等。在许多情况下，人可以同时做一个以上的动作，如两个人一边走路、一边谈话或一边吃东西。在任何一个时刻，我们还可以决定从一个动作转换为另一个动作。为什么某人做这个动作，而不做其他动作？他为什么要改变动作，他有什么想法，要达到什么目的？管理工作的重要任务之一，就是要了解、预测与控制一个人在什么时候可能出现什么动作；同时要了解什么动机或需要能在某一个特定时间唤起某个动作。

5.2.1 安全信息一般认知模型

认知理论一直以来都是科学研究的重点之一。在哲学层面，信息的标记性作用不言而喻，任何物质都是通过信息而存在的，通过信息而交换物质和能量的。人类认识客观世界包括研究安全科学都经历了物质、能力、信息三个步进的认识历程。认知的过程其实就是了解本源的过程，但是这一过程是充满未知风险和挑战的，只有通过漫长的积累才能获得洞察真理的钥匙。传统的认知局限于当时的科学发展水平。用物质和能量层面的认知来解决安全科学及事故致因分析，出现了几十种事故致因模型和理论，但所有事故的本质并不是单个模型就能诠释的。事故致因模型经历了古老到现代的演变，各自存在先天缺陷，促使人们对模型不断修正改进。就安全系统而言，它包含了信息的互联互通及传播模式。随着进入信息化时代，人类面临的安全问题也会由传统的“物质能量型”过渡到“信息符号型”，可以预见，安全科学将越来越以信息化形式存在并演绎下去。信息思维区别于物质和能量，是一种“不实在”的间接存在，对待安全问题和事故要具备相应的信息思维。思维的方向决定着研究发现的重要性，在现代社会，信息思维已然成为必须具备的能力之一。安全信息认知的思维方式作为新的安全科学范式，随着安全科学的全面信息科学化，深入探究信息视角下的事故致因模型，将开创事故致因研究的新领域，具有深远的理论意义和重大的现实意义。

对于安全信息的问题研究和事故预防，学术界已有一些成果，信息学认知对于安全的重要性和安全科学研究的必要性可见一斑。刘晓松以事故机理研究为基础提出了企业信息安全事故模型，认为环境、人员、技术和设备4种因素可作为事故的信息致因主因；Van Niekerk认为企业信息安全文化是减少人因事故的关键方法，通过实现信息安全文化控制人为信息错误达到预防事故的目的；Ashenden认为信息安全管理者、高层领导者和底层员工之间存在客观的信息代沟，双方及三方在信息理解上存在的不对称会对企业的安全信息管理产生负面影响，进而增加因信息缺失导致的事故；Li等研究得出事故致因中信息方面的因素对于系统安全影响最大，信息因素导致的事故比例也最高的结论；Bellamy构建了重大事故预防金字塔模型，分析了系统中信息缺失是引起事故的重要因素；毕远志等针对目前建筑工程施工现场人流、物流及信息流交汇的特点，提出了用安全信息定置管理技术来解决建筑施工安全难题的方法；Hovden 提出事故是由组织之间作用失控导致的，并认为信息科技会成为事故预防的关键技术；杜学胜等研究了企业内部和外部安全信息沟通的内容和形式以及影响安全信息有效沟通的因素，认为安全信息的有效沟通对于鼓励员工参与安全事务、获得员工合作和支持、增强企业积极的安全文化建设等方面具有重要的作用；邹铁方等利用收集的事故现场人体损伤、车辆破坏及环境等信息，通过响应曲面法与蒙特卡洛方法模拟出人-车事故再现场景；赵潮锋等提出了安全信息缺失的概念及安全信息缺失事故致因理论，但是仍以人的不安全行为与物的不安全状态的轨迹交叉为基础，致因因素之间也缺乏数式关系的刻画；Leveson 提出的基于安全信息流动的系统理论和事故过程模型，模型的本质基于人的信息处理过程，但没有将系统中其他因素作为安全信息的核心要素。上述研究都以信息维度去研究安全问题，说明信息认知在安全科学研究中的作用是很重要的。通过检索，国内外文献涉及事故致因的并不多，对安全信息认知事故致因机理研究还不够深入，并且构建的事故致因理论也存在自身缺陷等，验证了基于安全信息认知构建事故致因模型的可行性和必要性及其具有的深远的科研意义。

综上所述，安全信息认知(Safety Information Cognition，SIC)事故致因模型具有必要性。鉴于此，论述安全信息与安全信息认知模式，从安全信息认知的视角探讨安全信息对安全的影响；从内部和外部安全因素两个维度分解事故致因因素。因此，我们构建安全信息认知的事故致因模型，并进行实例分析，以安全信息认知过程存在的信息缺失来构建事故致因模型，以解释事故是如何发生及如何传播的，为事故预防研究与实践提供新方法和新思路，最终为安全信息学的构建奠定理论基础。

1）基本定义

安全信息认知是考察人的认知层面获得安全信息的能力。认知心理学研究中已经形成了人们认知的信息加工法，该法将信息的认知解释为一系列步骤，这个方法根据斯滕伯格范式的实验总结而来。

认知过程包括感觉和知觉，感觉是人脑对直接作用于感觉器官的刺激物的个别属性的反应。颜色、声音、气味等个别属性直接作用于感觉器官时，大脑就对这些属性做出反应，产生了颜色、声音、气味等感觉。例如，面前有一个苹果，鼻子闻到了苹果的香味，眼睛看到了苹果的外观，手触摸到苹果光滑的果皮。苹果的这些个别属性通过感官作用于人脑，在人脑中引起的心理活动就是感觉。

知觉是人脑对直接作用于感觉器官的客观事物的整体反应。知觉的最重要的特点，在于它始终反映事物、对象和现象，而不只是反映它们的个别特性与属性。在日常生活中，人们听见的不是单纯的不同音调、声强和音色的声音，而是风声、雨声、铃声和人的口音，人们感知的不是单纯的颜色、圆形、香甜味道，而是一个完整的苹果。所以知觉是直接作用于感觉器官的事物的整体在脑中的反映。不正确的、歪曲的知觉，称为错觉。知觉是在感觉的基础上形成的，感觉为知觉提供个别材料，而知觉是感觉的深入和发展，是各种感觉的有机结合。知觉反映事物统一的整体，产生事物的完整的映象。感觉和知觉是认识的初级阶段——感性认识阶段。

人们为了加强对事物的认识，还借助记忆把过去生活实践感知过的东西、体验过的情感和知识经验，在头脑中重复反映出来，这是一个复杂的认识过程，起到净化作用。人们对事物的认识过程，不仅通过感知去认识事物的外在联系，还以表象的形式向思维过渡，进一步认识事物的一般特性和内在联系，全面地、本质地把握事物的本质。这个思维过程是人们对客观事物在头脑中概括的、间接的反应，是认识的高级阶段——理性认识阶段。

这里将人的认知过程做一简要阐述：在普通心理学中，认识过程指人脑通过感觉、知觉、记忆、思维、想象等形式反映客观对象的性质及对象间关系的过程。包括3个过程：①问题解决，即采用启发式、手段-目的分析和计划过程法；②模式识别能力，即人要建立事物的模式，就必须认识各元素之间的关系，如等同关系、连续关系等，根据元素之间的关系，就可构成模式；③学习，即获取信息并将其贮存起来，便于以后使用，学习有不同的形式，如辨别学习、阅读、理解、范例学习等。

认知过程的形式有以下几种：

(1) 感觉，是指客观事物的个别属性在人脑中的直接反映。客观事物直接作用于人的感官，引起神经冲动，由感觉神经传导至脑的相应部位，便产生感觉。它分为外部感觉和内部感觉两大类。外部感觉，指接受外部刺激，反映外界事物属性的感觉，包括视觉、听觉、嗅觉、味觉、肤觉。内部感觉，指接受机体内部刺激，反映身体的位置、运动和内脏器官不同状态的感觉，包括运动觉、平衡觉、机体觉等。感觉不仅是人的心理活动的开端和来源，也是人从事各种实践活动的必要条件。

(2) 知觉，是指脑对直接作用于感觉器官的客观事物的各种特性或各个部分的综合反映。感觉提供客观事物的个别属性、个别方面、个别部分的信息，而知觉则把这些分散、片段的信息结合起来，形成事物的完整映象。一般来说，感觉的材料越丰富和精确，知觉映象也越完整和正确。知觉不是感觉材料简单的堆砌，而是按照一定关系将这些材料有机地统一起来。只要这些特性或部分的关系不变，知觉映象也不变；关系改变，知觉映象也改变。知觉是多种感觉器官协同活动的结果，如对物体形状的知觉是视觉、触觉、动觉等协同活动的结果。知觉过程受到主体以外的知识经验和当前需要、情绪等多种因素的影响，有明显的主观性和个别差异。知觉具有4种基本特性，即整体性、选择性、理解性和恒常性。知觉有不同的分类，按哪种感觉器官在知觉中起主导作用分为视知觉、听知觉、触知觉、嗅知觉和味知觉等，按知觉对象的不同性质分为空间知觉、时间知觉和运动知觉；按知觉过程与主观意识联系程度的不同，又可分为无意知觉和有意知觉(观察)。

(3) 记忆，是指人脑对过去经验的反映，包括识记、保持、回忆或再认三个基本过程。从信息加工的观点来看，记忆是人脑对外界输入的信息进行编码、储存和提取的过程。对信息的编码相当于识记过程，对信息的提取相当于回忆或再认过程。存在于人脑中的信息在应用时不能提取或提取发生错误则为遗忘现象。记忆不仅在人的心理活动中具有基石的作用，而且在人的各种实践活动中具有积累和借鉴经验的作用。

(4) 思维，是指人脑对客观事物的间接的和概括的反映，是借助于语言揭示事物本质特征以及内部规律的理性认识过程。不同的心理学派对思维提出了不同的主张，其中符兹堡学派强调无意象思维；构造主义者强调表象的作用，机能主义者强调适应目的，早期行为主义者强调肌肉活动的作用，皮亚杰强调运算和概念。根据不同标准，可以将思维分为许多类别，其中包括经验思维与理论思维、直觉思维与分析思维(逻辑思维)、常规(习惯)性思维与创造性思维、发散思维与辐合思维、动作思维与形象思维等关于思维与语言的关系。关于语言和思维，学术界存在以下3种观点：主张语言决定思维，思维离不开语言，没有语言就没有思维；主张思维和语言各自独立，否认两者有必然联系；主张语言和思维是一回事，否认两者有任何区别。

(5) 想象，是指在外界现实刺激物影响下，在头脑中对过去形成的若干表象进行加工改造而建立形成的心理过程。

上述有关认知过程的规律如果借鉴到安全科学领域中，就形成了所谓的安全心理，外界的各种安全信息就形成了安全心理因素。例如，作业者在从事作业活动的过程中，始终伴随着多种复杂的心理活动，这些心理活动是一个信息的收集、传送、加工、储存、执行和反馈的过程。它包括作业者的感知、记忆、想象思维、注意、情感、意志等心理过程，并融入了作业者的个性心理特征。因此，作业者在作业过程中，其心理现象是复杂多样的，有时甚至是十分微妙的。这里主要说明日常作业活动过程中的心理因素对安全的影响。安全信息诱导下的心理因素包含4个主要方面的关系：

(1) 性格与事故的关系。性格是一个人较稳定的对现实的态度和与之相应的习惯化的行为方式。性格分为情绪型、意志型和理智型。具有理智型性格的人，由于行为稳重且自控能力强，因而行为失误少。情绪型相比之下就易于发生事故，由于情绪型属于外向型性格，行为反应迅速，精力充沛，适应性强，但好逞强，爱发脾气，受到外界影响时，情绪波动大，做事欠考虑。意志型的人属内倾性格，善于思考，动作稳当，但反应迟缓，感情不易外露，对外界影响情绪波动小，由于个性较强，具有主观倾向，因此也具有事故心理侧面。

（2）情绪与事故关系。情绪是人心理的微观波动状态，人的行为过程往往受情绪的支配，喜、怒、哀、乐、悲、恐、惧等都对行为产生影响。情绪处于极端状态，往往是行为失常的基础，行为的失常又常常是事故的前提。

（3）气质、兴趣、态度等个性心理因素，也与事故行为具有特定的联系。

（4）其他心理。员工在操作过程中还存在很多的不安全心理，如错觉心理、取巧心理、侥幸心理、逞能心理、麻痹心理、无知心理、冒险心理、逆反心理、敷衍心理、依赖心理等。

以上关于作业者的心理，是从作业者外部表现特征来进行分析的。从根本上讲，它们属于作业者的非理智行为。除上述几点外，非理智行为的心理状态还有厌旧心理、激情心理、挫折心理、应激心理、紧张心理、幻觉心理、压抑心理、从众心理等。总之，属于非理智行为的事故心理现象都可以构成事故发生前的心理特征，人们在实践中可以针对不同的事故发生过程进行分析总结。

2）安全信息学基础定义

由上文论述可知，安全信息的加工分析也是将一个认知任务分解成一系列抽象的信息加工步骤。经典的信息认知过程首先是来自外界的刺激（视觉、听觉、触觉、嗅觉和味觉等）在大脑中被编码，存储在一定脑区并形成一定的神经表征。然后，将获得的刺激与记忆组中的信息符号进行比较，最后根据外界要求或自身经验能力做出决策并产生一定的反应。同样，借助信息学，我们对安全信息的主要概念进行定义。

（1）信源（Source，$I^{So.}$）：产生一切安全信息的来源，包含实体的物质、生物体、虚拟的网络世界、现实的一切客观事物、人类思想产物、自然科学、社会科学及心理学等产生的安全组织、安全文化或安全制度等。信源是安全信息认知者所接收的安全信息来源物。

（2）信宿（Sink，$I^{Si.}$）：安全信息传递的信息的归宿，属于信息的最终接受者。这里可指一切人、机器等具有接收、编码、存储、译码和理解安全信息功能的实体。

（3）信道（Channel，$I^{Ch.}$）：安全信息传输的通道，信道是实现安全信息的传输存储的媒介物。不同种类的安全信息具有不同的信道，比如，传输语音安全信息的信道就是空气，传输图像安全信息的信道就是光，等等。

（4）噪声（Noise，$I^{No.}$）：信息传递中的各种干扰因素。对安全信息的影响可能在信源、信道和信宿及其内部，对安全信息载体的影响是最直观的。噪声无处不在，噪声的影响效果都是具有负效应的，也就是说可能削弱或改变安全信息的内容及功能。

(5) 编码(Encoding，$I^{Enc.}$)：将安全信息变换成信号的过程。编码时需要按照“约定”，就是以一定的符号或信息规则把原始信源安全信息用符码编排起来，这称为初级编码。形成的初级编码信号(Primary Signal，$S^{Pri.}$)再经过变换成适于信道内传播的信号，如声音信号、光信号等，这称为次级编码，形成次级编码信号(Secondary Signal，$S^{Sec.}$)。编码的两次过程可能会受到不期望噪声刺激而暂停、终止或紊乱。

(6) 译码(Decoding，$I^{Enc.}$)：这是与编码相反的过程，通过逆编码将次级编码信号转换成初级编码信号，再将初级编码信号还原成原始安全信息的过程。译码的两次过程也可能发生噪声干扰，导致最终还原出现变异和失真。

(7) 信息加工(Information Processing，$P^{Inf.}$)：分为机器信息加工和人脑信息加工两种，主要以人作为信宿的信息加工过程为研究侧重。人的安全信息加工过程称为认知过程，包括感觉、知觉、记忆、想象、思维和语言等5部分要素。对安全信息的加工处理，不同阶段有不同机制，主要形成以下重要信息：感觉信息(Sensory Information，$I^{Se.}$)、知觉信息(Perceptual Information，$I^{Pe.}$)、记忆信息(Memory Information，$I^{Me.}$)，包括短期记忆、长期记忆，有意记忆、无意记忆等，有编码、储存和提取三个步骤。

3) 安全信息一般认知模型构建

SIC总过程分为人以外的和人内部两个部分，首先讨论人以外的安全信息认知。安全信息可从信息学及传播学角度来理解，根据前述定义可以构建出外部SIC过程模型，如图5-1所示。此外，根据定义和安全信息的认知心理过程，还可以构建出信宿(人)的内部SIC过程模型，如图5-2所示。

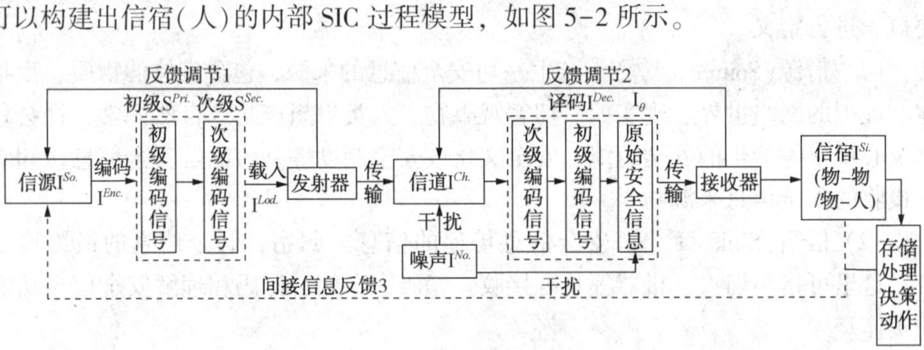

图5-1 SIC外部过程模型

4) 安全信息一般认知模型内涵

阐明内涵前，一些重要术语有必要定义以帮助理解SIC过程。主要有：①饱和度Φ，也称纯洁度，指的是安全信息的容量及有用信息比的模糊化统称；②保真率Θ，与失真率μ对应，是信息形变和被干扰程度的指证，$\Theta=1-\mu$。

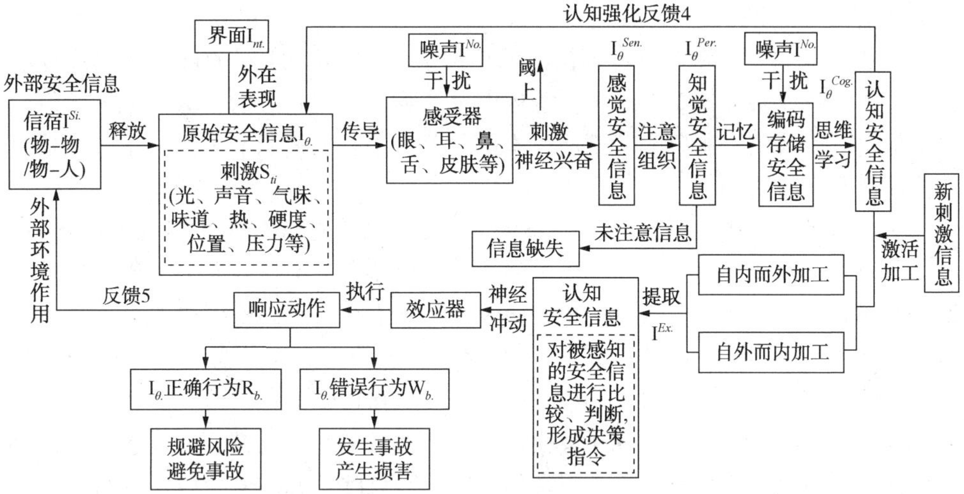

图 5-2　SIC 内部过程模型

SIC 过程模型是基于信息论及认知心理学理论以期引入安全学领域的具有开创性的基本模型之一。具体来说，SIC 的外部过程由信息学模型演化而来，包括以下主要内容。

(1) 从信源 $I^{So.}$ 到信道 $I^{Ch.}$ 再到信宿 $I^{Si.}$ 的安全信息传播过程看似简单直接，但是对安全信息的折损是一直存在的。安全信息的层层缺失和干扰最终会导致外部安全信息的失真，从而引起内部信息真实性的全盘溃灭，使人做出完全错误的决策，导致事故发生。因此，保证外部过程的流畅、完整和精准是认知的重要基础条件。

(2) SIC 外部过程详细解释为：

① $I^{So.}$ 首先产生安全信息，这个信息是未经过处理的最原始状态的信息，因此可将此时的信息饱和度定为 1^{Φ}，说明了由 $I^{So.}$ 所产生信息的保真率为 100%。

② 信息按照一定的规则和符号语言经过双编码(初级和次级编码)实现可传输化。$S^{Sec.}$ 进入信号发射器准备传输，发射器相当于 $S^{Sec.}$ 的收集、分配和发送机构，在 $I^{So.}$ 和 $I^{Ch.}$ 之间信息输送起到纽带作用。

③ 当信息在 $I^{Ch.}$ 中传递的时候，$I^{No.}$ 会不可避免地引起干扰和混杂进 $I^{Ch.}$ 内，$I^{No.}$ 的来源以复杂机械、物理、化学、生物、电子等因素造成的非期望信号为主要代表。此时信息的保真率(或饱和度)会下降，按照一定时空发生衰减。

④ 在进入 $I^{Si.}$ 之前，信号会被译码，经历次级和初级编码信号的逆变换最终还原为原始安全信息 I^{θ}。I^{θ} 与 $I^{Enc.}$ 之间一定存在误差，也就是说，I^{θ} 的饱和度和保真率又下降了。

⑤ 信宿 $I^{Si.}$ 接收到 I^{θ} 后，SIC 外部过程结束。

(3) 涉及反馈问题。SIC 外部过程主要存在两个反馈调节，以最大限度地保住安全信息的饱和度与保真率。

① 反馈调节 1：由发射器到信源的反馈。$I^{Lod.}$ 和 $I^{Enc.}$ 之间的误差导致反馈存在的必要，只要保证误差在一定范围内就可认为反馈是有效的。这一范围由编码精度确定，而编码机制研究就不属于本课题范畴了。反馈调节 1 保证了安全信息传输前饱和度要求。

② 反馈调节 2：由信道到信宿的反馈。I_θ 和 $I^{Ch.}$ 的信号存在客观上的误差，误差主要来自两个方面：一是译码过程造成的误差，二是噪声对信号干扰造成的误差。译码过程是编码的逆过程，按照译码规则进行，解码精度决定了信宿获得信息的保真率。同时，噪声对信号的干扰和混杂使得有用信息淹没在噪声信息中，降低了信息的纯度。通过反馈调节以保住信宿接受信息的真实性和完备性。

③ 间接信息反馈 3：不属于安全信息外部过程的主要反馈，通过人的干涉调整信宿信息与信源信息的误差，保证信宿能正确反映信源的安全信息状态。

（4）安全信息在 SIC 外部模型传递时，存在安全信息的缺失或衰减现象。信源 $I^{So.}$ 安全信息通过信源载体 $S^{c.}$ 产生并传播时，存在缺失及时间上的延迟及空间上的错误。

① 信息的缺失是由于载体携载安全信息时，载体自身缺陷或信息被转换吸收而导致部分信息未被感知和识别，这种缺失是安全信息的一次衰减，记为 α^1；此外，编码过程会导致的二次衰减，出现二次缺失 α^2；信号在 $I^{Ch.}$ 内传递时由于 $I^{No.}$ 的干扰存在三次衰减，出现三次缺失 α^3；译码过程的不精确进而出现四次缺失 α^4。最终得到的安全信息 I_θ 是四次衰减与缺失后的原始安全信息，$I_\theta = I^{So.} - \sum f(\alpha^1, \alpha^2, \alpha^3, \alpha^4)$。

② 信息时间延迟性表现在 SIC 外部过程的 5 个阶段：$I^{So.} \rightarrow I^{Enc.}$ 的延时 ξ^0，$I^{Enc.} \rightarrow I^{Lod.}$ 的延时 ξ^1，$I^{Lod.} \rightarrow I^{Ch.}$ 的延时 ξ^2，$I^{Ch.} \rightarrow I^{Dec.}$ 的延时 ξ^3，$I^{Dec.} \rightarrow I^{Si.}$ 的延时 ξ^4。SIC 外部过程总的延迟时间为：$\xi^O = \xi^0 + \xi^1 + \xi^2 + \xi^3 + \xi^4$。存在延迟对安全信息影响很大。由于事故与安全在时间域上的非过渡性，因此研究缩短延迟时间对于 SIC 的时间安全性至关重要。

③ 空间上的错位理解为安全信息在传播中出现的非定向传递，导致部分信息未按期望路线传递而误入其他界面，引起期望信息的缺失或对其他界面的扰乱。在实际事故中，常常伴随着信息的空间错位和时间错位，也就是常说的在不恰当的时间、不恰当的地方发生了不恰当的信息错位。安全信息流因外界影响而出现信息空间或边界范围被扩大，外部安全信息传递也有一定的空间限制，比如在给定的一个系统内。厘清信息的边界条件有助于理解和研究信息认知，在一定意义上限制了复杂性和满足了可操作性。

（5）SIC 外部过程系统信息保真率从信源到信宿依次减小，安全信息的失真程度增大。信息衰减程度最大的环节就是失真最严重的阶段，因此可以借此判断出外部过程的薄弱点及为针对性减少信息缺失提供基础。外部作用的最终体现还是要通过人这一最重要的信宿来实现内化并表达出来，安全信息对事故控制的功能也是由人运用并实现的。SIC 的内部过程由认知心理学发展而来，包括以下主要内容：

① 从信宿 $I^{Si.}$ 而来的外部安全信息 I_θ 通过人的内部 SIC 过程最终成为人做出决策并采取行动的基础，SIC 内部过程由认知心理角度而来，但不是简单的迁移和借鉴。结合上述安全信息的特点及作用，形成完整动态的闭环认知模型，这一过程中也存在复杂的安全信息缺失与失真现象。任一环节的故障都会导致最终的相应动作出现偏差，错误的认知心理导致错误的行为，最终导致事故的发生。认知过程受到的影响远比外部过程复杂和深奥得多。关于脑认知的研究，目前处于发展阶段，因此本模型的内涵不在于探讨脑科学深层次问题，以免引起混沌。

② SIC 内部过程详细解释。

a. 由 $I^{Si.}$ 释放安全信息通过信息界面 $I^{nt.}$ 被人感觉到，常见的界面有显示屏、扬声器、蜂鸣器、信号灯、警铃等。界面可以发出能被人察觉和感觉到的信息，称为原始安全信息 I_θ。

b. 有了信息 I_θ，还得通过刺激 $S^{ti.}$ 才能被感知，一般的刺激有光、声音、气味、味道、热、硬度、位置、压力等。刺激信息 $S^{ti.}$ 通过传导进入人的感受器（眼、耳、鼻、舌、皮肤等）并产生神经兴奋。I_θ 进入感受器后有两种可能：其一是刺激达到一定强度和时长，即所谓阈刺激后产生传导；其二是刺激的强度和时长未引起传导。只有达到阈刺激或阈上刺激才能获得感知，进而继续 SIC 过程，否则 SIC 过程便会终止。因此，安全信息的强度和时长就是影响人正确动作的前提之一。

c. 神经兴奋后，人产生感觉安全信息 $I_\theta^{Sen.}$，大脑经过加工提取出感觉到的安全信息和识别出具体信息内容。同时，通过对 $I_\theta^{Sen.}$ 的注意和组织，形成高层次的知觉安全信息 $I_\theta^{Per.}$。$I_\theta^{Sen.}$ 和 $I_\theta^{Per.}$ 的区别在于，前者是初级的 I_θ 的个别属性和特点的反映，后者是对 I_θ 的整体把握和解释，是 $I_\theta^{Sen.}$ 的组织结果，可以简单理解为 $I_\theta^{Per.}=\sum f(I_\theta^{Sen.})$。

d. $I_\theta^{Per.}$ 要通过记忆和学习，也就是编码存储过程形成最终的认知安全信息 $I_\theta^{Cog.}$，这个信息就是为以后做出判断提供准备的。$I_\theta^{Cog.}$ 的认知最终就是形成了知识和技能，长时间的实践就会形成经验固化在脑中。记忆（编码）的过程会受到各种噪声的干扰，因此会存在记忆的不完整甚至错误，导致形成 $I_\theta^{Cog.}$ 与 I_θ 之间的偏差和不对称。

e. 在认知水平下，一旦有新的刺激信息就会激活大脑的认知加工过程。该过程分为两类：由内而外加工（In-Out Processing）和自外而内加工（Out-In Processing）。前者是以个体的经验、知识、记忆、期望等为安全信息的加工，后者是以外部安全信息的刺激来形成加工。

f. 将认知的安全信息与被感知的安全信息进行比较、判断，形成决策指令。有时依据认知信息的经验、记忆的知识和技能，有时根据感知信息做出无意识行为。

g. 最后通过效应器来实现相应动作的执行，得到执行结果。通常的结果有正确行为 $R^{b.}$ 和错误行为 $W^{b.}$，前者会规避风险并避免事故发生，后者可能导致事故发生并产生损害影响。

③ 涉及反馈问题。SIC 内部过程主要有两条反馈路径：认知强化反馈 4 和外部环境作用反馈 5。a. 反馈 4 是 I_θ 到 $I_\theta^{Cog.}$ 的反馈，这一信息传递过程的偏差主要是由 $I^{No.}$ 产生的。噪声作用于感受器会导致 I_θ 失真和纯度下降，如外界的嘈杂声音对扬声器里的报警鸣笛产生的干扰；噪声还通过影响记忆(编码)过程而导致信息衰减和丢失。这两类影响一定会使得 I_θ 发生缺失和失真，例如：人会在没听清的情况下更加注意和反复听，甚至弱化其他感官的功能而增强听觉功能等，在反馈机制下保证认知安全信息内容的继承性。b. 反馈 5 是响应动作对外部环境信息的影响，动作结果如果反映了外部信息的功能需求，就加强了正确的认知信息；如果违背了外部信息的需求，则弱化了错误需求，使人通过反复感觉-认知-提取-决策-行动的过程，而形成应对安全信息保持安全行为的正确认知。

④ 安全信息在 SIC 内部模型传递时也存在安全信息的缺失或衰减现象。a. 首先，信源 I_θ 安全信息通过信源界面 $I^{nt.}$ 反映存在缺失及时间上的延迟。界面的完整性会影响 I_θ 的保真率，这部分缺失是引起安全信息缺失的首因，记为 α^5。b. 然后在传导进感受器时，由于传导介质(如空气)和感受器的功能受限进而导致安全信息的再次缺失(记为 α^6)，同时噪声 $I^{No.}$ 对感觉信息也会产生干扰，进而发生衰减而缺失，因噪声产生的缺失记为 α^7。此外，因部分信息的刺激强度和时长达不到阈刺激导致缺失(记为 α^8)；c. 形成 $I_\theta^{Sen.}$ 的一部分因未被人注意而成为缺失信息 α^9，其余信息则通过注意和组织成为 $I_\theta^{Per.}$；d. 记忆过程中由于噪声的再次干扰又衰减为 α^{10}，最终形成认知安全信息 $I_\theta^{Cog.}$ 被保留了下来。$I_\theta^{Cog.}=I_\theta-\sum f(\alpha^5, \alpha^6, \alpha^7, \alpha^8, \alpha^9, \alpha^{10})$。后面就是判断决策形成动作的过程，不存在信息的缺失。

⑤ 人脑中的信息时间延迟性主要表现在 SIC 内部过程的四个阶段：$I_\theta \to I_\theta^{Sen.}$ 的延时 ξ^5，$I_\theta^{Sen.} \to I_\theta^{Per.}$ 的延时 ξ^6，$I_\theta^{Per.} \to I_\theta^{Cog.}$ 的延时 ξ^7，$I_\theta^{Cog.} \to I^{Ex.}$ 的延时 ξ^8。SIC 外部过程总的延迟时间为：$\xi^{I}=\xi^5+\xi^6+\xi^7+\xi^8$。存在延迟对安全信息影响很大，如前所述，研究缩短延迟时间对于 SIC 内部过程至关重要。人脑处理信息较外部信息传递相比较快，因此对于这部分延迟，个体差异不大。SIC 内部过程不存在空间错位，信息通路就限制在个体的脑中并不会随便迁移。

SIC 的外部和内部过程是动态影响的，之间并没有完全孤立。外部模型通过内部模型起作用，内部反过来影响外部，两者相互影响、相互依存、相互变化。SIC 总过程作为事故致因的通用模型，以期更好地发展安全科学及指导实践。

事故致因理论从本质上用于解决事故是如何发生的、为什么会发生及怎样防止事故这三大问题的。SIC 在事故致因研究中具有重要意义，事故模型在安全科学发展中一直是不断变化的，有什么样的经济基础就决定了什么样的意识形态，不同的意识为不同的经济服务。诚然，生产力水平决定着事故致因研究的发展层次，致因的研究在信息论影响下已成为指导企业进行事故管理的主导理论。事故致因没有对错之分，只有相对合适的模型才能适应安全科学的研究前沿。从古至今，人们的目光从未离开过事故；从国外到国内，科学家的研究从未离开过事故致因。从不同视角建立的事故致因模型具有自身的理论价值和实践价值。从早期的事故频发倾向论到轨迹交叉论，有不下十余种模型活跃在事故研究领域，理论有定性的、定量的，也有各自的优缺点。随着事故致因研究的深入，有必要开创新的更具代表性的通用模型，丰富事故致因的理论。前文构建的 SIC 模型旨在从信息认知的层面深挖认知内部机制对事故致因的指导作用，事故理论从人的因素和信息处理的角度进行考虑具有广阔的前景。从安全信息认知视角构建的事故致因模型具有理论和实践意义。

5.2.2 事故安全信息认知模型

人类认识客观世界包括研究安全科学都经历了物质、能力、信息 3 个步进的认识历程。传统的认知局限于当时的科学发展水平，用物质和能量层面的认知来解决安全科学及事故分析，但事故的本质并不是单个模型就能诠释的。根据海因里希事故法则可知：要减少伤亡事故，就不可忽视伤害事故，就要致力于降低一般性的伤害事故。伤害事故是指未发生健康损害、人身伤亡、重大财产损失与环境破坏的事故。伤害事故占据事故总数的绝大多数，根据事故统计研究发现，伤害事故往往是导致重特大事故的积累后果。量变引起质变的变化用来解释伤亡事故的发生是可行的。发生一次伤害事故往往不会从根本上改变人的不安全认知，伤害的后果就会不断地重复和循环，人们从心理上更会产生麻痹和放松，进而逐渐丧失安全意识。生产现场如果没有及时发现甚至纠错机制，那么就很容易滋生冒险和违章行为。这些都是基于伤害事故认知的偏差导致的，为伤害事故的发生埋下了隐患。事故的后果是随机的，但是事故的致因是一致的。根据之前建立的安全信息认知通用模型可知，人对安全信息的认知经历 7 个过程，由于在认知的过程中存在信息的失真或不对称，就容易导致人形成错误的认知并做出不安全行为。从行动结果来看，造成的伤害事故是多数的，这里提出的伤害事故实质在包含险肇事故，实质上并没有造成严重死亡或破坏。

目前，许多研究者尽管对安全模型进行了大量研究，对安全模型进行深入系统的研究，但是有关伤害事故的安全信息认知模型的研究仍然为空白。根据前文已建立的安全信息认知通用模型和相关理论研究，提出具体的以人的行为导致的主要结果的维度建立事故安全信息认知模型(Accident Safety Information Cognition，简称 ASIC 模型)是必要和重要的。

1）事故安全信息认知模型构建

事故是人们在实现其目的的行动过程中，突然发生的、迫使其行动暂时或永远终止的一种意外事件。这个定义有三重意思：一是事故的背景，即“存在某种实现目的的行动过程”，例如人们需要某种产品而开办工厂进行生产等；二是说“突然发生了意想不到的事件”，即事故是随机事件；三是事故的后果，指出它们迫使行动暂时或永远终止。事故有生产事故和非生产事故之分，因为生产活动是人类一切其他活动的基础。

(1) 事故的分类。

生产事故系指企业在生产过程中突然发生的、伤害人体、损坏财物、影响生产正常进行的意外事件。

根据生产事故所造成的后果的不同，有设备事故、人身伤亡事故、未遂事故等三种。在一般情况下，人身伤亡事故又称为工伤事故，它是企业职工为了生产和工作，在生产时间和生产活动区域内，由于受生产过程中存在的危险因素之影响，或虽然不在生产和工作岗位上，但由于企业的环境、设备或劳动条件等不良影响，致使身体受到伤害，暂时地或长期地丧失劳动能力的事故，是我们安全工程专业研究的重点。

(2) 事故的构成要素。

工伤事故是由伤害部位、伤害种类和伤害程度这 3 项要素构成的。①伤害部位。伤害部位包括头、脸、眼、鼻、耳、口、牙、上肢、手、手指、下肢、足、脚趾、肩、躯干、皮肤、黏膜、内脏、血液、神经末梢、神经中枢等。②伤害种类。伤害种类包括挫伤、创伤、刺伤、擦伤、骨折、脱臼、烧伤、电伤、冻伤、腐蚀、听力损伤、中毒、窒息等。③伤害程度。我国将伤害程度分为死亡、重伤、轻伤；国外将伤害程度分为死亡、丧失劳动能力(终生致残)、部分丧失劳动能力(局部致残)、暂时不能劳动、要医疗但不休工、无伤害等。死亡，是指其损失工作日为 6000 日及以上，这是根据我国职工的平均退休年龄之和计算出来的。重伤，是指其损失工作日为 105 个工作日以上(含 105 个工作日)、6000 工作日以下的失能伤害。轻伤，是指其损失工作日为 1 个工作日以上(含 1 个工作日)、105 个工作日以下的失能伤害。只有全面了解上述 3 个方面的情况，才能如实地反映伤害的客观情况。

根据事故理论的研究，事故具有以下基本性质。①因果性。工业事故的因果性是指事故由相互联系的多种因素共同作用的结果。引起事故的原因是多方面的，在伤亡事故调查分析过程中，应弄清事故发生的因果关系，找到事故发生的主要原因，才能对症下药，预防事故。②随机性与偶然性。事故的随机性是指事故发生的时间、地点、事故后果的严重性是偶然的，这说明事故的预防具有一定的难度。但是，事故这种随机性在一定范畴内也遵循统计规律。从事故的统计资料中可以找到事故发生的规律性。因而，事故统计分析对制定正确的预防措施有重大的意义。③潜在性与必然性。表面上，事故是一种突发事件，但是事故发生之前有一段潜伏期。在事故发生前，人、机、环境系统所处的状态是不稳定的，也就是说系统存在着事故隐患，具有危险性。如果这时有一触发因素出现，就会导致事故的发生。在工业生产活动中，企业较长时间内未发生事故，如果麻痹大意，就会忽视事故的潜伏性，这是工业生产中的思想隐患，是应予克服的。

上述事故特性说明了一个根本道理，现代工业生产系统是人造系统，这种客观实际给预防事故提供了基本的前提。所以说，任何事故从理论和客观上讲，都是可预防的。因此，人类应该通过各种合理的对策和努力，从根本上消除事故发生的隐患，把工业事故的发生降低到最小限度。

安全和事故是两个截然不同的概念。安全与事故的关系是对立统一、相互依存的，即有了事故发生的可能性，才需要安全；有了安全的保证，才可能避免事故的发生。某一安全性在某种条件下认为是安全的，但在另一条件下就不一定被认为是安全的了，甚至可能被认为是很危险的。绝对的安全，即100%的安全是安全性的最大值，这是很难实现的，甚至是不可能达到的，但它却是社会和人们努力追求的目标。在实践中，人们或社会客观上自觉或不自觉地认可或接受了某一安全性(水平)，当实际状况达到这一水平时，人们就认为是安全的，低于这一水平，则认为是危险的。

安全与事故的关系还具有如下特征。①安全的极向性。安全科学的研究对象(事故、危害与安全保障)是一种“零—无穷大”事件，或称“稀少事件”，即事故或危害具有如下特点：一是事故发生的可能性很小(趋向零)，而一旦发生后果却十分严重(趋向无穷大)，例如煤矿瓦斯爆炸、烟花爆竹厂的爆炸等；二是危害事件的作用强度有时是很小的，但具有累积效应，主要表现为对人体健康的危害，危害涉及的范围广、人数多(例如煤矿井下粉尘、水泥厂的粉尘等)。②避免事故或危害有限性。避免事故或危害有限性这一属性指的是，各种生产和生活活动过程中事故或危害事件是可以避免的，但难以完全避免；或者各种事故或危害事件的不良作用、后果及影响可能避免，但难以完全避免。

安全与事故的辩证关系可综合为：①安全与事故是一对矛盾体；②系统在安全状态时并不能保证不发生事故，事故不发生也不能否认系统处于危险状态。因此，安全与事故是密切相关的，有了事故，才需要安全，安全是为了不发生事故。要认识安全的规律，首先必须了解事故的基本特征、事故原理及事故的预防原则。

2）有关模型的基础概念

在已建立的安全信息通用模型基础上构建出具体的 ASIC 模型，试图解释那些经常发生但未引起严重伤害的事故的机理，以更好地认知伤害事故的本质，提出控制和杜绝措施，从源头上扼制其发展和伤害。为了构建伤害事故安全信息认知模型，首先有必要阐明一些相关概念。

（1）安全信息。人与人之间、人与物之间和人与环境之间发生安全活动时联系的媒介。安全信息是经过人加工、编码、存储、提取、译码和交换的具有某种价值（包括正价值和负价值）的主观认知物。

（2）事故。在安全信息认知的事件过程中存在信息缺失或信息不对称，致使信源不透明、信息传播不真、信道不畅或信宿认知失能等状态后，发生了违背人意志的不期望事件。当这些事件对人的身心、财产和环境造成危害时，则称其为伤害事故。

（3）伤害事故。由于人的不安全行为导致的造成伤害、破坏或污染的事故。安全信息不可能没有载体，只能由一个载体传递到另一个载体，安全信息永远无法与现实的载体分离。安全信息载体分为信源载体、信道载体和信宿载体。基于上述描述，可以构建出伤害事故的安全信息认知模型，如图 5-3 所示。

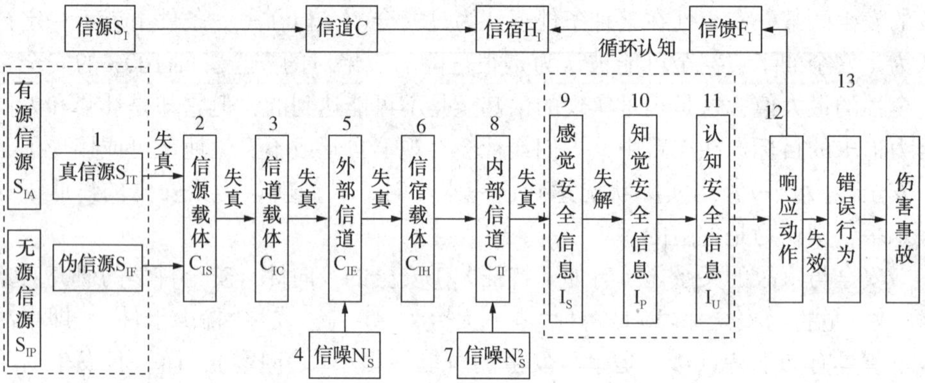

图 5-3　事故安全信息认知模型

3）事故安全信息认知模型内涵

从图 5-3 可以分析得知，建立的 ASIC 模型包含以下内容：

（1）本模型与香农-韦弗信息传播模式具有很大不同，后者只是注重信息传播机理。同时本模型比已构建的安全信息通用认知模型内容更具体和形式更丰富，在适用性上本模型是针对相应行动的后果来考量构建的，是用来解释事故恶化程度及结果的。

（2）伤害事故安全信息认知过程是从人的认知角度来揭示事故发生的机理的。从图 5-3 中可以看出，伤害事故发生的几种思路：①真信源到信源载体的信息缺失或伪信源自身缺陷；②信源载体到信道载体的信息不对称；③信道载体到信宿载体的信息失真；④信宿载体到感觉安全信息的信息缺失；⑤感觉安全信息到认知信息的信息衰减；⑥响应行为的后果不可预知性。以上6种思路可作为研究伤害事故的主要途径，通过深入分析伤害事故的致因机理进行针对性防控。

（3）安全信息认知过程主要由13个事件组成。它们内容和所处的时间状态分别是：1真信源S_{IT}和伪信源S_{IF}；2信源载体C_{IS}；3信道载体C_{IC}；4信噪N_S^1；5外部信道C_{IE}；6信宿载体C_{IH}；7信噪N_S^2；8内部信道C_{II}；9感觉安全信息I_S；10知觉安全信息I_P；11认知安全信息I_U；12响应动作；13行动结果。

（4）ASIC模型将信源分为有源信源S_{IA}和无源信源S_{IP}，是考虑到事故具有偶然性和必然性的基本特征。从本质上讲，事故无论伤害事故与否，都是可能发生也可能不发生的随机事件，但是某些条件下事故的发生与否是可控可调的，有源信源就是可控的信源，无源信源则不可控。可控性代表着必然性的增强和偶然性的削弱，不可控性则相反。事故研究中S_{IA}是绝大多数的，而S_{IP}少见于因不可抗力或超出人类认知的事件或现象等。

（5）模型中所谓的真伪信源是指因人的感觉错位或生理、心理因素产生对信源的实在性区别，实实在在客观存在的能被人感知的东西就是真信源S_{IT}，虚幻或非客体的东西就是伪信源S_{IF}。例如，在高速公路上疾驰的汽车和真实存在的街边建筑等是真信源，人因幻觉而“看到”的高速行驶汽车以及“海市蜃楼”都是伪信源。ASIC中的信源指的是一切不安全的物质因素。

（6）本模型中的载体C分为三类：信源载体C_{IS}、信道载体C_{IC}和信宿载体C_{IH}。信源载体C_{IS}是承载及传播一切信源不安全状态的变现形式，如信源的速度、质量、能量、容量、位移、时效等参量的数据状态；信道载体C_{IC}也可称为传播载体，是将信源载体的信息进行传递的物质形式，是通过信道进行传播的信息形式，如电、光、声、形和热等；信宿载体C_{IH}是人接收信息的承载物质，如眼、耳、鼻、舌、肤和声等感官。信息的存在和传播只能依靠载体完成，不存在无载体的信息。

（7）信道C_I分为外部信道C_{IE}和内部信道C_{II}，前者是与人无关的外界物质、环境和能量的安全信息传递过程中的信道，是物质不安全状态的传播媒介，如空气、电线和水等；后者是人体自身的神经传导系统，如神经元及其回路。信道在伤害事故中对人的防护起到重要作用，信道的通断有无决定事故对人的影响程度。

（8）信噪N_S在ASIC模型中是对信道C_I直接作用的，是信息传递中的各种干扰因素。对安全信息的影响可能存在于信源、信道和信宿及其内部，对安全信息载体的影响是最直观的。噪声无处不在，噪声的影响效果都具有负效应，也就是说可能削弱或改变安全信息的内容及功能。对于伤害事故而言，信噪信息就是一切导致事故发生的负面因素和干扰因子。

（9）安全信息在人的大脑中的认知经历感觉、知觉和最终的形成认知过程。

感觉信息到知觉信息要经历整体的加工和形成完整属性认知，感觉到不安全再形成不安全状态认知是要后天培养的。知觉安全信息经过加工形成认知信息，认知信息是指导行为的最重要信息，认知信息因人而异，是与人年龄、知识、经验等密切相关的。在伤害事故中，人的认知信息是达到避免伤害但不足以避免事故的信息作用。

(10) 响应动作是人对不安全状态和自身环境刺激做出的反应。人们会根据自身需要做出许多复杂的动作，比如手部就可以做出二十几种动作。人的刺激感受器有许多，例如眼睛、鼻子和皮肤等，都可以迅速准确地应对外在环境的变化，这些都是基本的刺激反应。刺激反应的结果往往有避免伤害事故及发生伤害事故两种，事故是否发生在很大程度上取决于人的行为。有些事故发生却不带来人身伤害，就是由于人采取了正确的行动或物自身的安全设计。采取正确行动避免伤害的事故，是事故类型中值得研究的重要内容，人的行为安全在伤害预防中的作用借助本模型能得到启示。

(11) ASIC 模型的事故认知过程解释。①真信源 S_{IT} 首先产生出不安全状态信息(以下简称信息)。该信息通过信源载体 C_{IS} 的加载后进行传播，并在外部信道中由信道载体 C_{IC} 传播。此过程中存在的信噪 N_S^1 噪声干扰使得信息失真或缺失，进而导致外部信道传递的信息与真信源信息不对称。②随后，信宿(人)在经信宿载体 C_{IH} 接收到来自信道的信息。信息进入内部信道 C_{II} 受到信噪 N_S^2 的干扰会再一次发生失真或缺失。③缺失后的信息在人脑中形成感觉、知觉和认知安全信息，这些信息就是使人做出相应行动的控制信息了。④感觉安全信息 I_S 的强度和时长决定了后续认知过程。神经兴奋后，人产生感觉安全信息 I_S，大脑经过加工提取出感觉到的安全信息和识别出具体信息内容。同时，通过对 I_S 的注意和组织，形成高层次的知觉安全信息 I_P。后者是组织的结果，可以简单地理解为 $I_P = \sum f(I_S)$。⑤通过记忆和学习，也就是编码存储过程，形成最终的认知安全信息 I_U，这个信息就是为以后做出判断提供准备的。⑥将认知的安全信息与被感知的安全信息进行比较、判断，形成决策指令。依据认知信息的经验、记忆的知识和技能做出相应的反应行为。以上就是 ASIC 基本过程，从中可以看出，伤害事故安全信息认知的过程存在诸多信息缺失或失真情况。

4) 基于事故安全信息认知模型的事故致因

根据建立的事故安全信息认知模型，可以以此讨论事故致因过程，通过研究事故的机理和发生过程可以明确事故的深层次原因和根本性预防措施。通过上述阐释可知，事故的发生存在诸多环节上的信息失真和缺失，主要体现在 5 个方面。①信源到信源载体的信息缺失。信源自身具有的危险特征和不安全状态概率等信息不能完全准确地被人感知到，也就是第一类危险源的信息无法表达或难以感知。信源危害信息的缺失和难以感知是事故发生的第 1 层次原因，信息发生第

1 次失真。②信源载体到信道载体的信息失真。信息在载体间传递的时候，因外界干扰或载体自身缺陷导致信源危险信息缺失。在进入信道传播前信息的形式发生变化，如热信源信息转换成电信息。这种转换存在缺失或失真，分为不完全转换、杂糅转换、变异转换和完全不转换等，这是事故发生的第 2 层次原因，信息发生第 2 次失真。③信道载体到信宿载体的信息失真。这个过程就是信噪干扰的过程，干扰可以是声、光、电、热和形等多种形式，也有信道传输的信息泄漏存在。如第二类危险源的影响和破坏就会导致信息的失真。这是事故发生的第 3 层次原因，信息发生第 3 次失真。④信宿载体到感觉安全信息的信息缺失。人的感觉信息获取由于自身缺陷(如耳聋、眼瞎等)导致无法获取危险信息而导致事故发生，也有人因感觉器官部分缺陷导致部分地接收外部信息。人的精神状态也会影响感觉刺激的强弱和准确性。这是事故发生的第 4 层次原因，信息发生第 4 次失真。⑤感觉安全信息到认知信息的信息衰减。感觉到的信息如果不能加工组织成完整的属性认知，就不能形成有效的认知信息。认知形成是个复杂的心理、生理过程，其中涉及的记忆(编码)的过程会受到各种噪声的干扰，因此会存在感觉和记忆的不完整甚至错误。这是事故发生的第 5 层次原因，信息发生第 5 次失真。

从事故机理来看，ASIC 过程发生了安全信息的 5 次失真或衰减。具体的事故中可能存在单一或多种失真同时存在的情况，应该根据具体情况具体分析。以上是从信息失真角度来分析事故发生的，也可以从时间延迟和空间错位的角度来分析，简单说明如下：在 SIC 过程中存在的 5 次失真同时也会带来 5 次信息时间传播延迟现象，总结为：$S^{I}\rightarrow C^{IS}$的延时 ξ^{1}，$C^{IS}\rightarrow C^{IC}$的延时 ξ^{2}，$C^{IC}\rightarrow C^{IH}$的延时 ξ^{3}，$C^{IH.}\rightarrow I^{S}$的延时 ξ^{4}。认知过程总的延迟时间为：$\xi=\xi^{1}+\xi^{2}+\xi^{3}+\xi^{4}$。从空间错位来看，可能存在信息传播时出现载体改变而偏离原来传播路径的情况，如信道的突然改变导致信息无法按原方式传播而进入新的传播途径。事故的机理简述如表 5-3 所示。

表 5-3　事故安全信息认知模型

<table>
<tr><td rowspan="2"></td><td rowspan="2" colspan="2">事故机理
AM</td><td colspan="2">事故后果 AC</td></tr>
<tr><td>无伤害 NA</td><td>伤害 IA</td></tr>
<tr><td rowspan="5">信息失真</td><td>层次 1</td><td>真信源 $S_{IT}\rightarrow$信源载体 C_{IS}/伪信源 S_{IF}</td><td rowspan="7">无伤害事故可以理解为未遂事故，因安全信息存在使人没有不安全行为</td><td rowspan="7">分为一般、较大、重大和特大事故，安全信息对人、物产生伤害和破坏</td></tr>
<tr><td>层次 2</td><td>信源载体 $C_{IS}\rightarrow$信道载体 C_{IC}</td></tr>
<tr><td>层次 3</td><td>信道载体 $C_{IC}\rightarrow$信宿载体 C_{IH}</td></tr>
<tr><td>层次 4</td><td>信宿载体 $C_{IH}\rightarrow$感觉安全信息 I_S</td></tr>
<tr><td>层次 5</td><td>感觉安全信息 $I_S\rightarrow$认知安全信息 I_P</td></tr>
<tr><td>时间延迟</td><td colspan="2">①$S_I\rightarrow C_{IS}$②$C_{IS}\rightarrow C_{IC}$③$C_{IC}\rightarrow C_{IH}$④$C_{IH.}\rightarrow I_S$</td></tr>
<tr><td>空间错位</td><td colspan="2">信道改变信息越变新路径</td></tr>
</table>

事故安全信息认知传播图如图 5-4 所示，从图中可以看出，随着层层衰减和缺失，安全信息所带来的事故风险越大，信息的可认知性越弱。越往后，剩余的有效信息越少，掺杂的无效信息越多，信源的安全信息与人认知的安全信息差距越大。

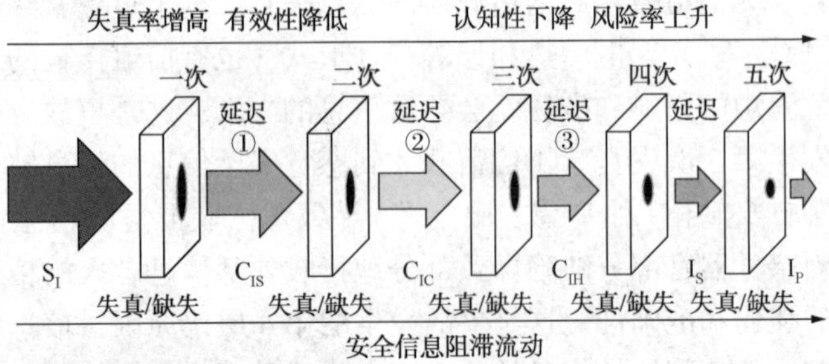

注：①箭头粗细代表安全信息容量大小；②颜色从左向右渐变代表安全信息纯度降低；③箭头中间隔板代表安全性失真/缺失因素。

图 5-4　安全信息流动阻滞过程

5. 2. 3　安全信息耦合模型

国务院安委会于 2016 年年底召开的全国安全生产电视电话会议提出：最近发生的诸多重大和特大事故，带来了巨大的人身伤亡经历，这样的情况从侧面反映出地方政府和企业主体责任差，违法违规现象屡禁不止等问题突出。必须彻底查清事故原因，深刻吸取事故教训，严肃处理责任者，妥善安置事故家属，进行受伤者的心理安抚，开展安全生产大检查，全面摸清安全隐患和薄弱环节还要对危险行业进行监管。近几年发生的安全生产领域重特大事故充分说明了当前的安全形势依然严峻，说明全国的安全生产形势不容乐观，重特大事故频频发生对国民带来的损失巨大，事故教训深刻。国家安全生产监督管理总局的权威统计数据显示，我国近三年来重特大事故发生非常频繁，典型的如天津港输油管道爆炸事故、“东方之星”客轮长江倾覆事故和江西丰城发电厂三期在建项目坍塌事故等。这些事故严重影响了人民生命财产安全，造成巨大的社会和经济负面影响，这对研究重特大事故安全信息机理提出了强烈要求。目前，针对安全信息方面的文件在国家层面已经有所体现，2016 年国家安全生产监督管理总局的政府信息公开工作年度报提出面向社会公众发布安全生产信息，推行“互联网+”信息服务，将隐患信息、提示信息和警示信息等纳入发布范围。2017 年召开的全国安全生产宣传教育和信息公开工作会议强调：在安全信息的传播方面要将各种媒体进行联动，采用传统媒体和新媒体进行互动，提高安全信息传播的速度、广度和准度。媒体在传播时，可以将多种形式的传播手段综合起来，形成全方位全天候全时空的信息流动渠道。同时，要通过多种形式的活动，比如“安全知识竞赛”“企业安全技能大比武”“平安万里行”等，提高公众的安全工程参与度，安全信息的宣教目前已经逐步展开。在推行安全与信息的结合方面也出台了安全生产信息化总体建设方案及配套文件。

就耦合机理而言，目前国内外较多的研究集中在材料科学、医学等自然科学范畴，社科中多见于教育学研究领域。通过文献调研可知，针对重特大事故中的安全信息耦合机理的研究还处于空白阶段。总之，从国内外文献来看，耦合研究侧重于具体的技术或方法解决具体问题的层面，对事故中安全信息背后的规律研究关注很少，因此从安全信息的角度来研究事故机理是重要的途径。Li 等研究得出事故致因中信息方面的因素对于系统安全影响最大，信息因素导致的事故比例也最高的结论；Bellamy 构建了重大事故预防金字塔模型，分析了系统中信息缺失是引起事故的重要因素；Leveson 提出的基于安全信息流动的系统理论和事故过程模型，模型的本质基于人的信息处理过程；杜学胜等研究了企业内部和外部安全信息沟通的内容和形式以及影响安全信息有效沟通的因素。机理体系中的耦合通过研究重特大事故发生及传播的相关复杂因素的耦合特征，达到描述安全信息在其中的耦合作用机制，而上述文献对此的研究并没有涉及。前文研究了一般事故的安全信息认知处理过程，对事故发生的机理进行了构建。实际中的安全信息传播是很复杂的过程，其中就涉及各种耦合作用。综上所述，我们有必要研究安全信息的耦合作用机理以解释系统中安全信息流对事故发生的影响及预防措施。

1）安全信息耦合概念

信息常见定义有几种：从信息来源角度、信息产生和接受对象角度和信息传输载体等多角度可以给出了信息的定义。从安全角度可以理解为，信息就是能够用来消除不确定性的东西。安全信息是以安全科学和信息学为理论基础，以保护人的身心安全健康为目的，能反映安全领域中一切安全活动或事物产生、发展和变化所依赖的一种资源。如同物质都具有能量属性一样，一切事物均带有复杂的信息资源，这些信息能够在一定程度上影响到人们的决策，这些信息或许能救人于水火，或许能给人以灾难。

所谓的耦合是物理学概念，是指电路元件之间的相互影响，传输能力的现象。耦合现象存在很普遍，如两个线圈通过磁场耦合进行互感，这是物理学中的最初定义。如今耦合的概念已经泛化并在自然科学、人为科学和社会科学等领域得到迁移应用。吴贤国等对影响地铁施工安全的人为、设备、管理和环境等因素进行风险耦合分析，构建基于复杂网络的 N-K 模型；何刚等以煤矿事故成因为研究视角，借助结构方程模型进行煤矿安全风险成因耦合仿真，解析同质指标与异质指标的耦合路径；冯显福等提出了基于热辐射、冲击波超压以及碎片冲击等 3 种物理效应共同作用下的事故多米诺效应耦合分析模型。耦合的研究在风险或事故方面有对突发事件耦合概念及风险传导研究等。综上所述，安全信息是从信息角度将一切影响安全的因素信息化，研究信息在风险及事故中的作用。安全信息学中的耦合是安全信息在传播中影响信息的因子之间的相互作用对最终安全信息的形态、性质等的影响。

2）重特大事故安全信息的特征

根据其他文献中的归纳可知，安全信息的基本特征有依赖载体性、可获知性、不确定性、客观性、表达的相对性、编码多样性、交流功能、主体认知性、传递性等十几种。安全信息的主要特征为安全信息耦合机理提供了本质准备和属性保证，特征反映了安全信息是可以被理解和认知并被人运用到科学实践去的。除了安全信息的基本特征外，重特大事故的安全信息具有其他类型安全信息所不具有的特殊特征，主要包括以下几种：

(1) 倾向性。

从行业来看，通过分析近年来的重特大事故可以发现，矿山、危化品、道路交通、建筑施工、烟花爆竹、水上交通、消防等高危行业领域重特大事故多发。这些行业事故的安全信息相比其他行业而言更复杂，信息产生和传播更集中。宏观来看，安全信息在安全活动中表现出倾向性趋势。从时间上分析可知：安全信息在一年中的3月、8月、10月和11月这几个时间段内更容易诱发重特大事故，这与生产活动的周期性及节日活动和季节气候都具有很强的倾向性；一周中周一和周六以及一天中的9~10时、14~15时重特大事故易发，这也表现出心理活动内变化规律的倾向性。

(2) 区域性。

重特大事故安全信息的有效性局限于特定的范围之内，表现为对象的特定性和范围的特定性，比如：规模日渐扩大后，城市功能越来越复杂集中，人口的扩大等导致城市的风险危机管理滞后于城市活动保障需求，城市安全信息的产生和传播路径复杂且安全信息缺失等现象容易导致在城市里发生重特大事故，大城市也成为近年来重特大事故的多发地。特定的重特大事故安全信息通过特定的渠道在特定范围内流动，其最终的作用对象也是特定的。比如在事故发生后，相关联区域的人员、财产、污染等破坏信息都由相关机构收集、整理和发布。安全信息的流动在特定部门聚集后扩散，指导应急决策。安全信息的区域性并不是绝对的，如今的重特大事故安全信息并不只局限在承载体内部，而是具有相当程度的辐射和扩散效应，但是对于安全信息的受体而言，真正起到作用的却是有限的。这一点也说明了安全信息的区域性特征。

(3) 及时性。

重特大事故往往造成巨大的甚至灾难性的人员伤亡、财产损失和环境污染等后果，这些后果对于人类而言是不可接受的，因而对于这些安全信息，人们是极为关注和积极传播的。在事故应急决策和执行机构内安全信息是快速流动的，在承载体和公众层面也是快速传播的。安全信息借助现代通信手段，如微博、微信、网络等新媒体和电视、广播和报纸等传统媒体。正是由于在这些传播工具的帮助下，安全信息才实现了及时、迅速和全天候的特征。

（4）衍生性。

安全信息在最初形成后，传播的过程中容易诱发和滋生新的安全信息。尤其是重特大事故本身具有强度大、等级高和危害深等特点，常常诱发出次生事故和一连串的其他事故。伴随着次生安全信息的产生和传播，初级安全信息衍生出一系列的次级安全信息。这些衍生信息的流动就是导致衍生事故发生的本质信息因素，因此杜绝安全信息的衍生是预防次生事故发生的手段。此外，衍生的另一种形式就是安全信息在管理者中出现的谎报、瞒报和迟报等现象以及公众视野下事故安全信息谣言。

3）重特大事故安全信息组成和来源

重特大事故的安全信息来源于事故对象，包括来自事故过程信息、应急信息、承载体信息、决策者信息、执行者信息和公众信息等多方面。从人、物、环等系统因素出发，均有相关的安全信息产生并影响事故发展。事故过程信息是事故基本经过和情况的信息，包含事故类型、直接原因和伤害破坏情况等。过程信息是描述事故本身的信息，是其他信息来源的直接决定信息，会影响和决定决策信息及应急信息的指定和发布，过程信息是具有基础性作用的安全信息。应急信息是事故发生后一系列减少伤害、防灾救助等信息，应急过程中的一切事物信息均属于应急信息的范畴，与过程信息一起提供给决策者以帮助决策者做出相关决策。承载体信息是承载者事态的反应，一方面表现在于事故直接相关的人、物、环境等各因素所受危害的状态，另一方面也是防控事故扩大的周边人、物、事态的信息。承载体信息是必须考虑的安全信息。重特大事故的安全信息来源是多方面的，由于研究的并非具体特定事故，因而指向性不能明确。重特大事故的类型及情况是较复杂的事故程度，这里所阐述的安全信息来源只能是统一宏观的表达，具体的细分是需要针对特定的事故而言的。但是总体而言，安全信息的来源无外乎包含以下几个方面：首先是事故自身过程信息，这是一切后续信息的基础；然后是应急处置信息，这属于安全信息的实质救援阶段；再次是承载者、决策者和公众等政府及社会层面的信息。总体而言，可以将安全信息分为企业、政府和社会三大层面的信息源。初步的重特大事故安全信源内容如表 5-4 所示。

安全信息的生成是由安全信息主要来源决定的。上述安全信源是重特大事故发生和发展的基本方面，非具体特定的某事故。因此，从机理上阐述安全信息的生成机制是研究安全信息耦合的切入点，重特大事故安全信息的生成是复杂的信息产生、收集、加工和传播过程。

表 5-4　重特大事故安全信息的主要来源

信源	类　型	具体内容
企业	事故基本情况	事故发生的时间和地点
	事故现场情况	受损程度分区，大小、位置
	图片及影像资料	事故中心区示意图，事故地理方位图、水文气象图和事故波及区域图等，事故监控视频及录影资料等
	人员伤亡	遇难人员、失踪人员和受伤人员的数量及构成
	财产损失情况	建构筑物、汽车、生产设备等物品的破坏数量及类型
	地理地质	地质灾害事故发生种类、频度和伤害程度等
	环境污染情况	污染物种类、数量、性质、排放量、毒害性等情况，大气、土壤和水的污染情况
政府	应急物信息	应急储备物的储量、位置、种类、调度及功能情况，应急队伍建设情况
	事故分析	直接原因、间接原因的调查情况，最初事故部位的认定和事故原因分析认定(意外或蓄意)，筛查最初起因物
	耦合作用研究	模拟实验和现场勘查等研究事故发生的诱发耦合因素，分析事故过程(爆炸、泄漏、破裂、起火等具体过程)
	救援处置情况	调查企业应急预案及制度情况、演练和逃生制度、事故救援组织架构设计及执行情况、接警处理过程、防护及疏散措施
	人员搜救及伤员救治	搜救组织构成，伤员救治，医疗队伍数量及构成，工作部署，搜救过程和救治所需人物补给情况
	隐患排查	隐患点确认，隐患位置、数量、性质、特点的摸排
	环境监测	监测类型、监测点及数据的反馈，超标后的措施
	清理和善后安抚	现场的清理工作部署，清理参与人员构成，清理设备情况；慰问安抚遇难者家属，慰问金、善后组织领导过程
	事故信息发布	开展信息公开过程，舆论应对措施指定及执行
	协调机制	事故后的协调能力、责任划分、协调过程和组织保障情况
社会	媒体舆论	媒体报道、舆论认知、新闻传播途径及方式
	风险信息	公众对事故的危害范围、企业的风险状态和可能后果的信息
	公众心理	社会公众心理恐慌，民众对生命安全的担忧
	行为选择	消极或积极应对行为，搬离撤退、游行示威、疯抢囤积等
	人身健康	公众因污染发生而引发中毒或其他危害健康的影响
	危机应对	应急意识、逃生避险素养和安全教育培训情况

安全信息生成主体是企业、安监部门和政府机构，各级根据指定的《安全生产事故应急救援预案》等各种法律法规、部门规章和地方政府规章等规章制度进行重特大事故安全信息的收集和加工工作。相关部门对企业收集的原始安全信息

进行处理，对不同类型的安全信息进行加工形成决策。全社会对安全信息的监测和收集构成了安全信息产生的物质条件，安全信息的监测与收集者道德素质或利益输送关系等可能会造成重特大事故安全信息的收集及上报出现延迟、瞒报和漏报等违规行为，这会直接阻碍安全信息的产生。目前企业安全管理中普遍存在的关键问题是安全信息缺乏、信息传送渠道不畅通、反馈不及时、危险信息不能及时得到处理等。安全信息在产生过程中会因缺失或失真发生异常化，信息的异化会带来诸如谣言、危机等不安定因素。比如，企业对事故安全信息的保密或安监部门的垄断，使得政府和公众不能及时准确全面地了解事故信息，进而导致一系列的冲突和恐慌。出于维持稳定的考虑，企业或安监部门目前存在对安全信息的选择性发布情况，这样事实上导致了社会多数人对事故安全信息的缺失和极大的安全信息不对称。

4）安全信息耦合分析

安全信息的耦合因子可以在安全信息的传播过程中与安全信息结合并影响安全信息的流动，推动重特大事故的发生和发展及后续演化过程。查阅大量事故案例总结出重特大事故的耦合因子主要有 3 个方面：企业、政府和社会。

（1）企业因素。

企业里的设备物料的状态影响着物的安全，企业厂房所在位置的地质水文条件诱发地质灾害进而导致重特大事故发生。企业因素涉及面广量大，需要分门别类地去考虑，以企业概况、生产组织、流通储存、人员结构、所处环境等方面来考察其中包含的安全信息因素。比如，企业厂房选址、设计和建造等概况信息；厂房内生产设备、机械构件、原料辅料和余料等危险及有毒信息、储存容量、位置和处置信息；企业管理层中涉及安全生产的领导组织结构信息，底层员工安全防护措施及行为控制信息，监督检查人员安全生产纠偏执行信息等。企业里的耦合因子一般是最复杂的也是最基础的，任何信息的传递耦合最初都源于企业安全信息的发生发展和传播，安全信息的“涟漪效应”源于企业。重特大事故往往具有危害巨大、影响深远和波及面广的特点，企业里发生的重特大事故往往具有负责系统性，且具有开放的非平衡态的耗散结构特征。

（2）政府因素。

在重特大事故中，政府的应急管理与事故经常发生耦合作用，天津港爆炸事故中一个重要耦合就是事故发生后政府在信息公开、舆论方面没有做到及时准确而耦合出一系列公众恐慌和负面影响事件。政府因素可以主要划分为应急救援、协调处置和信息发布 3 个方面的耦合因子。

① 应急救援。政府决策主体在紧急状态下采取的控制事故和消除危险，降低损失和人员救治等活动的高层决策意志的体现。应急决策受到有限的时间、资源和人力等约束的压力，以控制危机蔓延为目标，调动有限决策资源，经过全局

性的考虑和筹谋之后，通过非常规、非程序化手段所做的一次性快速决断活动。重特大事故的政府应急救援应该是在最短的时间内做出最科学的决策。政府应急救援在决策意识、决策行为和决策手段3个方面与该耦合因子有关。具备的应急救援意识是做出决策的前提之一，而应急意识的培育需要专业应急专家和相关知识的学习储备，并具有相关经验的积累方能形成。应急决策在重特大事故的耦合体现在应急的响应速度上，决策行为中涉及决策速度和准度，相应时间越短，决策越精准，对于事故的控制和救援越有效。决策手段是政府技术层面的能力体现，这需要根据事故类型及致害物来判断如何采取合理手段消除危害。手段的正确合理是决定事故救援成败的关键技术因素，与应急救援耦合因子紧密相关。

② 协调处置。协调处置考验政府面对事故的组织能力，政府应第一时间响应各部门组织力量参与事故的处置。牵扯到应急物资储备、现场处置安排、人员搜救及伤员救治、隐患排查、环境监测、清理和善后安抚等相关环节的工作。组织协调能力是政府的核心耦合因子，政府协调能力涉及协调各方的利益冲突。一旦突发事件超出各自职权范围，就会出现应急处置反应速度慢、应变能力差、信息失真、决策不力、必要的联合行动、技术力量和资金难以按要求及时配合等导致安全信息异常的状况。政府的应急预案与重特大事故的耦合表现在应急预案的编制实施过程中能否起到降低事故损失的作用，合理可行的应急预案是保证安全信息正常传播并减少危险信息衍生的重要手段。政府对应急物资储备调度和处理的协调速度、方式和能力是事故耦合的变现形式。协调处置与重特大事故发生耦合的特点是确定性与不确定性并存，协调处置实施后也许会带来不确定的影响。

③ 舆情发布。信息的沟通伴随着重特大事故的始终，舆情发布是事故的耦合因子，体现在信息速度、信准度和信息量3个方面。重特大事故安全信息的发布方式、渠道影响与事故耦合相关。事故发生后政府掌握的信息及向公众公开的伤害信息往往是安全信息传播的重要环节，公众及时得到准确的安全信息就可以避免引起不必要的社会恐慌和心理担忧，谣言就不可能有滋生的环境。政府对于信息的把握和公开效果会直接影响公众对事故的认知。因此，舆情发布就是信息耦合的重要因子。

（3）社会因素。

社会因素中首先考虑的是公众的社会心理，群体的风险意识决定了社会的行为选择。公众风险意识弱化势必会导致风险管理的缺位，进而引发一系列社会性危机心理和不安全行为的产生。同时，应急意识、逃生避险素养和安全教育培训情况等也是社会因素的重要因子。应急意识的培养靠的就是本能和学习，后天的教育培训对于意识、知识和能力的素养至关重要。行为选择带来的后果可能是消极的，也可能是积极的。事故发生后，人的消极心理与行为主要有侥幸、恐惧和盲动等，这都与公众的负面心理有关，而心理的恐慌与信息缺失、认知错位、耦合过程多变和各种心理效应相关。面对重特大事故，人们的第一心理反应是恐惧、紧张和焦虑，进而引发非理性行为，对社会的稳定造成威胁。在天津港爆炸事故中，企业、政府和媒体等未及时公布爆炸后果信息，导致短短一周时间就在公众中形成了诸如CNN记者现场直播强制被删、周边人群去医院检查身体等近30条不同版本的谣言，而这些谣言又涟漪般扩散，加剧了市民的恐慌心理及传谣行为。

5）安全信息耦合模型构建

（1）重特大事故安全信息演化路径。

综上所述的企业、政府和社会心理等3个方面是诱导产生重特大事故发生耦合作用的主因，其中涉及的具体耦合因子结构如表5-5所示。

表5-5 重特大事故安全信息耦合因子结构表

主因	细化	具体结构
企业	基本情况	企业厂房规划方案、选址资料、设计图纸和建造材料
	水文地质	所在地地质灾害发生种类、频率，自然环境气候、水域及灾害特点
	生产情况	厂房内生产机械设备、构筑件、原料辅料和废料等危险有害及有毒信息、储存容量、位置和处置信息
	组织制度	安全生产领导组织架构，员工安防安技保障及监管制度，安全监察人员纠偏执纪信息等
	安全管理	安全文化建设、应急救援演练信息、安全投入执行和安全教育培训考核情况等
	安全技术	DCS、BPCS、SIS监测管理信息，SCL、LOPA、HAZOP等控制评价资料，PDCA、STOP、BOS等程序执行情况
	其他	与企业安全相关的生产、组织和技术信息
政府	应急救援	应急预案的编制及修正信息，应急机构构建情况，物资储备、调度、使用及监督信息
	政府决策	决策意识、决策行为和决策手段信息
	协调处置	应急物资储备、现场处置安排、人员搜救及伤员救治、隐患排查、环境监测、清理和善后安抚等；事故后的协调能力、责任划分、协调过程和组织保障情况
	舆情发布	媒体监管，信息来源控制与管理信息，信息准度、速度与信息量信息
	其他	政府事故应急管理相关的组织、管理、执纪和监督信息
社会	风险心理	公众忧虑恐慌情况，危机心理特征，侥幸、恐惧和盲动心理负面表现信息
	应急意识	应急与安全教育培训资料，安全实践能力调查信息
	行为选择	传谣行为、逃避行为和其他非理性行为状态信息
	其他	与社会群体有关的危险心理、状态及行为倾向情况

根据相关文献及事故调研，以天津港爆炸事故为例进行分析事故诱发与演化的流程：在安全信息传播过程中，以某具体事故发生的直接原因为起点，以人员伤亡、物质损害和环境污染为终点。重特大事故发生的过程波及企业、政府和社会的方方面面，事故的安全信息在传播中不断演化发展，形成了复杂的路径，具体而言是由安全信息传播点形成传播链进而组成重特大事故安全信息网。重特大事故安全信息耦合作用路径如图 5-5 所示。

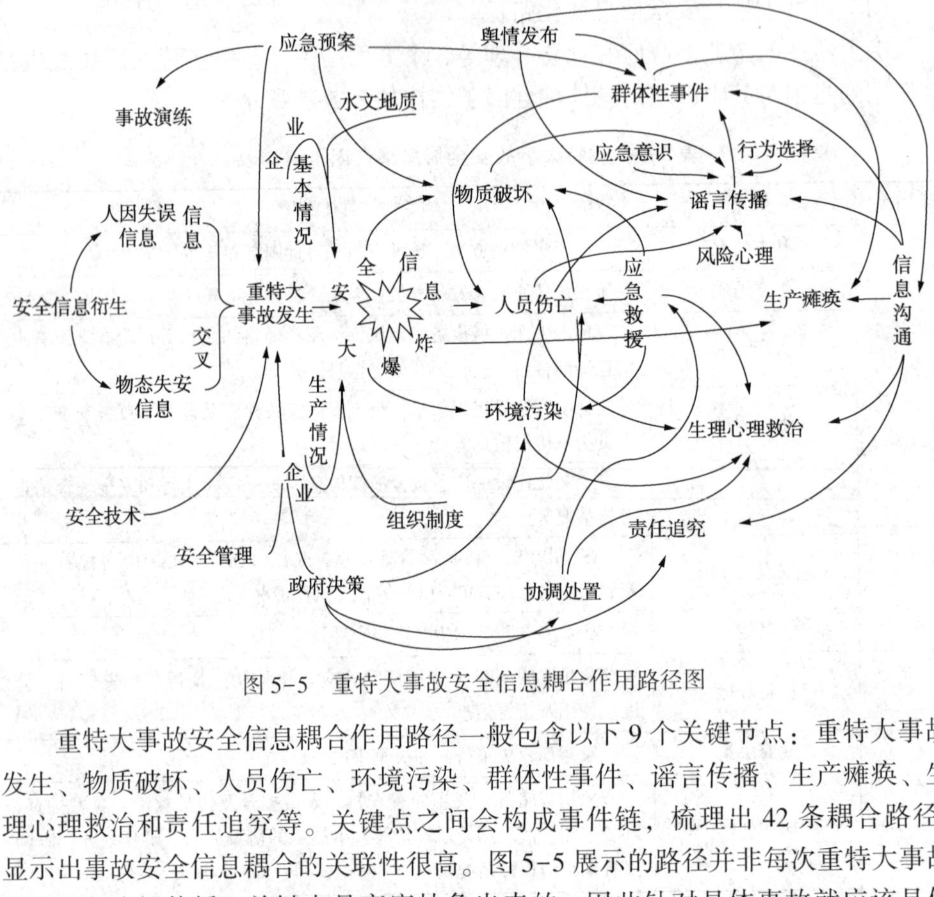

图 5-5　重特大事故安全信息耦合作用路径图

重特大事故安全信息耦合作用路径一般包含以下 9 个关键节点：重特大事故发生、物质破坏、人员伤亡、环境污染、群体性事件、谣言传播、生产瘫痪、生理心理救治和责任追究等。关键点之间会构成事件链，梳理出 42 条耦合路径，显示出事故安全信息耦合的关联性很高。图 5-5 展示的路径并非每次重特大事故都会照此演绎传播，关键点是高度抽象出来的，因此针对具体事故就应该具体分析。

（2）重特大事故安全信息基本耦合模型。

根据上文对重特大事故安全信息耦合路径的分析，归纳出普遍意义上的事故安全信息耦合的基本模型，可以用图 5-6 来表示。

人因及物因安全信息缺失导致人的不安全行为信息与物的不安全状态信息交叉，通过企业、政府及社会三大耦合作用使得事故的安全信息发生爆炸式传播和演化。根据图 5-5 的安全信息耦合作用路径进行传播，从事故发生到产生后果，

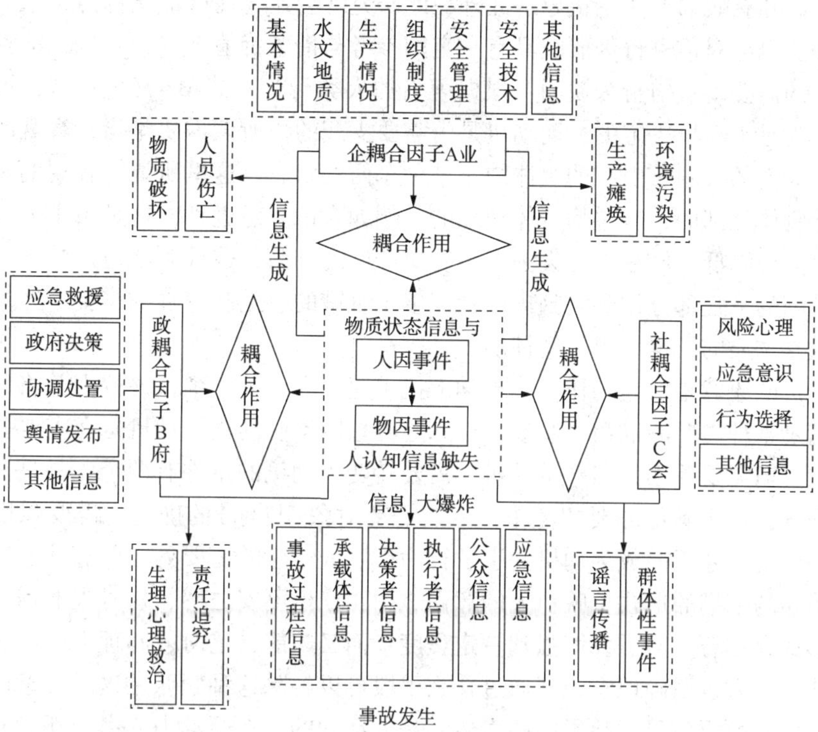

图 5-6　重特大事故安全信息基本耦合模型

从物质破坏、人员伤亡和环境污染到谣言传播、生产瘫痪和群体性事件，政府在整个信息耦合过程中起到协调控制的作用，企业作为安全生产的主体自然涉及最多的耦合因子。重特大事故舆情发布会影响事故安全信息的演化路径，往往会导致发酵和涟漪效应，最直接的表现就是公众逃避和群体性事件发生。政府应急救援后续要引导信息流向生理心理救治和责任追究，树立社会信心安抚民心和舆论压力。该模型不是具体的某事故安全信息耦合模型，而是抽象的宏观把握，可以在建立的基本模型基础上进行具体实践分析。

5.2.4　安全信息行为模型

尽管目前已有少数研究成果涉及安全信息行为方面的部分研究，如人的安全信息认知行为研究与安全信息处理与系统安全行为间的关系研究，但令人遗憾的是，目前学界尚未正式提出安全信息行为概念，导致目前安全信息行为研究尚未得到学界的广泛关注，且绝大多数已有安全信息行为研究仅停留在表层，研究基础极为薄弱，理论化程度与系统化程度显著不足，严重阻碍安全信息行为研究的深度与广度。因而，急需探讨安全信息行为的研究论纲，这可为安全信息研究提供一个清晰而完整的研究框架，从而为进一步开展安全信息行为研究提供扎实的理论基础和有效的方法论指导。此外，此研究既会显著促进信息行为领域的跨学科发展，也会对信息行为研究具有一定的参考与借鉴价值。

人的需要动机与行为说明：根据著名的人类行为公式 $B=f(P \cdot E)$，可以说人的行为是由动机决定的，而动机是由需要支配的。所谓需要是指，客观的刺激作用于人们的大脑所引起的个体缺乏某种东西的状态。这里所说的客观的刺激不只是指身体外部的，也包括身体内部的。例如人饿了想进食，这是由于人饿时体内血糖成分降低，血液成分失去了平衡所产生的刺激，这种刺激通过神经系统反映到人脑的下丘部分传到大脑皮层，产生了饥饿的感觉和进食的需要。客观的刺激可以是物质的，也可以是精神的。

动机的原意是引起动作。心理学上把引起个人行为、维持该行为并将此行为导向满足某种需要的欲望、愿望、信念等心理因素叫动机。动机是在需要基础上产生的，但需要并不必然产生动机。需要转变为动机的条件有两个：一是需要到一定强度，产生满足需要的愿望；二是需要对象（目标）的确定。需要强度在某种水平以上，才可能成为动机并引发行为。当人产生的需要处于萌芽状态时，它以不明显的模糊的形式反映在人的意识之中，产生不安之感，这时人的需要以意向的形式存在着。当需要增强到一定程度，而又未能满足时，心理上就产生一种紧张状态，人也明确地意识到通过什么手段可以解除这种紧张。这时，意向就转化为愿望。但愿望只反映了内心需要，是人活动的内在驱动力，由于还没有明确的对象（目标），所以这种驱动力没有方向，还不是动机。在遇到能满足需要、解除心理紧张的具体对象（特定目标），并且展现出达到目标的可能性时，这种驱动力就有了方向，以愿望形式出现的需要就变为动机，推动人去进行某项活动，向着目标前进。也就是说，有一定强度的需要，还要有诱因条件，才能成为推动实际活动的动机。动机是内在的愿望和外部具体对象（诱因条件）建立心理联系时产生的。

如上所述，有某种需要不一定就会产生某种动机，同样，有某种动机不一定就会引发某种行动。在实际生活中，一个人的需要总是多种多样的，这种种需要会形成一定的需要结构。不同人有不同的需要结构，同一个人在不同的时期也会有不同的需要结构。例如，老年人的需要结构有别于青年人的需要结构，成年人的需要结构也不同于儿童的需要结构。不同的需要结构，必然导致不同的动机结构。一个人往往同时存在着各种各样的动机，这些动机之间不仅有强弱之分，而且会有矛盾和斗争，以其一定的相互关系构成动机体系（或叫动机系统）。在动机体系中，各个动机的强度不同，在同一个人身上所占的地位和所起的作用也不同。有的动机比较强烈而稳定，而另一些动机比较微弱而不稳定，那种最强烈而又稳定的动机，叫优势动机，其他动机叫辅助动机。一般来说，只有优势动机可以引发行为。例如一位长途乘火车的旅行者，下车后饥、渴、累三者均有之，但他不可能同时满足这三种需要，只能根据这三种动机强度的强弱选择其一，或先吃，或先喝，或先睡。

一个人的行为是受优势动机支配的，辅助动机对行为存在着影响但不起支配作用。事实上，一项行为的产生，往往并非由一种动机所引起，而有几种动机在起作用，但对人的行为起支配作用的则是优势动机。

当优势动机引发的行为后果达到目标时，紧张的心理状态就会消除，需要得到满足。一个需要满足了，又会有新的需要产生。这样周而复始地发展下去，从而推动人去从事各式各样的活动，达到个又一个的目标。这就是需要、动机和行为的关系，也是需要、目标、动机和行为的一般规律。

1）安全信息行为概念

（1）安全信息行为是指安全信息用户在其安全信息意识支配下，为满足其安全信息需求所进行的与安全信息相关的一系列行为活动的总和。简言之，安全信息行为是指有安全信息能力的生命体对安全信息这一客体对象所采取的一切行为活动。我们可把安全信息用户所从事的与安全信息的生产、存储、表达、传播、加工、接受与利用等有关的全部行为活动，统称为安全信息用户的安全信息行为活动。由已有的信息行为研究可知，信息行为至少包括信息需求、信息查找行为和信息利用行为 3 个最主要的子集(信息行为类型)。同理，就安全信息行为而言，安全信息需求、安全信息搜寻行为与安全信息利用行为也是 3 种最主要的安全信息行为活动。

（2）安全信息用户。信息用户既是信息的使用者，也是信息的创造者，在信息科学(包括信息行为)研究中有着特殊而重要的地位。同样，在安全信息研究领域，明晰安全信息用户的定义与内涵极为重要。由安全信息的定义可知，在安全信息研究领域，通常以具体系统为主体和界限来讨论安全信息相关问题，这有助于限定安全信息研究实践的具体视角与范围，从而指明安全信息研究实践的特定目标(维持系统安全)，避免安全信息研究实践出现泛化。因而，安全信息用户是指在系统安全实践活动中利用安全信息的一切个人与团体。显然，安全信息用户主要包括个体人与组织人两类，这里的组织人是相对于个体人而言的。在安全科学领域，组织人源于第三类危险源理论，如组织及其子组织均可视为组织人，组织人与个体人一样，也是具有安全信息行为能力的生命体。

（3）安全信息需要。安全信息需要指的是安全信息用户为确定、控制与优化系统未来安全状态而产生的对安全信息的必要感和不满足感。换言之，安全信息需要是安全信息用户为解决各种系统安全行为问题而产生的对安全信息的必要感和不满足感。系统安全行为是指个体人或组织人在安全信息的刺激影响下所产生的并可对系统安全绩效产生影响的行为活动，包括安全预测行为、安全决策行为与安全执行行为 3 种。

(4) 安全信息需求。一般而言，安全信息需要以两种不同状态存在，即内在安全信息需要(未被安全信息用户意识到的安全信息需要)与外在安全信息需要(已被安全信息用户意识到的，即被"激活"的安全信息需要)。安全信息需求是安全信息需要变化发展的结果，安全信息需求的产生与确认过程实则是安全信息需要的问题与外化过程。

(5) 安全信息动机。当安全信息用户的安全信息需求未得到满足时，他就会产生一种不安和紧张的心理状态，此时安全信息用户遇到或发现能够满足其安全信息需求的目标，上述不安和紧张的心理状态就会转化为安全信息行为动机。换言之，安全信息行为动机仅是安全信息需求的延伸而已，进而激励安全信息用户做出相关安全信息行为向既定目标趋近。安全信息动机指的是安全信息用户为解决具体的系统安全行为问题所表现出来的主观愿望和意图。

(6) 安全信息动机。安全信息意识是意识的子系统或延伸，是一种隐性的心理活动。显然，安全信息意识是一种扩展信息意识，它应隶属于信息意识范畴。值得特别注意的是，安全信息意识不仅是一种简单的信息意识，它还应是安全意识与信息意识综合作用的产物。综合上述分析，安全信息意识是安全信息用户在其信息意识与安全意识基础上形成的对安全信息活动的觉知能力。

2) 安全信息行为模型构建

(1) 安全信息行为模型。

根据心理学知识可知，人的行为的一般产生机制是"需要→需求→动机→行为"。人的安全信息行为发生的根本机制也是如此，可得出安全信息的产生机制，即安全信息需要→安全信息需求→安全信息动机→安全信息搜寻行为→安全信息利用行为，构建安全信息行为模型(如图 5-7 所示，部分节选自研究论文《安全信息行为元模型》)。

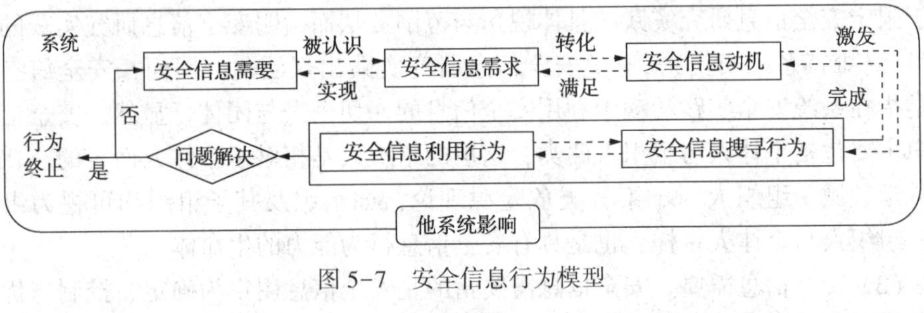

图 5-7　安全信息行为模型

由安全信息行为模型可知，安全信息用户的安全信息行为过程主要包括以下6 个关键环节：①安全信息需要是安全信息行为的基础；②安全信息需求是被认识的安全信息需要，是产生安全信息行为的间接原因；③安全信息动机是被转化的安全信息需求，是激发安全信息行为的直接原因；④安全信息行为是安全信息需求的外显化，其直接目的是解决安全信息用户所面临的系统安全行为问题；

⑤根据安全信息用户的安全信息利用行为对其所面临的系统安全行为问题的处理结果(包括解决与未解决两种结果)，会出现两种情况，即若成功解决安全信息用户所面临的系统安全行为问题，则一次安全信息行为终止，反之则通过反馈作用使安全信息用户产生再次安全信息行为，直至安全信息用户所面临的系统安全行为问题得以解决；⑥安全信息动机的完成、安全信息需求的满足和安全信息需要的实现是通过安全信息行为来实现的，即安全信息需要(需求或动机)与安全信息行为间实则是一个互逆过程。

此外，由拓扑心理学中的心理场概念可知，人的行为是行为主体与环境双重作用的结果，即行为主体的行为是行为主体及其所处环境的函数。根据安全信息行为模型，可得出安全信息行为的影响因素。安全信息用户的安全信息行为的影响因素应包括安全信息用户因素与环境因素两大类。还可进一步细分上述两类安全信息行为的影响因素：①安全信息用户因素主要包括安全信息用户的人口统计因素(年龄、性别、学历、职业与收入等)、自我效能、安全信息需求、安全信息期望、安全信息意识、安全信息素养、认知能力与知识结构等；②环境因素包括安全信息用户所在系统(自系统)环境因素与他系统环境因素。

(2) 安全信息行为研究范式。

安全信息行为模型研究范式是安全信息行为研究的最根本准则和方法论。在开展安全信息行为研究之前，极有必要明晰安全信息行为的研究范式。借鉴信息行为研究的一般范式，结合安全科学特色，并根据安全信息行为的元模型和安全信息行为的研究要旨，可提出安全信息行为的两大研究范式，即以系统为中心(系统观)的研究范式与以安全信息用户为中心(用户观)的研究范式，具体分析如下。①以系统为中心。安全信息作为系统未来安全状态的自身显示，以系统为中心的研究范式强调应将研究焦点集中于系统内的安全信息流动过程和系统中的安全信息系统的研究。换言之，以系统为中心的安全信息行为研究的核心是系统安全信息与承载安全信息的系统，对安全信息用户的安全信息行为的考察完全是为系统安全设计、安全管理与安全评价等服务的。以系统为中心的安全信息行为研究的具体表现为：系统安全信息调查与告知、安全信息用户对安全信息系统的功能需求调查、安全信息系统(或系统安全管理信息系统)设计，以及安全信息系统检索效率的评价方法的探求等。显然，这一研究范式源于控制论(包括安全控制论)的思想，它是以往安全信息行为研究的主流范式，最为典型的是系统安全管理信息系统的研发。②以安全信息用户为中心。该范式以安全信息用户的安全信息行为(包括安全信息需求、安全信息搜寻行为与安全信息利用行为)为核心，强调对安全信息用户的个性化安全信息行为的研究。借鉴以信息用户为中心的信息行为研究范式，可将以安全信息用户为中心的安全信息行为研究划分为两大分支，即认知主义与建构主义：①基于认知主义观点的安全信息行为研究，以安全信息用户为中心，运用认知科学的知识架构概念，强调安全信息用户的安全认知能力、安全信息需求和安全信息动机等的研究，但研究一般不考虑安全信息行为所处的具体情境；②基于建构主义观点的安全信息行为研究，以安全信息用户为中心，强调安全信息用户对安全信息的主动搜寻和对安全信息意义的主动建构，即强调安全信息用户的主动性在安全信息行为过程中的关键作用。

就研究视角而言，上述两大安全信息行为的研究范式并非是相互排斥对立和完全替代的关系，而是互补的关系。此外，由于安全信息行为具有极强的复杂性，单一的研究范式难免无法涵盖安全信息行为研究领域的所有问题，因而，在实际安全信息行为研究中，需同时考虑上述两种研究范式，多元化的研究范式更有助于系统探索和把握安全信息行为的本质和机理等。

5.3 安全信息相关模型讨论

安全信息一般认知模型分为外部和内部两个过程，前者基于信息学观点融合安全科学理论从物-物或物-人的路线架构起属于人以外信宿之间的安全信息传递过程，指出了外部过程存在的安全信息缺失、失真和时空延迟和错位等引起事故的因素；后者是以认知心理学的认知过程为基础搭建的以人为本源的安全信息传递与行为决策过程。安全信息认知模型中存在的反馈过程、时间延迟和空间错位等都体现出对于具体实施事故分析颇有意义。

选取从安全信息传播和行为认知相结合的角度建立事故安全信息认知模型，该模型提出的主要事故预防策略是针对5层失真、4次延迟和错位，提出15条具有指导意义的策略，虽然某些缺乏可行性，但是也不失为一种思维策略。该模型不仅在事故致因中可以应用，也可以为事故预防提供信息化手段。在伤害事故安全信息模型的基础上，其实可以继续延伸和具体出特大事故的信息认知模型，以完善事故机理和预防策略。

安全信息可以通过耦合在信息源及传播方式、路径和机理等方面进行研究。同时，针对重特大事故提出重特大事故本身具有的特殊特征：倾向性、区域性、及时性和衍生性四大特征。通过分析出重特大事故的安全信息的来源和产生渠道，建立重特大事故安全信息耦合作用路径及安全信息基本耦合模型。从企业、政府和社会三大层面分析了重特大事故的安全信息耦合因子，以人员伤亡、物质损害和环境污染为终点建立包含9个关键点及42条路径的安全信息耦合作用图。以此为基础构建安全信息基本耦合模型，将企业、政府和社会涵盖的所有耦合因子考虑进去与人、物、因信息交叉作用，产生信息大爆炸效应，进而沿着路径图进行传播和演化。

在安全科学领域，预防事故和安全促进是最重要的两大研究目的或内容，因此，应通过对安全信息行为的研究来有效控制与促进安全信息用户的系统安全行为，建立安全信息行为模型。安全信息行为研究的出发点与归宿实则是基于安全信息行为的系统安全行为管理，这隶属于基于行为的安全管理范畴，进而预防事故发生和实现系统安全。作为一个极为广泛且颇具价值的信息行为的新兴研究分支，安全信息行为研究应坚持集成化(包括多元化)的原则。因而，从集成化角度构建的安全信息行为研究框架，可系统而全面地指导安全信息行为研究。

第 6 章　安全信息基础模型实证分析

6.1　安全信息基础模型提要

科学研究的主要目的是对社会现象及其规律做出科学的解释。一种好的解释的形成，通常包括理论构建和理论检验这两个相互联系的过程。理论构建从一系列经验观察开始，然后发展出概括这些经验观察的概念和理论；理论检验则与此不同，它从已有的理论开始，然后用这种理论去预测现实世界中的事物是否支持这种理论。如果是支持的，那么这一理论就得到证实；如果是不支持的，要么理论是错误的，要么从理论到预测的推导是错误的。从逻辑上看，理论构建是一种归纳推理的过程，即从特殊到一般；而理论检验则是一种演绎推理的过程，即从一般到特殊。

任何现实实体都由物质、能量与信息三者关系构成，其中信息流在其中起到传带连接作用，换句话说就是基于信息的模型对于社会技术系统起到越来越重要的作用。对于研究安全问题而言，其核心内容中的事故致因研究就必须依赖信息模型来实现。诚然，传统的事故致因模型固然重要，但是随着社会系统的日益复杂和工业社会、智能制造的加速发展，系统内的信息化作用亦越发强烈。这种基于信息驱动的安全模型就自然而然地显示出其存在的价值。信息模型在安全方面的价值主要体现在系统的人的行为认知、事故致因分析和系统风险防控 3 个方面。前述各章节详细讨论了该类信息模型的内涵和本质，在此不再赘述。

在人的行为认知方面，建立的安全信息认知模型从人的行为和物的信息流出发，全程探讨信息对人的影响以及人依靠信息做出决策的过程，这样的研究在以往是很少有人提出的；在事故致因分析方面，建立了伤害事故安全信息模型，深入分析了信息在事故致因中的过程；在系统风险防控方面是通过前两个模型和安全信息耦合模型共同体现出来的。通过大量调研得出结论认为，安全信息学学科理论固然重要，在此基础上的应用实践也是检验和发展学科理论的重要法宝和手段。理论分析和建模最终的目的都是能够发挥其价值，只有在经得起检验的实践当中去完善和发展现有模型，才能保持信息模型的生命力和活力。安全科学是理论交叉性很强的科学，同时又是实践性很强的科学，只有通过不断实践才能获得普遍价值和一般真理。前文建立的诸模型虽然理论上经过了考察，但是有必要通过实证来说明其具有的应用价值。

严格意义上说，建立的模型属于理论安全模型类，具有理论模型的一般特点，建立模型的过程是客体属性和内在矛盾的认识过程。构建理论安全模型的一般步骤包括准备、模型建立、分析、检验和模型应用等5个部分。可以看到，最终的模型是一定要通过检验和应用的阶段来实现的，本章目的就在于检验模型的有效性。信息模型在实践中的运用既是安全科学研究的终点，也是更高基础上的起点，从而构成安全科学研究与实践的螺旋式上升运动。理论安全模型的生命力及其科学价值也正在于此。因此，检验模型是很有必要和可行的，只有这样才能达到最终的科学目标。通过以上分析，检验层面应尽可能达到科学严谨的水平。在研究安全信息认知模型、伤害事故安全信息模型和安全信息耦合作用模型的过程中，考虑到应用实践，进行了以下几个方面的检验。

6.2　安全信息一般认知模型简证

根据上一章5.2.1节构建的安全信息一般认知模型，通过相关代表性的实例来验证模型的实践意义。安全信息认知模型中存在的安全信息缺失、延迟和错位都是事故发生的诱因。在事故发生后运用安全信息认知模型进行事故分析与调查，有诸多环节将直接引起安全信息的衰减和失真，从模型中可以归纳出典型的事故原因以分析解释事故发生的原因和过程。不同的事故其后果不同，涉及的内容不同。但是，所有事故都有人为因素的痕迹，只要涉及人就必然和认知有联系。下面列举若干条基于安全信息认知模型的事故案例分析，选取了5个行业的典型事故案例进行分析。

6.2.1　道路交通运输事故

1）事故基本情况

本小节选取的是温州“7·23”甬温线特别重大铁路交通事故，以下是事故发生经过如下：2011年7月23日19时30分左右，雷击温州南站沿线铁路牵引供电接触网或附近大地，通过大地的阻性耦合或空间感性耦合在信号电缆上产生浪涌电压。在多次雷击浪涌电压和直流电流共同作用下，LKD2-T1型列控中心设备采集驱动单元采集电路电源回路中的保险管F2(以下简称列控中心保险管F2，额定值250伏、5安培)熔断。熔断前温州南站列控中心管辖区间的轨道无车占用，因温州南站列控中心设备的严重缺陷，导致后续时段实际有车占用时，列控中心设备仍按照熔断前无车占用状态进行控制输出，致使温州南站列控中心设备控制的区间信号机错误升级保持绿灯状态。雷击还造成轨道电路与列控中心信号传输的CAN总线阻抗下降，使5829AG轨道电路与列控中心的通信出现故障，造成5829AG轨道电路发码异常，在无码、检测码、绿黄码间无规律变化，在温州南站计算机联锁终端显示永嘉站至温州南站下行线三接近(以下简称下行三接近，即5829AG区段)“红光带”。19时39分，温州南站车站值班员臧凯看到“红光带”故障后，立即通过电话向上海铁路局调度所列车调度员张华汇报了“红光带”故障情况，并通知电务、工务人员检查维修。瓯海信号工区温州南站电务应急值守人员滕安赐接到故障通知后，于19时40分赶到行车室，确认设备故障属实后，在行车设备检查登记簿(运统-46)上登记，并立即向杭州电务段安全生产指挥中心进行了汇报。19时45分左右，滕安赐进入机械室，发现6号移频柜有数个轨道电路出现报警红灯。19时55分左右，接到通知的温州电务车间工程师陈旭军、车间党支部书记王晓、预备工班长丁良余3人到达温州南站机械室。陈旭军问滕安赐：“登记好了没有?”滕安赐说：“好了。”陈旭军要求滕安赐担任驻站联络，随即与王晓、丁良余进入机械室检查，发现移频柜内轨道电路大面积出现报警红灯(经调查，共15个轨道电路发送器、3个接收器及1个衰耗器指示灯出现报警红灯)，陈旭军立即用1个备用发送器及1个无故障的主备发送器中的备用发送器替代S1LQG及5829AG两个主备发送器均亮红灯的轨道电路的备用发送器，采用单套设备先行恢复。20时15分左右，陈旭军通过询问在行车室内的滕安赐，得知“红光带”已消除，即叫滕安赐准备销记。滕安赐正准备销记，此时5829AG“红光带”再次出现，王晓立即通知滕安赐不要销记。陈旭军将5829AG发送器取下重新安装，工作灯指示绿色。随后，杭州电务段调度沈华庚来电话让陈旭军检查一下其他设备。陈旭军来到微机房，发现列控中心轨道电路接口单元右侧最后两块通信板工作指示灯亮红灯，便取下这两块板，同时取下右侧第三块的备用板插在第二块板位置，此时其工作指示灯仍亮红灯。陈旭军立即(20时34分左右)向DMIS(调度指挥管理信息系统)工区询问了可能的原因后，便回到机械室取下三个亮红灯的工作灯接收器。此时列控中心轨道电路接口单元右侧第二块通信板工作指示灯亮绿灯，陈旭军随即将拆下来的两块通信板恢复到两个空位置上，然后通信板工作指示灯亮绿灯。陈旭军在微机室继续观察。至事故发生时，杭州电务段瓯海工区电务人员未对温州南站至瓯海站上行线和永嘉站至温州南站下行线故障处理情况进行销记。20时03分，温州南站线路工区工长袁建军在接到关于下行三接近“红光带”的通知后，带领6名职工打开杭深线下行584300米处的护网通道门并上道检查。20时30分，经工务检查人员检查确认工务设备正常后，温州南工务工区驻站联络员孔繁荣在行车设备检查登记簿(运统-46)上进行了销记：“温州南—瓯海间上行线，永嘉—温州南下行线经工务人员徒步检查，工务设备良好，交付使用。”19时51分，D3115次列车进永嘉站3道停车(正点应当19时47分到，晚点4分)，正常办理客运业务。19时54分，张华发现调度所调度集中终端(CTC)显示与现场实际状态不一致(温州南站下行三接近在温州南站计算机连锁终端显示“红光带”，但调度所CTC没有显示“红光带”)，立即按规定布置永嘉站、温州南站、瓯海站，将分散自律控制模式转为非常站控模式。20时09分，上海铁路局调度所助理调度员杨向明通知D3115次列车司机何栃：“温州南站下行三接近有‘红光带’，通过信号没办法开放，有可能机车信号接收白灯，停车后转目视行车模式继续行车。”司机又向张华进行了确认。20时12分，D301次列车永嘉站1道停车等信号(正点应当19时36分通过，晚点36分)。永嘉站至温州南站共15.563千米，其中永嘉站至5829AG长11.9千米，5829AG长750米，5829AG至温州南站长2.913千米。20时14分58秒，D3115次列车从永嘉站开车。20时17分01秒，张华通知D3115次列车司机：“在区间遇红灯即转为目视行车模式后以低于20千米/时速度前进。”20时21分22秒，D3115次列车运行到583834米处(车头所在位置，下同)。因5829AG轨道电路故障，触发列车超速防护系统自动制动功能，列车制动滑行，于20时21分46秒停于584115米处。20时21分46秒至20时28分49秒，因轨道电路发码异常，D3115次列车司机三次转目视行车模式没有启动成功。20时22分22秒至20时27分57秒，D3115次列车司机6次呼叫列车调度员、温州南站值班员3次呼叫D3115次列车司机，均未成功(经调查，20时17分至20时24分，张华在D3115次列车发出之后至D301次列车发出之前，确认了沿线其他车站设备情况，再次确认了温州南站设备情况，了解了上行D3212次列车运行情况，接发了8趟列车)。20时24分25秒，在永嘉站到温州南站间自动闭塞行车方式未改变、永嘉站信号正常、符合自动闭塞区间列车追踪放行条件的情况下，张华按规定命令D301次列车从永嘉站出发，驶向温州南站。20时26分12秒，张华问臧凯D3115次列车运行情况，臧凯回答说：“D3115次列车走到三接近区段了，但联系不上D3115次列车司机，再继续联系。”20时27分57秒，臧凯呼叫D3115次列车司机并通话，司机报告：“已行至距温州南站两个闭塞分区前面的区段，因机车综合无线通信设备没有信号，跟列车调度员一直联系不上，加之轨道电路信号异常跳变，转目视行车模式不成功，将再次向列车调度员联系报告。”臧凯回答：“知道了。”20时28分42秒通话结束。20时28分43秒至28分51秒、28分54秒至29分02秒，D3115次列车司机两次呼叫列车调度员不成功。20时29分26秒，在停留7分40秒后，D3115次列车成功转为目视行车模式启动运行。20时29分32秒，D301次列车运行到582497米处，温州南站技教员幺晓强呼叫D301次列车司机并通话：“动车301你注意运行，区间有车啊，区间有3115啊，你现在注意运行啊，好不好啊？现在设备(通话未完即中断)。”此时，D301次列车进入轨道电路发生故障的5829AG轨道区段(经调查确认，司机采取了紧急制动措施)。20时30分05秒，D301次列车在583831米处以99千米/时的速度与以 16 千米/时速度前行的 D3115 次列车发生追尾。图 6-1 是温州“7 · 23”甬温线动车事故示意图。

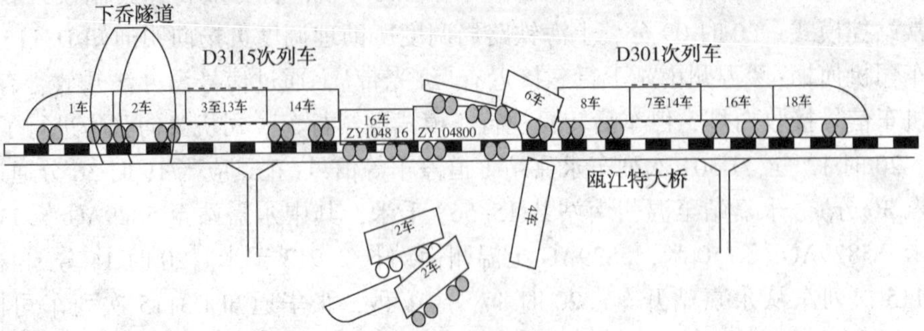

图 6-1　温州“7 · 23”甬温线动车事故示意图

2）调查报告直接原因

通号集团所属通号设计院在 LKD2-T1 型列控中心设备研发中管理混乱，通号集团作为甬温线通信信号集成总承包商履行职责不力，致使为甬温线温州南站提供的 LKD2-T1 型列控中心设备存在严重设计缺陷和重大安全隐患。铁道部在 LKD2-T1 型列控中心设备招投标、技术审查、上道使用等方面违规操作、把关不严，致使其在温州南站上道使用。当温州南站列控中心采集驱动单元采集电路电源回路中保险管 F2 遭雷击熔断后，采集数据不再更新，错误地控制轨道电路发码及信号显示，使行车处于不安全状态。雷击也造成 5829AG 轨道电路发送器与列控中心通信故障，使从永嘉站出发驶向温州南站的 D3115 次列车超速防护系统自动制动，在 5829AG 区段内停车。由于轨道电路发码异常，导致其三次转目视行车模式启动受阻，7 分 40 秒后才转为目视行车模式以低于 20 千米/时的速度向温州南站缓慢行驶，未能及时驶出 5829 闭塞分区。因温州南站列控中心未能采集到前行 D3115 次列车在 5829AG 区段的占用状态信息，使温州南站列控中心管辖的 5829 闭塞分区及后续两个闭塞分区防护信号错误地显示绿灯，向 D301 次列车发送无车占用码，导致 D301 次列车驶向 D3115 次列车并发生追尾。上海铁路局有关作业人员安全意识不强，在设备故障发生后，未认真正确地履行职责，故障处置工作不得力，未能起到可能避免事故发生或减轻事故损失的作用。

3）基于安全信息一般认知模型的事故分析

信源 $I^{So.}$：列控中心的设备设计缺陷，采集驱动单元错误控制轨道电路发送信号及显示信号。信道 $I^{Ch.}$：信号机信号电缆雷击下由于噪声 1——阻性耦合产生浪涌电压；由于噪声 1——雷击浪涌电压和直流电流干扰，导致采取驱动保险管熔断。信宿 $I^{Si.}$：匝道信号机绿色指示；认知 $I_{\theta}^{Cog.}$ →相应 IEx. 的延迟；列车调度员面对新突发情况不及时处理。相关人员安全认知 $I_{\theta}^{Cog.}$ 缺失，安全意识匮乏，信息模型与调查报告分析符合(信源信息失真)，模型检验结果如表 6-1 所示。

表 6-1　温州"7 · 23"甬温线特别重大铁路交通事故信息认知过程检验对照表

对照过程	调查报告显示(实际情况)	信息认知模型(模型分析)	符合情况说明
起始部位认定	① 铁路接触而遭雷击； ② 温州站沿线列车供电线出现电涌； ③ 列控设备保险管熔断； ④ CAN 总线异常	①②③④ 信源 $I^{So.}$：列控中心的设备设计缺陷，采集驱动单元错误控制轨道电路发送信号及显示信号	基本符合(物质信息收集)
轨道状态分析	① 列控设备无法正确显示； ② 信号机错误显示绿色(常亮)； ③ 温州南下行显示故障红色带	①② 对应模型中信源信息； ③ 对于模型中的编码信息错误	符合(无信息流或错误信息流)
列车状态认定	① D3115 次列车在下行线缓停； ② D301 次列车在不知情时，高速驶向下行线； ③ D3115 列车失联，自动停车	①② 对应模型中的原始安信息出现偏差，导致错误的新宿信息流向人员； ③ 信源缺失	符合(人和物质信息流)
人员认知分析	① 温州南站值班员看到"红光带"故障立即电话汇报。调度员得报后通知电务和公务； ② 电务发现故障报警但未核实等级； ③ 工程师通过询问登记和销记； ④ 工长现场确认正常并进行了错误的销记处理； ⑤ 助理调度员与司机确认可以继续目视模式行驶； ⑥ 值班员按规定放行 D301 次列车驶向温州南站。同时放行 D3115 次列车从温州南站下行目视行驶	①②③ 对应模型的企业违规存储化学品信息流； ④⑤⑥ 对于模型中的原始安全信息错误，感觉和知觉安全信息均错误，认知安全信息输出错误，决策错误	基本符合
直接原因认定	温州南站列控设备未准确获取列车信息，错误向后续列车发生允许通行的信号，导致后续列车与停在同一区段列车发生追尾	物质信息流的缺失和错误导致人决策失误引发事故	符合(安全信息衍生出信息干扰作用)
事故后果分析	① 事故造成 40 人遇难、172 人受伤； ② 列车车厢报废 7 辆、破损 22 辆； ③ 事故路段接触网发生塌网	①②③ 对应模型中错误信息行为下的事故后果	符合

6.2.2　煤矿生产事故

1）事故基本情况

本小节选取的是吉林八宝煤业"3 · 29"特别重大瓦斯爆炸事故。以下是事故

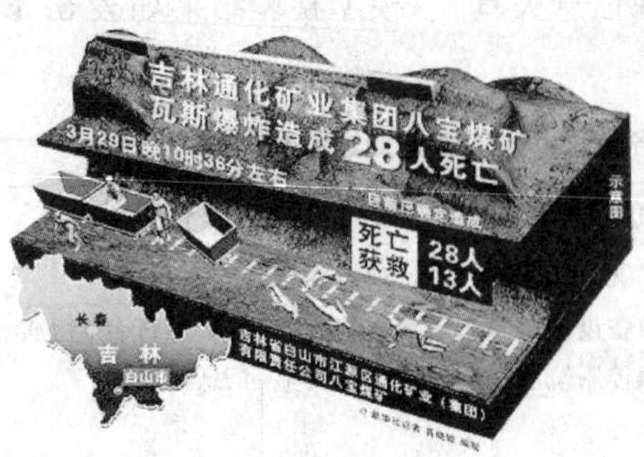

图 6-2　吉林“3·29”八宝煤业瓦斯爆炸事故示意图

发生经过如下：2013 年 3 月 29 日 21 时 56 分，八宝煤矿发生特别重大瓦斯爆炸事故，造成 36 人遇难(企业瞒报遇难人数 7 人，经群众举报后核实)、12 人受伤，直接经济损失 4708.9 万元。4 月 1 日，该矿不执行吉林省人民政府禁止人员下井作业的指令，擅自违规安排人员入井施工密闭，10 时 12 分又发生瓦斯爆炸事故，造成 17 人死亡、8 人受伤，直接经济损失 1986.5 万元。图 6-2 是吉林“3·29”八宝煤业瓦斯爆炸事故示意图。

2）调查报告直接原因

八宝煤矿防灭火措施不落实，采空区漏风，煤炭自燃发火，引起采空区瓦斯爆炸。管理原因：①未按规定采取有效的防灭火措施，未认真按规程排查和治理井下采空区的火灾隐患；②违章指挥，冒险作业，违抗省政府禁令擅自决定再次组织人员下井冒险作业；③安全管理不力；④安全生产监管监察职责不到位。

3）基于安全信息一般认知模型的事故分析

安全信息错位：采空区未完全密封，发生漏风。有毒有害气体扩散预混防火措施不到位，且未设置防火门等；$I_{\theta}^{Sen.}$ 和 $I_{\theta}^{Per.}$ 信息未注意而缺失：人员发现不安全情况并不在意和无视；响应动作 $W_{b.}$ 错误：认知到隐患的存在还强令冒险作业；$S_{ti.}$ 未形成 $I_{\theta}^{Sen.}$：管理人员未主动了解火区情况，未感知到危险信息就指挥作业，信息模型与调查报告分析符合(安全信息错位，认知信息失真)。模型检验结果如表 6-2 所示。

表 6-2　吉林八宝煤业“3·29”
特别重大瓦斯爆炸事故信息认知过程检验对照表

对照过程	调查报告显示(实际情况)	信息认知模型(模型分析)	符合情况说明
人员认知分析	① 采空区无防火处理，自以为合理； ② 在有隐患时冒险密封作业； ③ 危险后果的判断缺失； ④ 现场领导强令冒险指挥； ⑤ 企业未进行“一通三防”； ⑥ 政府和监管机构的监督检查职责	①②③④ 对应模型的认知安全信息； ⑤⑥ 对应于模型中缺失来自外部的信宿安全信息，同时造成内部 SIC 过程混乱，响应动作缺失或错误	符合
井下设施分析	① 采空区无防火处理； ② 防火措施不到位	①② 对应模型信宿安全信息缺失	符合

续表

对照过程	调查报告显示(实际情况)	信息认知模型(模型分析)	符合情况说明
直接原因认定	采空区漏风，煤炭自燃发火，引起采空区瓦斯爆炸，爆炸产生的冲击波和大量有毒有害气体造成人员伤亡	信息衰减，安全信息缺失和错位失误引发事故	符合(安全信息导致的错误认知)
事故后果分析	① 事故造成53人遇难、20人受伤； ② 直接经济损失1986.5万元	信源安全信息缺乏：采空区火灾隐患未消除。 认知安全信息缺失：严重违反三违	基本符合

6.2.3 禽类生产加工事故

1）事故基本情况

本小节选取的是长春宝源丰禽业“6·3”特别重大火灾爆炸事故。以下是事故发生经过如下：6月3日5时20分至50分左右，宝源丰公司员工陆续进厂工作(受运输和天气温度的影响，该企业通常于早6时上班)，当日计划屠宰加工肉鸡3.79万只，当日在车间现场人数395人(其中一车间113人，二车间192人，挂鸡台20人，冷库70人)。6时10分左右，部分员工发现一车间女更衣室及附近区域上部有烟、火，主厂房外面也有人发现主厂房南侧中间部位上层窗户最先冒出黑色浓烟。部分较早发现火情人员进行了初期扑救，但火势未得到有效控制。火势逐渐在吊顶内由南向北蔓延，同时向下蔓延到整个附属区，并由附属区向北面的主车间、速冻车间和冷库方向蔓延。燃烧产生的高温导致主厂房西北部的1号冷库和1号螺旋速冻机的液氨输送和氨气回收管线发生物理爆炸，致使该区域上方屋顶卷开，大量氨气泄漏，介入了燃烧，火势蔓延至主厂房的其余区域。图6-3是长春宝源丰禽业“6·3”火灾事故示意图。

2）调查报告直接原因

宝源丰公司主厂房一车间女更衣室西面和毗连的二车间配电室的上部电气线路短路，引燃周围可燃物。当火势蔓延到氨设备和氨管道区域，燃烧产生的高温导致氨设备和氨管道发生物理爆炸，大量氨气泄漏，介入了燃烧。造成火势迅速蔓延的主要原因：①主厂房内大量使用聚氨酯泡沫保温材料和聚苯乙烯夹芯板(聚氨酯泡沫燃点低、燃烧速度极快，聚苯乙烯夹芯板燃烧的滴落物具有引燃性)；②一车间女更衣室等附属区房间内的衣柜、衣物、办公用具等可燃物较多，且与人员密集的主车间用聚苯乙烯夹芯板分隔；③吊顶内的空间大部分连通，火灾发生后，火势由南向北迅速蔓延；④当火势蔓延到氨设备和氨管道区域，燃烧产生的高温导致氨设备和氨管道发生物理爆炸，大量氨气泄漏，介入了燃烧。

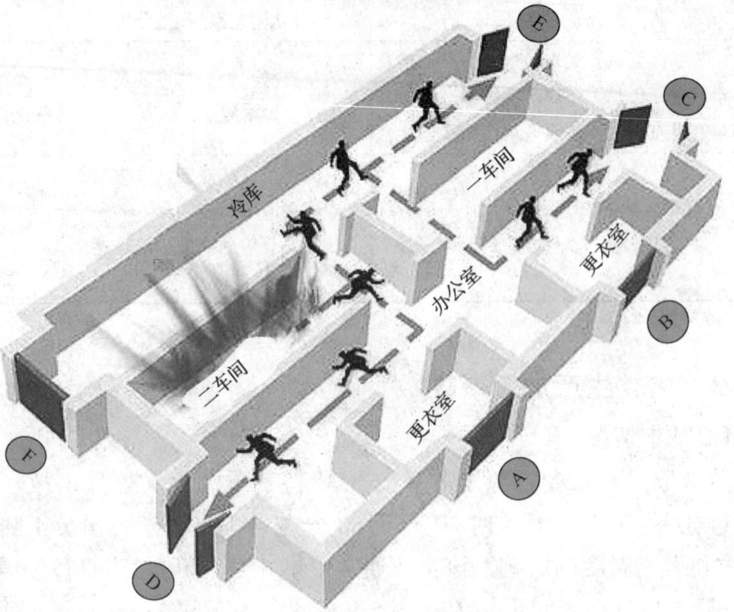

图 6-3　长春宝源丰禽业“6·3”火灾事故示意图

Ⓐ Ⓑ—只在上下班时候开启,平时处于封闭状态; Ⓒ Ⓓ —有人用铁锹撬开锁,得以逃生;

Ⓔ —进料门,平时处于开启状态; Ⓕ —出料门,一般处于封闭状态

造成重大人员伤亡的主要原因：①起火后，火势从起火部位迅速蔓延，聚氨酯泡沫塑料、聚苯乙烯泡沫塑料等材料大面积燃烧，产生高温有毒烟气，同时伴有泄漏的氨气等毒害物质；②主厂房内逃生通道复杂，且南部主通道西侧安全出口和二车间西侧直通室外的安全出口被锁闭，火灾发生时人员无法及时逃生；③主厂房内没有报警装置，部分人员对火灾知情晚，加之最先发现起火的人员没有来得及通知二车间等区域的人员疏散，使一些人丧失了最佳逃生时机；④宝源丰公司未对员工进行安全培训，未组织应急疏散演练，员工缺乏逃生自救互救知识和能力。

3）基于安全信息一般认知模型的事故分析

信源信息外泄：电气线路短路漏电引燃可燃物。信息传递外溢：燃烧火和高温蔓延扩散至因吊顶管道连通的其他房间。信道 $I^{Ch.}$：安全出口被堵，人员无法逃生。认知安全信息 $I_{\theta}^{Cog.}$ 缺乏：企业从未组织开展过安全宣传教育，从未对员工进行安全知识培训；WIC 外部过程未形成封闭，电气设备及线路明敷也未穿管等。信息模型与调查报告分析符合(信道阻塞，信息缺失)，模型检验结果如表 6-3 所示。

表 6-3　长春宝源丰禽业"6・3"特别重大火灾爆炸事故信息认知过程检验对照表

对照过程	调查报告显示(实际情况)	信息认知模型(模型分析)	符合情况说明
设备设施分析	① 主厂房顶和冷库墙体等使用聚氨酯泡沫作为保温材料，不符合防火规范要求； ② 厂房南部主通道西侧安全出口和二车间西侧安全出口封锁； ③ 主厂房和二车间电气线路明敷； ④ 氨制冷系统多处隐患，管线和设备破损明显	① 对应于模型的外部信噪(助燃物、可燃物介入增强燃烧)； ② 对应模型的信道信息； ③ 对应信道和载体缺失，安全信息发生空间错位和缺失； ④ 对应模型信噪介入	基本符合
人员认知分析	① 部分员工发现车间及厂房黑烟； ② 员工组织补救但火势失控； ③ 企业未进行安全教育和应急演练，员工安全意识薄弱，企业管理混乱	① 外部信宿安全信息； ② 对应信源信息时空错位，安全信息发生传递； ③ 对应模型的内部安全信息决策缺失	符合
直接原因认定	更衣室和配电室相连的电气线路短路，引燃可燃物。高温导致氨设备区管道爆炸，氨气泄漏，介入燃烧，火灾蔓延导致事故发生	信源信息外泄，电气线路短路漏电引燃可燃物	基本符合(安全信息认知错误)
事故后果分析	① 事故造成 121 人遇难、76 人受伤； ② 17234m^2厂房及设备损毁； ③ 直接经济损失 1.82 亿元	信道 $I^{Ch.}$：安全出口被堵人员无法逃生。认知安全信息 $I_{\theta}^{Cog.}$ 缺乏：企业从未组织开展过安全宣传教育，从未对员工进行安全知识培训	符合

6.2.4　石油管道输送事故

1）事故基本情况

本小节选取的是山东省青岛市"11・22"中国石化东黄输油管道泄漏爆炸特别重大事故。以下是事故发生经过如下：11 月 22 日 2 时 12 分，潍坊输油处调度中心通过数据采集与监视控制系统发现东黄输油管道黄岛油库出站压力从 4.56 兆帕降至 4.52 兆帕，两次电话确认黄岛油库无操作因素后，判断管道泄漏；2 时 25 分，东黄输油管道紧急停泵停输。2 时 35 分，潍坊输油处调度中心通知青岛站关闭洋河阀室截断阀(洋河阀室距黄岛油库 24.5 千米，为下游距泄漏点最近的阀室)；3 时 20 分左右，截断阀关闭。2 时 50 分，潍坊输油处调度中心向处运销科报告东黄输油管道发生泄漏；2 时 57 分，通知处抢维修中心安排人员赴现场抢修。3 时 40 分左右，青岛站人员到达泄漏事故现场，确认管道泄漏位置距黄岛油库出站口约1.5千米，位于秦皇岛路与斋堂岛街交叉口处。组织人员清理路面泄漏原油，并请求潍坊输油处调用抢险救灾物资。4时左右，青岛站组织开挖泄漏点、抢修管道，安排人员拉运物资清理海上溢油。4时47分，运销科向潍坊输油处处长报告泄漏事故现场情况。5时07分，运销科向中国石化管道分公司调度中心报告原油泄漏事故总体情况。5时30分左右，潍坊输油处处长安排副处长赴现场指挥原油泄漏处置和入海原油围控。6时左右，潍坊输油处、黄岛油库等现场人员开展海上溢油清理。7时左右，潍坊输油处组织泄漏现场抢修，使用挖掘机实施开挖作业；7时40分，在管道泄漏处路面挖出2米×2米×1.5米作业坑，管道露出；8时20分左右，找到管道泄漏点，并向中国石化管道分公司报告。9时15分，中国石化管道分公司通知现场人员按照预案成立现场指挥部，做好抢修工作；9时30分左右，潍坊输油处副处长报告中国石化管道分公司，潍坊输油处无法独立完成管道抢修工作，请求中国石化管道分公司抢维修中心支援。10时25分，现场作业时发生爆炸，排水暗渠和海上泄漏原油燃烧，现场人员向中国石化管道分公司报告事故现场发生爆炸燃烧。11月22日2时31分，开发区公安分局110指挥中心接警，称青岛丽东化工有限公司南门附近有泄漏原油，黄岛派出所出警。3时10分，110指挥中心向开发区总值班室报告现场情况。至4时17分，开发区应急办、市政局、安全监管局、环保分局、黄岛街道办事处等单位人员分别收到事故报告。4时51分、7时46分、7时48分，开发区管委会副主任、主任、党工委书记分别收到事故报告。4时10分至5时左右，开发区应急办、安全监管局、环保分局、市政局及开发区安全监管局石化区分局、黄岛街道办事处有关人员先后到达原油泄漏事故现场，开展海上溢油清理。7时49分，开发区应急办副主任将泄漏事故现场及处置情况报告青岛市政府总值班室。8时18分至27分，青岛市政府总值班室电话调度青岛市环保局、青岛海事局、青岛市安全监管局，要求进一步核实信息。8时34分至40分，青岛市政府总值班室将泄漏事故基本情况通过短信报告市政府秘书长、副秘书长、应急办副主任。8时53分，青岛市政府副秘书长将泄漏事故基本情况短信转发市经济和信息化委员会副主任，并电话通知其立即赶赴事故现场。9时01分至06分，青岛市政府副秘书长、市政府总值班室将泄漏事故基本情况分别通过短信报告市长及4位副市长。9时55分，青岛市经济和信息化委员会副主任等到达泄漏事故现场；10时21分，向市政府副秘书长报告海面污染情况；10时27分，向市政府副秘书长报告事故现场发生爆炸燃烧。为处理泄漏的管道，现场决定打开暗渠盖板。现场动用挖掘机，采用液压破碎锤进行打孔破碎作业，作业期间发生爆炸。爆炸时间为2013年11月22日10时25分。爆炸造成秦皇岛路桥涵以北至入海口、以南沿斋堂岛街至刘公岛路排水暗渠的预制混凝土盖板大部分被炸开，与刘公岛路排水暗渠西南端相连接的长兴岛街、唐岛路、舟山岛街排水暗渠的现浇混凝土盖板拱起、开裂和局部炸开，全长波及5000余米。爆炸产生的冲击波及飞溅物造成现场抢修人员、过往行人、周边单位和社区人员，以及青岛丽东化工有限公司厂区内排水暗渠上方临时工棚及附近作业人员，共62人死亡、136人受伤。爆炸还造成周边多处建筑物不同程度损坏，多台车辆及设备损毁，供水、供电、供暖、供气多条管线受损。泄漏原油通过排水暗渠进入附近海域，造成胶州湾局部污染。图6-4是青岛“11·22”中国石化东黄输油管道泄漏爆炸事故示意图。

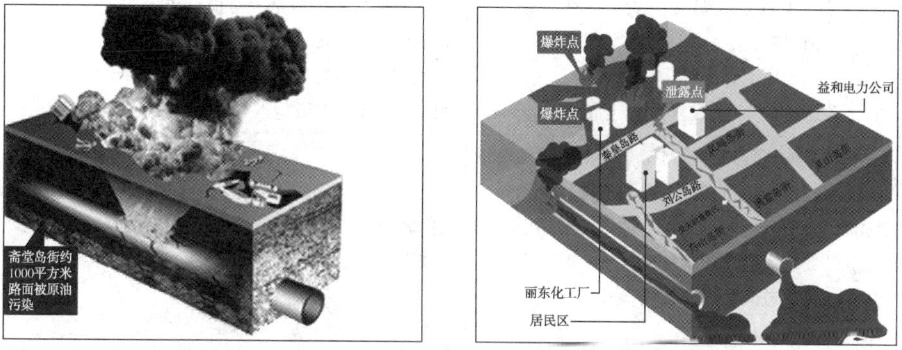

图6-4　青岛“11·22”中国石化东黄输油管道泄漏爆炸事故示意图

2）调查报告直接原因

输油管道与排水暗渠交汇处管道腐蚀减薄、管道破裂、原油泄漏，流入排水暗渠及反冲到路面。原油泄漏后，现场处置人员采用液压破碎锤在暗渠盖板上打孔破碎，产生撞击火花，引发暗渠内油气爆炸。

3）基于安全信息一般认知模型的事故分析

输油管道减薄破裂泄漏信息未及时被检修人员发现，$I^{So.}$的传递出现了严重延迟；I_{θ}没有$I_{\theta}^{Sen.}$经过信息刺激和感受器输入，操作工人没有了解地下管网布设情况，自内而外加工经验信息，根据经验贸然开挖导致爆炸；人员安全检查时存在安全信息认知的盲区和死角，未发现隐患点和关键风险点；一线员工的$I_{\theta}^{Cog.}$欠缺，并不具有全面的安全认识能力和水平，信息模型与调查报告分析基本符合（信源信息延迟，信道信息延迟）。模型检验结果如表6-4所示。

表6-4　青岛“11·22”中石化东黄输油管道泄漏爆炸特大事故信息认知过程检验对照表

对照过程	调查报告显示（实际情况）	信息认知模型（模型分析）	符合情况说明
管道水渠情况	① 东黄输油管道年久失修； ② 管道地埋方式敷设； ③ 输油管道在桥涵顶板下架空穿过，与排水暗渠交叉	①② 对应于模型的信道可能缺损，信噪介入导致安全信息泄漏； ③ 对应信源信息出现干扰和交叉，影响信宿信息	基本符合

续表

对照过程	调查报告显示(实际情况)	信息认知模型(模型分析)	符合情况说明
人员行为分析	① 现场动用挖掘机，采用液压破碎锤进行打孔破碎作业； ② 输油管道减薄破裂泄漏信息未及时被检修人员发现； ③ 作业人员安全意识薄弱，企业管理混乱	① 内部安全信息错误，决策错误，外部信息错位。原始安全信息没有刺激和感受器输入，产生错误的认知信息； ② 信源安全信息的传递出现了严重延迟； ③ 对应模型的内部安全信息决策缺失。人员安全检查时存在安全信息认知的盲区和死角，未发现隐患点和关键风险点	符合
直接原因认定	输油管道与排水暗渠交汇处管道腐蚀减薄、管道破裂、原油泄漏，流入排水暗渠及反冲到路面。原油泄漏后，现场处置人员采用液压破碎锤在暗渠盖板上打孔破碎，产生撞击火花，引发暗渠内油气爆炸	信源信息外泄：错误相应行为导致事故发生	基本符合(安全信息认知错误)
事故后果分析	① 事故造成 62 人遇难、136 人受伤； ② $17234m^2$ 厂房及设备损毁； ③ 直接经济损失 7.5172 亿元	信源信息延迟，信道信息延迟	符合

6.2.5 社会服务机构事故

本小节选取的是平顶山“5·25”老年公寓特别重大火灾事故。

1) 事故基本情况

康乐园老年公寓占地面积 40 亩，建筑物总面积 2272 平方米，设有不能自理区 1 个(东西向单排建筑)，半自理区 1 个、自理区 2 个(南北向建筑)，另有办公室、厨房、餐厅等附属设施。不能自理区建筑为聚苯乙烯夹芯彩钢板房，其他区域建筑均为砖墙、夹芯彩钢板屋顶，所有建筑均为单层。

以下是事故发生经过：2015 年 5 月 25 日 19 时 30 分许，康乐园老年公寓不能自理区女护工赵红霞、龚改新在起火建筑西门口外聊天，突然听到西北角屋内传出异常声响，两人迅速进屋，发现建筑内西墙处的立式空调以上墙面及顶棚区域已经着火燃烧。赵红霞立即大声呼喊救火并进入房间拉起西墙侧轮椅上的两位老人往室外跑，再次返回救人时，火势已大，自己被烧伤，龚改新向外呼喊求助。由于大火燃烧迅猛，并产生大量有毒有害烟雾，老人不能自主行动，无法快速自救，导致重大人员伤亡，不能自理区全部烧毁。图 6-5 是河南平顶山“5·25”老年公寓特别重大火灾事故示意图。

图 6-5 河南平顶山“5 · 25”老年公寓特别重大火灾事故示意图

2）调查报告直接原因

老年公寓不能自理区西北角房间西墙及其对应吊顶内，给电视机供电的电器线路接触不良发热，高温引燃周围的电线绝缘层、聚苯乙烯泡沫、吊顶木龙骨等易燃可燃材料，造成火灾。造成火势迅速蔓延和重大人员伤亡的主要原因是建筑物大量使用聚苯乙烯夹芯彩钢板（聚苯乙烯夹芯材料燃烧的滴落物具有引燃性），且吊顶空间整体贯通，加剧火势迅速蔓延并猛烈燃烧，导致整体建筑短时间内垮塌损毁；不能自理区老人无自主活动能力，无法及时自救造成重大人员伤亡。

3）基于安全信息一般认知模型的事故分析

通过对事故发生的过程的分析，抽取有关核心点，可以得出导致此次事故的信息流动过程：在老年公寓的人信息流和物质信息流的传播中，势必存在安全信息的失真、缺失或者延迟现象，诸多因素叠加在一起就导致了事故的发生。

公寓不能自理区房间西墙角及屋顶的老化起火电气线路起火，起火信息未及时被人员感知到，出现安全信息的延迟；老人的响应行为能力丧失，部分老人的处理外部安全信息 $I^{Ex.}$ 和认知安全信息 $I_{\theta}^{Cog.}$ 的能力得不到执行，无活动能力。管理人员和老人之间的信道 $I^{Ch.}$：床头呼叫对讲系统及监控系统未配置；来自隐患的感觉安全信息 I_{θ}^{Sen} 获取缺失，隐患治理不彻底不及时，信息模型与调查报告分析符合（信源信息缺失，感知信息缺失，信道信息延迟，认知信息失真）。模型检验结果如表 6-5 所示。

以上分析是针对近几年几起特大事故进行的，具有典型意义的事故往往能起到以点带面、举一反三的作用。安全信息认知模型分析为事故致因研究提供了新思路和新方法，通过实证分析可以看出：人的安全认知信息的缺失和执行的延迟都是造成事故的主要原因，物质的信源和信道功能受损也推动着事故链的发生。以上分析充分说明安全信息认知模型具有价值意义和可操作性。

表 6-5　平顶山“5 · 25”老年公寓特大火灾事故信息认知过程检验对照表

对照过程	调查报告显示(实际情况)	信息认知模型(模型分析)	符合情况说明
建构设施情况	① 建筑墙体材料为易燃的聚苯乙烯泡沫板材； ② 电视供电线路老化； ③ 自理区吊顶为易燃材料装修； ④ 床头未配备呼叫对讲系统	①②③ 对应于模型的信道可能缺损，信噪介入导致安全信息泄漏； ④ 感觉安全信无法及时被信宿获取	符合
人员行为分析	① 不能自理区老人无自主活动能力，无法及时自救造成重大人员伤亡； ② 日常监管和消防管理不到位； ③ 作业人员安全意识薄弱，企业管理混乱	①②③ 老人的响应行为能力丧失，部分老人的处理感觉安全信息和知觉安全信息的能力得不到执行，无活动能力。管理人员和老人之间的信道信息缺失：床头呼叫对讲系统及监控系统未配置	基本符合(信息流动不畅)
直接原因认定	① 老年公寓房间给电视机供电的电器线路接触不良，高温引燃周围的可燃材料，造成火灾； ② 建筑物大量使用聚苯乙烯夹芯彩钢板，且吊顶空间整体贯通，加剧火势迅速蔓延并猛烈燃烧，导致整体建筑短时间内垮塌损毁； ③ 不能自理区老人无自主活动能力，无法及时自救造成重大人员伤亡	①②③ 对应模型中的信源信息缺失，感知信息缺失，信道信息延迟，认知信息失真信源信息外泄，错误相应行为导致事故发生	符合
事故后果分析	① 事故造成 39 人遇难、6 人受伤； ② 745. 8m^2 房间烧毁； ③ 直接经济损失 2064. 5 万元	信源信息延迟，信道信息延迟	符合

6. 3　事故安全信息认知模型简证

第 5 章 5. 2. 2 小节构建的事故安全信息认知模型，通过相关代表性的两个案例对该模型的有效性进行验证，并提出事故预防的策略。事故安全信息认知模型试图解释那些经常发生但未引起严重伤害的事故的机理，以更好地认知伤害事故的本质，提出控制和杜绝措施，从源头上扼制其发展和伤害。下面列举两个基于事故安全信息认知模型的事故案例分析。

6. 3. 1　环境污染事故

1) 事故基本情况

本小节选取的是吉林石化“11 · 13”双苯厂爆炸后引起的松花江水污染事故，

以下是事故发生经过：2005 年 11 月 13 日，双苯厂苯胺二车间二班班长徐德成在班，同时顶替本班休假职工刘阁学硝基苯和苯胺精制内操岗位操作。因硝基苯精馏塔(以下简称 T102 塔)塔釜蒸发量不足、循环不畅，需排放 T102 塔塔釜残液，降低塔釜液位。集散型控制系统(DCS 系统)记录和当班硝基苯精制操作记录显示，10 时 10 分(本段所用时间未注明的均为 DCS 系统显示时间，比北京时间慢 1 分 50 秒)硝基苯精制单元停车和排放 T102 塔塔釜残液。根据 DCS 系统记录分析、判断得出，操作人员在停止硝基苯初馏塔(以下简称 T101 塔)进料后，没有按照操作规程及时关闭粗硝基苯进料预热器(以下简称预热器)的蒸汽阀门，导致预热器内物料气化，T101 塔进料温度超过温度显示仪额定量程(15 分钟内即超过了 150℃量程的上限)。11 时 35 分左右，徐德成发现超温，指挥硝基苯精制外操人员关闭了预热器蒸汽阀门停止加热，T101 塔进料温度才开始下降至正常值，超温时间达 70 分钟。恢复正常生产开车时，13 时 21 分，操作人员违反操作规程，先打开了预热器蒸汽阀门加热(使预热器温度再次出现超温)；13 时 34 分，操作人员才启动 T101 塔进料泵向预热器输送粗硝基苯，温度较低(约 26°C)的粗硝基苯进入超温的预热器后，突沸并发生剧烈振动，造成预热器及进料管线的法兰松动、密封失效，空气吸入系统内，随后空气和突沸形成的气化物，被抽入负压运行的 T101 塔。13 时 34 分 10 秒，T101 塔和 T102 塔相继发生爆炸。受爆炸影响，至 14 时左右，苯胺生产区 2 台粗硝基苯贮罐(容积均为 150 立方米，存量合计 145 吨)及附属设备、2 台硝酸贮罐(容积均为 150 立方米，存量合计 216 吨)相继发生爆炸、燃烧。与此同时，距爆炸点 165 米的 55 号罐区 1 台硝基苯贮罐(容积 1500 立方米，存量 480 吨)和 2 台苯贮罐(容积均为 2000 立方米，存量为 240 吨和 116 吨)受到爆炸飞出残骸的打击，相继发生爆炸、燃烧。上述贮罐周边的其他设备设施也受到不同程度损坏。

爆炸事故发生后，大部分生产装置和中间贮罐及部分循环水系统遭到严重破坏，致使未发生爆炸和燃烧的部分原料、产品和循环水泄漏出来，逐渐漫延流入双苯厂清净废水排水系统，抢救事故现场所用的消防水与残余物料混合后也逐渐流入该系统。这些污水通过吉化分公司清净废水排水系统进入东 10 号线，并与东 10 号线上游来的清净废水汇合，一并流入松花江，造成了松花江水体严重污染。现场共有原料苯、硝基苯、苯胺、硝酸通过爆炸、燃烧、挥发、地面吸附、导入污水处理厂和进入松花江等途径损失。图 6-6 是吉林石化“11 · 13”双苯厂爆炸后引起的松花江水污染事故示意图。

2）调查报告直接原因

当班操作工停车时，疏忽大意，未将应关闭的阀门及时关闭，误操作导致进料系统温度超高，长时间后引起爆裂，随之空气被抽入负压操作的 T101 塔，引

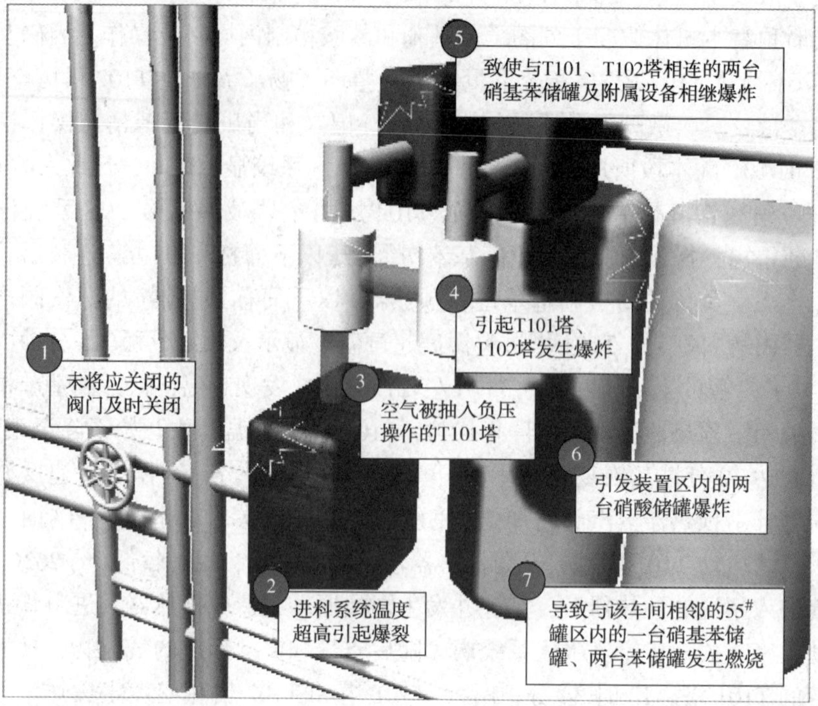

图 6-6　吉林石化“11·13”双苯厂爆炸后引起的松花江水污染事故示意图

起 T101 塔、T102 塔发生爆炸，随后致使与 T101、T102 塔相连的两台硝基苯储罐及附属设备相继爆炸，随着爆炸现场火势增强，引发装置区内的两台硝酸储罐爆炸，并导致与该车间相邻的 55# 罐区内的一台硝基苯储罐、两台苯储罐发生燃烧。

3）基于事故安全信息认知模型的事故与策略分析

通过对事故发生的过程的分析，主要原因：①危险化学品泄漏信息传播引起认知判断过程变形 SIT-CIS/SIF：未及时获得松花江污染水事件信息。②危险化学品失控流进松花江。③认知信道信息失真 CIH-IS：应急救援措施不合理，舆论压力使管理者无法有效评估来自各方的信息准确性。④舆论和事故信息时滞 CIH-IS：由于信息传播工具的落后，不能及时获取污水的动态信息。

生产过程安全信息封闭：①初期的应急信息延缓通报，甚至出现安全信息的失真（瞒报）；②政府对社会、企业对政府的信息流出现失真（隐瞒不报和谎报）；③民众无法获得感知信息（剥夺知情权）。

主要对策：①邻近河流企业的污水管道安装监控设备，同时提高污水处理全过程的可视化程度；②建立企业、政府、媒体之间的信息网络；③通过正规的教育和演练，提高应急人员和物资的快速反应能力。

6.3.2 道路交通事故

1）事故基本情况

基本情况在6.2.1节已说明，在此不再赘述。

2）基于事故安全信息认知模型的事故与策略分析

主要原因：

① 受外界影响，信息源本身的缺陷发展为故障，导致信息发布不准确(失真：$S_{IT}-C_{IS}/S_{IF}$)：列控中心设备设计缺陷、采集驱动单元差错控制。轨道电路无法传输信号和显示信号。②安全通道故障导致通道中断(失真：$C_{IC}-C_{IH}$)：信号电缆雷电产生的噪声。噪声1：电阻耦合产生浪涌电压。噪声2：雷电浪涌电压和直流电流干扰导致保险丝熔断。③信息接收延迟(时延：$C_{IH}-I_S$)：列车调度员不及时处理新的突发事件，缺乏人员安全意识和安全信息。这起事故看似设备故障，实则属于人为因素引起，人的认知信息错位必然导致不安全行为，进而造成物的不安全状态，后发展为事故。

主要策略：

① 及时收集、处理和传输列车控制信息，选用合格信息采集器，保证信息能够及时准确完整地采集，这也就保证了安全信源信息的真实；显示输出设备完好，保证安全信息能通过信道传播给人员；人员行为信息要及时采取实时跟踪监控，及时纠正错误行为，保证认知安全信息的决策行为的正确。②采用更有效的防雷设备。在外在不利因素的干扰下，提高物和人的抗干扰能力，杜绝信息出现延迟或错位，引导信息流处于正常状态，消除延迟带来的隐患，这是保证安全信息畅通传播的外在机制。

6.3.3 事故预防策略

基于事故安全信息认知模型可以提出事故预防的策略，针对无伤害事故重点还是在于提高人的自身安全意识，加强对于物质的管理和维护，减少不安全状态的出现。人的不安全行为在事故预防中的作用是非常重要的，模型中的5层失真和4次延迟是引发事故的根本原因。加强人的不安全行为信息的监控和纠正是首要策略，在日常管理和现场作业中提高安全意识，进行安全教育是可以考虑的手段之一。同时，需要强化惩戒手段，提高个人在安全的参与感。因此，杜绝安全信息的失真或缺失就是事故预防的基本思路。事故预防的具体策略如表6-6所示。

由前述的5个层次的失真和4次时间延迟及上述策略分析也可以获得事故预防的基本途径，即可从真伪信源、信源载体、信道载体、信噪、信宿载体、感觉信息、知觉信息、认知信息、响应动作等9个方面以及它们之间的信息传播失真或缺失形式来预防和控制事故的发生。事故预防不能单一依靠安全信息的某一方面，而是综合运用法律法规、设备和人员等多角度收集安全信息形成综合预防机制。往往在事故发生的过程中，涉及一环扣一环的安全信息流动阻滞现象，通过模型分析可以明晰信息流在事故发展过程中的作用和机理。

表 6-6　事故预防的主要策略

类型	主要策略
层次 1	①明确物质安全信息；②信息透明化和可知化处理；③消除伪信源
层次 2	①信道载体完整性维护；②信道类型优化；③信道载体应满足信息容量
层次 3	①人的感官系统保护及修护；②加强感受器状态及性能适应
层次 4	①安全信息可视化；②进行标示、显现和精细化管理
层次 5	①加强认知学及心理学技能；②丰富大脑认知锻炼；③克服消极心理
时间延迟	网格化系统，单元化部件，减少安全信息传播的物理距离
空间错位	封闭系统，建立安全信息流的闭环框架，实现系统的空间独立和物理隔离

6.4　安全信息耦合模型简证

根据第 5 章 5.2.3 节构建的安全信息耦合模型，重特大事故的安全信息来源于事故对象，包括来自事故过程信息、应急信息、承载体信息、决策者信息、执行者信息和公众信息等多个方面。从人、物、环等系统因素出发均有相关的安全信息产生并影响事故发展。事故过程信息是事故基本经过和情况的信息，包含事故类型、直接原因和伤害破坏情况等。安全信息的来源包含以下几个方面：首先是事故自身过程信息，这是一切后续信息的基础；然后是应急处置信息，这属于安全信息的实质救援阶段；再次是承载者、决策者和公众等政府及社会层面的信息。本节选取天津港“8・12”特大火灾爆炸事故进行安全信息耦合模型的实证分析，选择该事故作为实例对象主要基于以下考虑：①该重特大事故原因涉及企业、政府和社会多方人员，涉及负责的社会管理和技术系统，具有典型性，适合模型的应用范围；②国家的事故调查报告具有权威性，可为模型的实证分析提供可靠依据；③该事故是在研究大量典型事故后，结合安全信息耦合模型得出的具有代表性的事故类型，可以充分检验模型的可行性。同时，事故中涉及的物质流、能量流和人员流等信息能为分析安全信息的耦合作用提供基础性条件。

6.4.1　事故基本情况

本小节选取的是天津港“8・12”特大火灾爆炸事故，以下是事故发生经过：

2015 年 8 月 12 日 22 时 51 分 46 秒，位于天津市滨海新区吉运二道 95 号的瑞海公司危险品仓库运抵区最先起火，23 时 34 分 06 秒发生第一次爆炸，23 时 34 分 37 秒发生第二次更剧烈的爆炸。事故中心区为此次事故中受损最严重区域，该区域东至跃进路、西至海滨高速、南至顺安仓储有限公司、北至吉运三道，面积约为 54 万平方米。两次爆炸分别形成一个直径 15 米、深 1.1 米的月牙形小爆坑和一个直径 97 米、深 2.7 米的圆形大爆坑。以大爆坑为爆炸中心，150 米范围内的建筑被摧毁，东侧的瑞海公司综合楼和南侧的中联建通公司办公楼只剩下钢筋混凝土框架；堆场内大量普通集装箱和罐式集装箱被掀翻、解体、炸飞，形成由南至北的 3 座巨大堆垛，一个罐式集装箱被抛进中联建通公司办公楼 4 层房间内，多个集装箱被抛到该建筑楼顶；参与救援的消防车、警车和位于爆炸中心南侧的吉运一道和北侧吉运三道附近的顺安仓储有限公司、安邦国际贸易有限公司储存的 7641 辆商品汽车，以及现场灭火的 30 辆消防车在事故中全部损毁，邻近中心区的贵龙实业、新东物流、港湾物流等公司的 4787 辆汽车受损。爆炸冲击波波及区分为严重受损区、中度受损区。严重受损区是指建筑结构、外墙、吊顶受损的区域，受损建筑部分主体承重构件（柱、梁、楼板）的钢筋外露，失去承重能力，不再满足安全使用条件。中度受损区是指建筑幕墙及门、窗受损的区域，受损建筑局部幕墙及部分门窗变形、破裂。严重受损区在不同方向距爆炸中心最远距离为：东 3 千米（亚实履带天津有限公司），西 3.6 千米（联通公司办公楼），南 2.5 千米（天津振华国际货运有限公司），北 2.8 千米（天津丰田通商钢业公司）。中度受损区在不同方向距爆炸中心最远距离为：东 3.42 千米（国际物流验放中心二场），西 5.4 千米（中国检验检疫集团办公楼），南 5 千米（天津港物流大厦），北 5.4 千米（天津海运职业学院）。受地形地貌、建筑位置和结构等因素影响，同等距离范围内的建筑受损程度并不一致。爆炸冲击波波及区以外的部分建筑，虽没有受到爆炸冲击波直接作用，但由于爆炸产生地面震动，造成建筑物接近地面部位的门、窗玻璃受损，东侧最远达 8.5 千米（东疆港宾馆），西侧最远达 8.3 千米（正德里居民楼），南侧最远达 8 千米（和丽苑居民小区），北侧最远达 13.3 千米（海滨大道永定新河收费站）。

事故造成 165 人遇难（参与救援处置的公安现役消防人员 24 人、天津港消防人员 75 人、公安民警 11 人，事故企业、周边企业员工和周边居民 55 人），8 人失踪（天津港消防人员 5 人，周边企业员工、天津港消防人员家属 3 人），798 人受伤住院治疗（伤情严重及较重的伤员 58 人、轻伤员 740 人）；304 幢建筑物（其中办公楼宇、厂房及仓库等单位建筑 73 幢，居民 1 类住宅 91 幢、2 类住宅 129 幢，居民公寓 11 幢）、12428 辆商品汽车、7533 个集装箱受损。图 6-7 是天津港“8 · 12”特大火灾爆炸事故示意图，图 6-8 是事故中心航拍图。

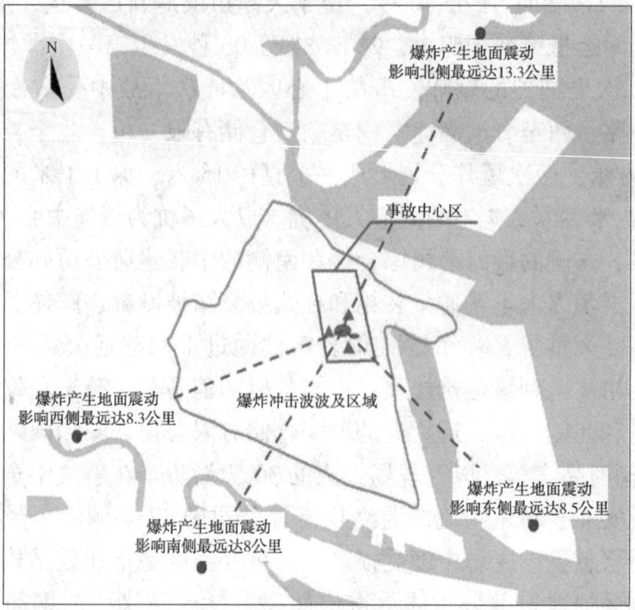

图 6-7　天津港“8·12”特大火灾爆炸事故示意图

图 6-8　天津港火灾爆炸事故中心航拍图

调查组认定，有关地方党委、政府和部门存在有法不依、执法不严、监管不力、履职不到位等问题。天津交通、港口、海关、安监、规划和国土、市场和质检、海事、公安以及滨海新区环保、行政审批等部门单位，未认真贯彻落实有关法律法规，未认真履行职责，违法违规进行行政许可和项目审查，日常监管严重缺失；有些负责人和工作人员贪赃枉法、滥用职权。天津市委、市政府和滨海新区区委、区政府未全面贯彻落实有关法律法规，对有关部门、单位违反城市规划行为和在安全生产管理方面存在的问题失察失管。交通运输部作为港口危险货物监管主管部门，未依照法定职责对港口危险货物安全管理督促检查，对天津交通运输系统工作指导不到位。海关总署督促指导天津海关工作不到位。有关中介及技术服务机构弄虚作假，违法违规进行安全审查、评价和验收等。

此次事故的破坏力极强。事故后果可以用惨不忍睹来形容，大量厂房、小区、建构筑物和附属设施均不同程度遭到破坏，有的甚至受到毁灭性打击。现场形成巨大深坑，冲击波的范围极广。同时，人员伤亡涉及的类型较多，有普通百姓，有公安交警和消防官兵等。总之，事故后果是前所未闻的，称该事故为灾难也不为过。本书作者进行模型检验时未尝不痛心疾首，恐不能穷尽所能。

6.4.2 基于安全信息耦合模型的事故与策略分析

根据建立的安全信息耦合模型对该事故进行安全信息分析。通过对国务院的事故调查报告及网络舆情的调查，剖析出该次事故相关的经过和信息流，根据安全信息耦合模型绘制事故的信息耦合路径图。本案例的耦合过程比较复杂，为简化分析，特定选取主要信息流，其他分析类似。在实际应用中灵活确定分析对象的范围至关重要，其事故信息耦合如图 6-9 所示。

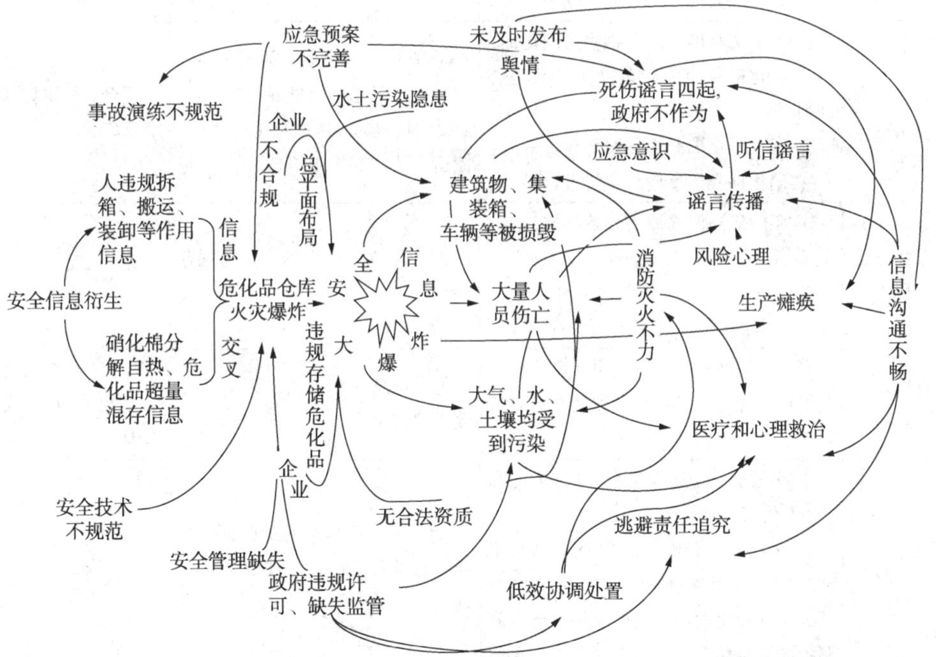

图 6-9　天津港火灾爆炸事故安全信息耦合过程

检验说明：通过以上关于天津港事故的安全信息耦合过程分析可以看出，基本与国务院事故调查报告相符，关于模型分析和实际对照情况如表6-7所示。通过表6-7可知，在对照的主要信息相关的7项过程中，有4项符合实际情况，3项基本符合，没有不符合的情况，说明上述信息耦合模型分析可以通过检验，也验证了模型的有效性和实用性。

一般认知模型、事故安全信息认知模型和安全信息耦合模型的验证进一步说明了安全信息在事故预防、风险控制、应急救援和安全管理的环节具有的现实价值和理论意义。本章重点讨论的是以上3种模型的验证分析，对于安全信息行为模型的实证分析鉴于篇幅所限暂不讨论，相关研究在后续文献中体现。以上介绍是以代表性的案例为依据，力求贴近实际，亦可能存在不恰当之处。

表6-7　事故信息耦合过程检验对照表

发展过程	调查报告显示(实际情况)	信息耦合路径(模型分析)	符合情况说明
起火部位认定	① 询问事发当晚现场作业员工； ② 调取分析监控视频； ③ 提取对比现场痕迹物证； ④ 分析集装箱毁坏和位移特征	①② 对应模型中的人违规拆箱、搬运、装卸等作用信息； ③④ 对应硝化棉分解自热、危化品超量信息	基本符合(人信息、视频信息、物质信息收集)
起火因素分析	① 起火部位无电气设备，电缆完好，灯塔、视频监控设施正常工作； ② 无雷电天气，无车辆作业等	①②对应模型中无相关信息流	符合(无信息流即排除)
起火原因认定	① 火焰实验确定起火物质为硝化棉； ② 硝化棉装箱中野蛮操作导致包装破损、硝化棉散落； ③ 库存硝化棉酒棉湿润剂挥发散失； ④ 硝化棉分解反应产生热量自燃	①③④ 对应模型中的硝化棉分解自热、危化品超量混存信息； ② 对应模型中的人违规拆箱、搬运、装卸等作用信息	符合(人和物质信息流)
爆炸过程分析	① 硝酸铵高温高压下分解爆炸； ② 邻近集装箱大量易燃化学品； ③ 大火持续燃烧和多次多种化学品发生爆炸	①②③ 对应模型的企业违规存储化学品信息流	基本符合
直接原因认定	硝化棉加速分解自燃，引起硝化棉和其他危险化学品燃烧，导致硝酸铵等危险化学品发生爆炸	物质信息流和人信息流交叉导致事故发生	符合(安全信息衍生出信息交叉作用)
事故后果分析	① 事故造成165人遇难、8人失踪和798人受伤医治； ② 304幢建筑物、12428辆商品汽车和7533个集装箱受损； ③ 129种化学物质发生爆炸燃烧或泄漏扩散，对局部区域的大气环境、水环境和土壤环境造成污染	①②③ 对应模型安全信息大爆炸：大量人员伤亡，建筑物、集装箱、车辆等被摧毁，大气、水、土壤均受到污染等信息流	符合

发展过程	调查报告显示（实际情况）	信息耦合路径（模型分析）	符合情况说明
存在主要问题	① 无证违法经营和储存危险货物； ② 安全管理极其混乱； ③ 违反滨海新区详细规划，未批先建、边建边经营危险货物堆场； ④ 以不正当手段获得经营危险货物批复； ⑤ 严重超负荷经营、超量存储； ⑥ 违规混存、超高堆码危险货物； ⑦ 违规开展拆箱、搬运、装卸等作业； ⑧ 未按规定制订应急预案并组织演练； ⑨ 消防队对危险货物情况不熟悉，没有相应的消防灭火预案、装备和物资； ⑩ 天津市政府在应急处置中的信息发布工作一度安排不周，应对不妥	① 对应无合法资质信息； ② 对应安全管理缺失； ③ 对应企业总平面布局不合规信息； ④ 对应模型的政府违规许可、缺失监督信息流； ⑤⑥⑦ 对应安全技术不规范，安全管理缺失，违规存储等信息流； ⑧ 对应应急预案不完善，应急演练不规范； ⑨ 对应消防灭火不力信息； ⑩ 对应抵消协调处置信息，未及时发布舆情信息，谣言信息传播，信息沟通不畅等信息流	基本符合（企业、政府和社会信息流混杂）

6.5 安全信息基础理论模型的意义

立足安全信息通用认知模型可知，构建以安全信息和认知科学为基础的安全科学新模式对于本学科的发展和进步至关重要。从事故的角度来建立安全信息认知模型也是具有代表性和突破性的尝试，建立的安全信息一般认知模型、事故安全信息认知模型、安全信息耦合模型和安全信息行为模型都有各自先天的优缺点。随着事故致因研究的深入，有必要开创新的更具代表性的安全信息下的事故模型，丰富事故认知理论。

本章建立的安全信息一般认知模型、事故安全信息认知模型、安全信息耦合模型和安全信息行为模型具有的理论和实践意义如下：

（1）建立学科基础。模型都是在安全信息与认知科学结合下而产生的，是对安全信息学大框架下的事故后果模型的具体开拓，是安全信息认知研究在事故机理方面的开创性研究。该模型是基于已建立的安全信息认知通用模型具体化展开的，因此具有重要的基础支撑和可行性，对于安全信息学学科的创建又提供了事故后果维度下的理论准备和研究基础。

（2）丰富事故理论。按照以往侧重管理和技术观点，事故机理的研究更多倾向于物质、能力或者系统思维。但是从人的认知角度出发阐释事故机理，尤其是对无伤害事故的研究匮乏。

(3) 完善学科体系。安全科学的学科体系目前处于亟待完善的阶段，认知科学在安全信息及事故机理中的研究重要性日渐凸显，以安全信息的视角去审视和构建安全学科对于学科的广度和深度都是有益的探索，例如安全信息认知学、无伤害事故学、事故信息管理等。安全学科体系的完善从 SIC 相关衍生模型展开是必要的。

(4) 健全安全管理。传统的安全管理涉及人的管理主要在于制度性和原则性要求，常见行为观察方法，通过培训和宣传增长员工的安全知识、提高安全认识。该模型可以拓展出关于人的行为安全管理相关理论，例如：建立安全行为与动作学可以更深入全面地对人进行安全管理；通过研究人的心理生理及行为规律，真正落实健全安全管理的人本管理理念。

(5) 实践中指导事故调查。根据安全信息基础理论模型可以对事故发生的原因进行全面分析，调查事故发生的信源、载体、信道及信宿等是否存在安全信息的缺失或失真，以安全信息流动阻滞过程来分析事故发生的各个环节，提出更具操作性的事故预防措施，例如物质危害信息的及时公示、监控装置的维护保养等。

(6) 加强现场管理。现场应用时可以建立专门的人因事故管理制度，从工人的操作及日常行为进行管控，细化作业区域，界定责任区间；实施网格化精准安全管理，减少安全信息延迟发生；加强现场物质的安全可视化和透明化，将隐性的安全信息显示出来，通过色彩管理标示出一切与安全相关的数据信息和状态特征，实现安全信息的可视可感。

1) 理论意义

(1) 丰富理论。按照系统观点，原有的事故致因理论主要从物质、能量和人方面进行了研究，有的侧重于管理和技术，但是从人的认知理论出发以安全信息视角来解释事故的相关研究极其缺乏。因此，SIC 模型的构建可丰富事故致因理论体系。

(2) 建立学科。SIC 模型属于安全信息学基础理论研究范畴，是安全信息在事故致因领域的开创性研究。该理论模型的提出可为安全信息学的建立奠定坚实的理论基础。

(3) 完善体系。安全科学的学科体系目前处于亟待完善的阶段，随着对信息的理解和运用广泛深入，安全信息的认知在安全及事故研究中的重要作用日渐显现，以信息视角来开展安全科学研究有待完善，安全学科体系的完善从安全信息认知着眼就是必要的。

2) 实践意义

(1) 指导调查。对应外部和内部将事故发生分为人因和物因更清楚明确；根据外部的信息缺失和内部的认知错误对事故过程进行分析，更有条理和逻辑；根据安全信息认知中存在的信息失真及延迟，可以指导事故预防措施和制度更具体和可操作。SIC 分析结果对人的工作心理和行为管理也提供理论依据。

（2）加强本质安全。物的本质安全化可削减人过失错误带来的隐患及风险，通过对外部过程的安全信息传递可以找出环节中的关键点，对易发生事故的薄弱点进行梳理可做到精准控制。事故后的 SIC 分析能直观化找出风险隐患关键点，进而治理隐患，弥补失误，实现物的本质化。

（3）评估检查。对于正常运行的系统而言，只要涉及人的参与，就可以实施运行前和运行中的 SIC 分析，找出人员的岗前操作隐患点，找出物质投运前和投运中的风险点。预先采取人员控制和管理，学习培训加强安全信息的认知，能够提高工作人员的安全意识和风险认知水平。

（4）现场管理。现场应用中通过构建各类安全信息的反馈修正环节，实施人-物系统的闭环管理，对工人的操作及行为实施闭环监控和实时纠错，对安全数据进行降维和降噪处理；同时针对大系统复杂设备进行网格化管理，减少安全信息传递的延迟效应和空间错位发生；还可以做到细化作业面，界定责任区等。

上述的安全信息基础理论模型只是安全信息学模型的一部分，从模型构建的方法论角度来看，利用建模理论可以构建出一系列安全信息模型。上述模型作为基础模型具有一定的代表性和奠基性，通过实例验证了模型的有效性和正确性。从模型的理论和现实意义可以看出，安全信息基础理论模型能够为基于安全信息的事故致因、安全信息管理和安全风险信息防控提供方法指导。

第 7 章　安全信息风险综合评价

7.1　风险评价概述

安全信息缺失可能引起严重的火灾爆炸事故，导致巨大的经济损失，其中的输油管道泄漏事故对社会安全也构成巨大威胁。毋庸置疑，安全信息是影响安全活动的一切物质和精神状态。没有安全信息，系统就无法正常运行，生存即得不到保障，安全亦无法实现，事故的发生也就顺理成章了。纵观安全科学的研究，许多传统思维方法仍然发挥着作用，不同的生产力发展阶段出现的安全问题不同，现有事故致因都是在特定的时代和特定的应用背景下提出的，因此也就有其特定的适用范围。但是时代在改变、系统在变化，有许多安全问题单用现有思维是难以解释的，因为信息是使系统的一切要素以及多个系统之间建立关联的唯一纽带。从信息入手开展研究，才能获得普适性和有价值的结果。如何说明已有的事故致因缺乏普适性呢？早期的事故致因理论已将信息因素应用于事故分析，但仅停留在表面现象，仅将信息作为其中某一因素来分析，并未形成完整的信息体系。而信息的研究具有普适性，广泛性在安全科学中也得到体现，唯独在事故研究中未形成系统。对事故致因分析的评价是基于安全信息认知的必要手段。生产安全事故中的安全信息传播和认知是安全管理中的系统工程，贯穿于事故研究的全过程。信息因素的合理性和可行性均需要进行评价。信息传播工作开展之后，需要通过效果评价与及时反馈。安全评价已有许多成熟的方法，如检查表法、专家评议法、预先危险分析法、故障分析法、危险与可操作性分析法、故障树分析法、事件树分析法、安全评价法、危险指数评价法和指标评价法等。这些评价方法都有各自的应用特点和使用范围。相关文献没有将定性与定量风险进行综合集成，研究方法比较传统和单一。传统风险矩阵从发生概率和严重程度来衡量，同时风险矩阵的粗糙性也导致评价结果操作性差，建立的低、中、高三级风险等级不能满足输油管道多风险因素的精细化辨识和管理。鱼骨图分析可以将复杂系统条理化，定性分析风险产生的原因，但是不能实现风险的定量化评价。事故树分析法本身存在基本事件概率难以准确量化的问题，导致定量分析结果不准确。因此，可以考虑将鱼骨图、模糊数学及改进风险矩阵集成起来，弥补各自不足以实现综合定量风险评价。这样不仅实现鱼骨图深层原因及后果风险的定量化、事故树的事件概率的准确化和风险矩阵精细化，而且减少了主观影响，提高了风险评价的准确性。

为了对原油输油管道进行定量风险信息评价，实现鱼骨图模型的定量结论，尽可能多地减少主观性，我们采用将鱼骨图与风险矩阵结合起来的定量风险信息评价方法。该定量评价包含导致输油管道因泄漏而发生火灾爆炸的基本信息发生概率排序和发生事故的严重度排序，同时结合风险矩阵给出输油管道的风险信息等级。

7.1.1 安全风险评价基本概念

安全风险是存在于安全系统的客观现实，要进行风险评价首先必须了解安全系统。安全问题是一个复杂的系统工程问题，这种认识目前已经具有广泛的共识。依据安全问题所涉及范围大小不同，安全系统大小之差别可能很悬殊。一般来讲，纯属技术领域的安全系统，比如一台设备、器具，可能只涉及机和物；而对于一个车间甚至一个工厂，考虑安全问题的系统范围，则不只是机和物，还和环境有关。与安全有关的因素纷繁交错，很难找到一个因素数及其相关性如此复杂的能与之相比的系统，从大的方面来看，可从人-机-环系统着眼。

安全系统的原始态是安全系统中安全因素处于熵、自由度、无序度最大的无组织、无结构的状态，具体表现为人、机、环境三部分的混乱状态，即安全系统中人的安全意识薄弱、安全教育程度低下、安全管理薄弱等；人的不安全行为、物的不安全状态、两者相互作用潜在的危险性都暴露无遗；安全防护缺乏；环境对人的不利影响和人对环境的破坏都非常严重等。处于原始态下，安全系统的危险性是相当大的，发生的事故概率是最大的，处于事故频发状态。那么，这样的原始状态必然充满着各种风险因素，安全评价的目的就是找出并判断出风险大小，进而提出措施使得安全系统远离原始状态。

在一个企业中，诱发安全事故的因素有很多，“安全风险评估”能为全面有效落实安全管理工作提供基础资料，并评估出不同环境或不同时期的安全危险性的重点，加强安全管理，采取宣传教育、行政、技术及监督等措施和手段，推动各阶层员工做好每项安全工作；使企业每位员工都能真正重视安全工作，让其了解及掌握基本安全知识。这样，绝大多数安全事故均是可以避免的，这也是安全风险评估的价值所在。当任何生产经营活动被鉴定为有安全事故危险性时，便应考虑怎样进行评估工作，以简化及减少风险评估的次数来提高效率。安全风险评估主要由识别安全事故的危害、评估危害的风险和控制风险的措施及管理组成。

1）危害识别

识别危害是安全风险评估的重要部分。若不能完全找出安全事故危害的所在，就没法对每个危害的风险做出评估，并对安全事故危害做出有效的控制。这里简单介绍如何识别安全事故的危害。危险材料识别是识别哪些东西是容易引发安全事故的材料，如易燃或爆炸性材料等，找出它们的所在位置和数量，处理的方法是否适当。危险工序识别找出所有涉及高空或高温作业、使用或产生易燃材料等容易引发安全事故的工序，了解企业是否已经制定有关安全施工程序以控制这些存在安全危险的工序，并评估其成效。用电安全检查：电气安全事故是当今企业的一个带有普遍性的安全隐患，对电气的检查是每一个企业安全风险评估必不可少的一项内容。用电安全检查包括检查电气设备安装是否符合安全要求、插座插头是否严重超负荷、电线是否老化腐蚀、易燃工作场所是否有防静电措施、电器设备有无定期维修保养以避免散热不良产生热源等。工作场地整理检查工作场所是否存在安全隐患，如是否堆积大量的可燃杂物（如纸张、碎布、垃圾等），材料有否摆放错误，脚手架是否牢固等。工作场所环境安全隐患识别：工作场所由设施、工具和人三者组成一个特定的互相衔接的有机组合环境，往往因为三者之间的联系而可能将安全事故的危害性无限扩展。识别环境中的安全危险性十分重要，如一旦发生安全事故，人员是否能立即撤离，电源是否能立即切断等。安全事故警报：找出工作场所是否有安全事故警报装置或安排，并查究它们能否操作正常。其他：留意工作场所是否有其他机构的员工在施工，例如，当装修工程进行时，装修工人所使用的工具或材料均可增加安全隐患。

2）风险

学术界对风险的内涵没有统一的定义，由于对风险的理解和认识程度不同，或对风险的研究的角度不同，不同的学者对风险概念有着不同的解释，但可以归纳为 5 种代表性观点。①风险是事件未来可能结果发生的不确定性。Mowbray 称风险为不确定性；Williams 将风险定义为在给定的条件和某一特定的时期，未来结果的变动；March 和 Shapira 认为风险是事物可能结果的不确定性，可由收益分布的方差测度；Brnmiley 认为风险是公司收入流的不确定性；Markowitz 和 Sharp 等将证券投资的风险定义为该证券资产的各种可能收益率的变动程度，并用收益率的方差来度量证券投资的风险，通过量化风险的概念改变了投资大众对风险的认识。由于方差计算的方便性，风险的这种定义在实际中得到了广泛的应用。②风险是损失发生的不确定性。Rosenb 将风险定义为损失的不确定性，Crane 认为风险意味着未来损失的不确定性，Ruefli 等将风险定义为不利事件或事件集发生的机会。这种观点又分为主观学说和客观学说两类。主观学说认为不确定性是主观的、个人的和心理上的一种观念，是个人对客观事物的主观估计，而不能以客观的尺度予以衡量；不确定性的范围包括发生与否的不确定性、发生时间的不确定性、发生状况的不确定性以及发生结果严重程度的不确定性。客观学说则是以风险客观存在为前提，以风险事故观察为基础，以数学和统计学观点加以定义，认为风险可用客观的尺度来度量。例如，佩费尔将风险定义为，风险是可测度的客观概率的大小；奈特认为风险是可测定的不确定性。③风险是指可能发生损失的损害程度的大小。段开龄认为，风险可以引申定义为预期损失的不利偏差，这里的所谓不利是指对保险公司或被保险企业而言的。例如，若实际损失率大于预期损失率，则此正偏差对保险公司而言即为不利偏差，也就是保险公司所面临的风险。Markowitz 在别人质疑的基础上，排除可能收益率高于期望收益率的情况，提出了下方风险（Downsiderisk）的概念，即实现的收益率低于期望收益率的风险，并用半方差（Sernivaviance）来计量下方风险。④风险是指损失的大小和发生的可能性。朱淑珍在总结各种风险描述的基础上，把风险定义为：风险是指在一定条件下和一定时期内，由于各种结果发生的不确定性而导致行为主体遭受损失的大小以及这种损失发生可能性的大小；风险是一个二维概念，风险以损失发生的大小与损失发生的概率两个指标进行衡量。王明涛在总结各种风险描述的基础上，把风险定义为：所谓风险是指在决策过程中，由于各种不确定性因素的作用，决策方案在一定时间内出现不利结果的可能性以及可能损失的程度。它包括损失的概率、可能损失的数量以及损失的易变性三方面内容，其中可能损失的程度处于最重要的位置。⑤风险是由风险构成要素相互作用的结果。风险因素、风险事件和风险结果是风险的基本构成要素，风险因素是风险形成的必要条件，是风险产生和存在的前提。风险事件是外界环境变量发生预料未及的变动从而导致风险结果的事件，它是风险存在的充分条件，在整个风险中占据核心地位。风险事件是连接风险因素与风险结果的桥梁，是风险由可能性转化为现实性的媒介。根据风险的形成机理，郭晓亭、蒲勇健等将风险定义为：风险是在一定时间内，以相应的风险因素为必要条件，以相应的风险事件为充分条件，有关行为主体承受相应的风险结果的可能性。叶青、易丹辉认为，风险的内涵在于它是在一定时间内，由风险因素、风险事故和风险结果递进联系而呈现的可能性。

3）风险评价

“风险”一词的由来，最为普遍的一种说法是：在远古时期，以打鱼捕捞为生的渔民们，每次出海前都要祈祷，祈求神灵保佑自己能够平安归来，其中主要的祈祷内容就是让神灵保佑自己在出海时能够风平浪静、满载而归；他们在长期的捕捞实践中，深深地体会到“风”给他们带来的无法预测无法确定的危险，他们认识到，在出海捕捞打鱼的生活中，“风”即意味着“险”，因此有了“风险”一词。而另一种据说经过多位学者论证的“风险”一词的“险出说”称：风险（RISK）一词是舶来品，有人认为来自阿拉伯语，有人认为来源于西班牙语或拉丁语，但比较权威的说法是来源于意大利语的“RISQUE”一词。在早期的运用中，风险也是被理解为客观的危险，体现为自然现象或者航海遇到礁石、风暴等事件。大约到了 19 世纪，在英文的使用中，风险一词常常用法文拼写，主要是用于与保险有关的事情上。

现代意义上的风险一词，已经大大超越了“遇到危险”的狭义含义，而是“遇到破坏或损失的机会或危险”。经过两百多年的演义，风险一词越来越被概念化，并随着人类活动的复杂性和深刻性而逐步深化，并被赋予了从哲学、经济学、社会学、统计学甚至文化艺术领域的更广泛更深层次的含义，且与人类的决策和行为后果联系越来越紧密，风险一词也成为人们生活中出现频率很高的词汇。无论如何定义风险一词的由来，其基本的核心含义是“未来结果的不确定性或损失”，也有人进一步将其定义为“个人和群体在未来遇到伤害的可能性以及对这种可能性的判断与认知”。如果采取适当的措施使破坏或损失的概率不会出现，或者说智慧地认知，理性地判断，继而采取及时而有效的防范措施，那么风险可能带来机会，由此进一步延伸的意义，不仅仅是规避了风险，可能还会带来比例不等的收益，有时风险越大，回报越高、机会越大。

7.1.2 安全风险评价一般方法

1）可靠性风险评估法

可靠性风险评价法是风险定量评价方法的一种，它以过去损失资料为依据，运用数学方法建立数学模型来进行评价。其评价的基本步骤是：先计算风险率，然后把风险率与安全指标相比较，若风险率大于安全指标，则表明企业或项目处于风险状态，需要采取控制措施；若风险率小于安全指标，则认为企业或项目较安全，没有必要或暂时没有必要采取控制措施。风险率是衡量风险大小的尺度，计算公式如下：

风险率=风险发生的频率×一次风险事故的平均损失

安全指标被认为是能满足安全需要的最低风险率，安全指标通常由国家或政府部门制定。

2）层次分析法

层次分析法（Analytical Hierarchy Process，AHP），是美国数学家在20世纪70年代提出的一种定性分析和定量分析相结合的评价方法，在经济学和管理学中得到了广泛应用。层次分析法的基本思想是，把复杂问题分解为若干层次，在最低层次通过两两对比得出各种因素的权重，通过由低到高的层层分析计算，最后计算出各方案对总目标的权数，为决策者提供决策依据。

层次分析法的基本假设是层次间存在递阶结构，从高到低或从低到高递进。当复杂系统中某一层次直接或间接地影响其他层次，同时又直接或间接受其他层次影响时，就不属于层次分析范围，而应该使用网络模型来描述。

层次分析法在风险评价中应用的基本步骤如下：

（1）根据评价目标和评价准则，建立递阶层次结构模型。

（2）构造比较判断矩阵。

（3）确定项目风险要素的相对重要度，并进行一致性检验。

（4）计算项目风险的综合重要度。

（5）根据评价准则和综合重要度进行决策。

3）因子分析法

因子分析的概念起源于 20 世纪初 Karl Pearson 和 Charles Spearmen 等人关于智力测验的统计分析。近年来，随着现代高速电子计算机的出现，人们将因子分析的理论成功地应用于心理学、医学、气象、经济学等领域，使得因子分析的理论和方法更加丰富。

因子分析法的基本思想是，根据相关性大小把变量分组，使得同组内的变量之间相关性较高，而不同组的变量相关性较低。每组变量代表一个基本结构，这个基本结构称为公共因子。因子分析法是将具有错综复杂关系的变量归类为数量较少的几个因子，以再现原始变量与因子之间的相互关系，同时根据不同因子，对变量进行分类。它也是属于多元分析中处理降维的一种统计方法。

7.2 输油管道风险评价理论方法

7.2.1 鱼骨图理论

1）基本概念

鱼骨图又称因果分析法或树枝图分析法，是日本管理大师石川馨发明的用于发现问题根本原因的方法，它经常被应用于表达和分析因果关系的一种定性分析工具。鱼骨图分析法可以使复杂的事故原因系统化，通过逐步深入研究和探讨安全问题，分析其影响因素。鱼骨图分析要层层剖析，按照逻辑关系画图。

顾名思义，鱼骨图像鱼的骨架，头尾间用粗线连接，有如脊椎骨。在鱼尾填上问题或现状，鱼头代表目标，脊椎就是达成过程的所有步骤与影响因素。想到一个因素，就用一根鱼刺表达，把能想到的有关项都用不同的鱼刺标出。之后再细化，对每个因素进行分析，用鱼刺分支表示与每个主因相关的元素，还可以继续三级、四级分叉找出相关元素。经过反复推敲后，一张鱼骨图就有了大体框架。针对每个分支、分叉填制解决方案。最后，把所需工作、动作以及遗留问题进行归类。这样就很容易发现，哪些是困扰当前关心项的要因，该如何去解决与面对，哪些可以马上解决，需要调动哪些资源，等等。

鱼骨图类似树状图，都是分析思考、厘清思路、找出问题点的工具。对问题要刨根问底，鱼骨图就是帮助全面系统了解问题、细化问题的利器。如果有几个相关人员一起来分析填制或者自己经过几天来制作，效果往往会更好。

2）构建过程

鱼骨图作图过程一般由以下几步组成：①由问题的负责人召集与问题有关的人员组成一个工作组，该组成员必须对问题有一定深度的了解；②问题的负责人将拟找出原因的问题写在黑板或白纸右边的一个三角形的框内，并在其尾部引出一条水平直线，该线称为鱼脊；③工作组成员在鱼脊上画出与鱼脊成45°角的直线，并在其上标出引起问题的主要原因，这些成45°角的直线称为大骨；④对引起问题的原因进一步细化，画出中骨、小骨……尽可能列出所有原因；⑤对鱼骨图进行优化整理；⑥根据鱼骨图进行讨论。完整的鱼骨图如图7-1所示，由于鱼骨图不以数值来表示并处理问题，而是通过整理问题与它的原因的层次来标明关系，因此，它能很好地描述定性问题。鱼骨图的实施，要求工作组负责人（进行企业诊断的专家）有丰富的指导经验，整个过程负责人尽可能为工作组成员创造友好、平等、宽松的讨论环境，使每个成员的意见都能完全表达，同时保证鱼骨图正确作出，即防止工作组成员将原因、现象、对策互相混淆，并保证鱼骨图层次清晰。负责人不对问题发表任何看法，也不能对工作组成员进行任何诱导。

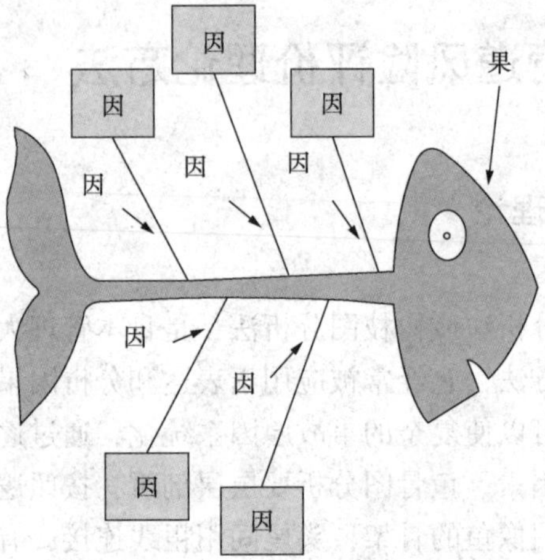

图7-1　鱼骨图模型示意图

7.2.2　事故树分析方法

1）基本概念

事故树分析（Fault Tree Analysis，FTA）首先由美国贝尔电话研究所于1961年为研究民兵式导弹发射控制系统时提出来。1974年，美国原子能委员会运用事故树分析对核电站事故进行了风险评价，发表了著名的《拉姆逊报告》。该报告对事故树分析做了大规模有效的应用。此后，事故树分析在社会各界引起了极大的反响，受到了广泛的重视，从而迅速在许多国家和许多企业应用和推广。我国开展事故树分析方法的研究是从1978年开始的。目前很多部门和企业正在进行普及和推广工作，并已取得一大批成果，促进了企业的安全生产。20 世纪 80 年代末，铁路运输系统开始把事故树分析方法应用到安全生产和劳动保护上来，也已取得了较好的效果。

2）组成结构

事故树中的“树”的分析技术属于系统工程的图论范畴。“树”是其网络分析技术中的概念，要明确什么是事故树，首先要弄清什么是“树”，什么是“圈”，什么是连通图等。图论中的图是指由若干个点及连接这些点的连线组成的图形。图中的点称为节点，线称为边或弧。节点表示某一个体事物，边表示事物之间的某种特定的关系。比如，用点可以表示电话机，用边表示电话线；用点表示各个生产任务，用边表示完成任务所需的时间等。在一张图中，若任何两点之间至少有一条边则称这个图是连通图。若图中某一点、边顺序衔接，序列中始点和终点重合，则称之为圈(或回路)。树就是一个无圈(或无回路)的连通图。整体结构由逻辑门符号、事件符号和转移符号组成，具有的优点如下：

（1）由于事故树分析法采用演绎方法分析事故的因果关系，能详细找出系统各种应有的潜在的危险因素，为安全设计、制定安全技术措施和安全管理要点提供了依据。

（2）能简洁、形象地表示出事故和各种原因之间因果关系及逻辑关系。

（3）在事故树分析中，顶上事件可以是已经发生的事故，也可以是预想的事故。通过分析，找出原因，采取对策加以控制，从而起到预测预防事故的作用。

（4）事故树分析法既可以用于定性分析，也可用于定量分析。通过定性分析，确定各种危险因素对事故影响的大小，从而掌握和制定防灾控制要点；而定量分析，则能计算出顶上事件(事故)发生的概率，并可从数量上说明危险因素的重要度，为实现系统最佳安全目标提供依据。

（5）可选择最感兴趣的事故作为顶上事件分析，这和事件树不同，事件树是由一个故障开始，而引起的事故不一定是使用者最感兴趣的。

事故树分析是一种逻辑演绎分析法，是安全系统工程的重要分析方法，需要用逻辑树图把这些原因以及它们的逻辑关系表示出来。事故树分析法能够使一个系统能导致一个可预知的、不可预知的故障事件失效，路径的交叉处的事件和状态用标准的逻辑符号与、或表示。在事故树图中，最基础的构造单元为门和事件。将鱼骨图和事故树结合起来，同时根据前述章节关于安全信息的理论综合分析输油管道事故的原因及产生的后果，作为后续分析的基础和依据。

7.2.3 模糊概率计算理论

模糊概率问题隶属于模糊数学范畴，模糊数学是运用数学方法研究和处理模糊性现象的一门数学新分支，它以“模糊集合”论为基础。模糊数学提供了一种处理不肯定性和不精确性问题的新方法，是描述人脑思维处理模糊信息的有力工具。它既可用于“硬”科学方面，又可用于“软”科学方面。

模糊集的概念模糊集理论，也称为模糊集合论，或简单地称为模糊集。1965年，L. A. Zadeh（扎德）发表了文章《模糊集》提出了模糊集理论，其基本思想是用属于程度代替属于或不属于，描述差异的中间过渡，是精确性对模糊性的一种逼近。模糊数是处理模糊信息的工具，由于概率范围为[0，1]中的实数，故用[0，1]表示模糊数的论域。为了计算鱼骨图中结果事件的发生概率，利用模糊逻辑系统将失效概率表达出来：首先获得风险事件发生程度的自然语言描述，然后将自然语言转化为模糊数，最后通过计算将模糊数转化为失效概率。模糊集的定义为：设 A 是集合 X 到[0，1]的一个映射，A：$X\to[0,1]$，$x\to A(x)$ 则称 X 是 A 上的模糊集，$A(x)$ 称为模糊集 A 的隶属函数，或称 $A(x)$ 为 x 对模糊集 A 的隶属度。

通过来自不同领域的专家，根据经验知识来描述基本事件发生自然语言，自然语言描述通常使用的语气算子包括“很低”“低”“相对低”“中等”“相对高”“高”“很高”等，简要描述为：VL、L、RL、M、RH、H 和 VH。考虑到不同专家给出描述的差异性和主观性，有必要提出多专家打分方法。运用熵权-层次分析法（AHP）计算专家的能力，然后根据能力大小赋予专家相应权重。自然语言到数学语言的转换，要用到模糊语言和模糊推理，其中基础就是模糊数。模糊关系函数用来描述模糊数，有很多形式的模糊分布函数，比如三角模数、梯形模糊数、正态模糊数等。选用梯形模糊数来定义专家语言项目和模糊关系函数之间的映射关系。相应的关系函数表达式及图形如公式（1）所示。公式（1）中下标 VL、L、RL、M、RH、H 和 VH 代表着上述 7 个不同的语言描述等级。

$$f_{VL}(x)=\begin{cases}1 & 0<x\leqslant 0.1\\ \dfrac{0.2-x}{0.1} & 0.1<x\leqslant 0.2\\ 0 & \text{其他}\end{cases}$$

$$f_{L}(x)=\begin{cases}\dfrac{x-0.1}{0.1} & 0.1<x\leqslant 0.2\\ \dfrac{0.3-x}{0.1} & 0.2<x\leqslant 0.3\\ 0 & \text{其他}\end{cases}$$

$$f_{RL}(x)=\begin{cases}\dfrac{x-0.2}{0.1} & 0.2<x\leqslant 0.3\\ 1 & 0.3<x\leqslant 0.4\\ \dfrac{0.5-x}{0.1} & 0.4<x\leqslant 0.5\\ 0 & \text{其他}\end{cases}$$

$$f_M(x)=\begin{cases}\dfrac{x-0.4}{0.1} & 0.4<x\leqslant 0.5\\ \dfrac{0.6-x}{0.1} & 0.5<x\leqslant 0.6\\ 0 & \text{其他}\end{cases} \tag{1}$$

$$f_{RM}(x)=\begin{cases}\dfrac{x-0.5}{0.1} & 0.5<x\leqslant 0.6\\ 1 & 0.6<x\leqslant 0.7\\ \dfrac{0.8-x}{0.1} & 0.7<x\leqslant 0.8\\ 0 & \text{其他}\end{cases}$$

$$f_H(x)=\begin{cases}\dfrac{x-0.7}{0.1} & 0.7<x\leqslant 0.8\\ \dfrac{0.9-x}{0.1} & 0.8<x\leqslant 0.9\\ 0 & \text{其他}\end{cases}$$

$$f_{VH}(x)=\begin{cases}\dfrac{x-0.8}{0.1} & 0.8<x\leqslant 0.9\\ 1 & 0.9<x\leqslant 1.0\\ 0 & \text{其他}\end{cases}$$

使用德尔菲法调查了油气储运领域的3位专家，由于不同的专家对于同样的基本事件可能有不同的看法，这就有必要将不同的看法集成在一起。专家看法的集成结果可以通过下式获得：

$$p_j=\sum_{i=1}^{n} w_i \otimes p_{ij} \qquad i=1,\ 2,\ \cdots,\ n;\ j=1,\ 2,\ \cdots,\ m \tag{2}$$

式中，p_i是事件 i 的集成模糊数；w_i是专家 i 的权重；p_{ij}是专家 j 给出事件 i 的模糊数；n 是事件的综述；m 是专家的人数。

模糊数转换为失效概率由两部分组成：模糊数到模糊可能性得分的转换和模糊可能性得分到失效概率的转换。模糊数转换模糊可能性得分的最优方法就是最大最小集方法。使用“*Chen* 最大-最小集成排序法”，最大-最小模糊集定义如下：

$$f_{\max}(x)=\begin{cases}x & 0\leqslant x\leqslant 1\\ 0 & \text{其他}\end{cases} \tag{3}$$

$$f_{\min}(x)=\begin{cases}1-x & 0\leqslant x\leqslant 1\\ 0 & \text{其他}\end{cases} \tag{4}$$

左和右效用得分的相应表达式为：

$$F_{MR}=\sup[f_M(x)\wedge f_{\max}(x)] \tag{5}$$

$$F_{ML}=\sup[f_M(x)\wedge f_{\min}(x)] \tag{6}$$

式中，F_{MR}和 F_{ML}分别代表模糊数 f 的左和右效用得分；公式(5)和(6)中的符号 sup 分别表示模糊数 f_M与 $f_{\max}$(或 $f_{\min}$)图形右(左)侧交点的纵坐标 y 值。

综合上式，得出模糊可能性得分定义见公式(7)：

$$F_M = \frac{F_{MR}+1-F_{ML}}{2} \tag{7}$$

$$F = \begin{cases} \dfrac{1}{10^k} & F_M \neq 0 \\ 0 & F_M = 0 \end{cases} \quad k = \left(\frac{1-F_M}{F_M}\right)^{1/3} \times 2.301 \tag{8}$$

在计算出模糊可能性得分后，根据经验公式就可以计算出失效概率值。这样，通过专家给出的自然语言描述作为模糊数。模糊数是根据相应的 λ 截集运算得出的，以上方法就使自然语言描述转换为实现概率了。

7.2.4 风险矩阵法

风险矩阵法是美国空军电子系统中心的采办工程小组于 1995 年提出的。风险等级可以划分为很低、低、相对低、中等、相对高、高、很高 7 个等级尺度，分别表示为Ⅰ、Ⅱ、Ⅲ、Ⅳ、Ⅴ、Ⅵ、Ⅶ。等级Ⅰ表明管道安全信息流正常，不用监测和采取任何措施；等级Ⅱ表明安全信息有缺失倾向，但可以视情况监测，不用采取措施；等级Ⅲ表明安全信息可能出现缺失现象，需要定期进行监控和维护；等级Ⅳ表明安全信息出现局部缺失，需要采取详细的分析和措施以减少风险状况；等级Ⅴ表明安全信息缺失频率高且范围大，应在未来实施维护项目避免事故发生；等级Ⅵ表明安全信息出现全局性缺失并且出现时空延迟，需要立即加强实时监控，启动二周期性维护策略；等级Ⅶ表明安全信息流失控，时间延迟和空间错位同时发现，管道会持续性泄漏，维护项目必须尽快实施。采取等级确定的信息风险矩阵是 7×7 的，如图 7-2 所示。失效概率划分为 7 个等级。定量失效概率等级标准如表 7-1 所示。

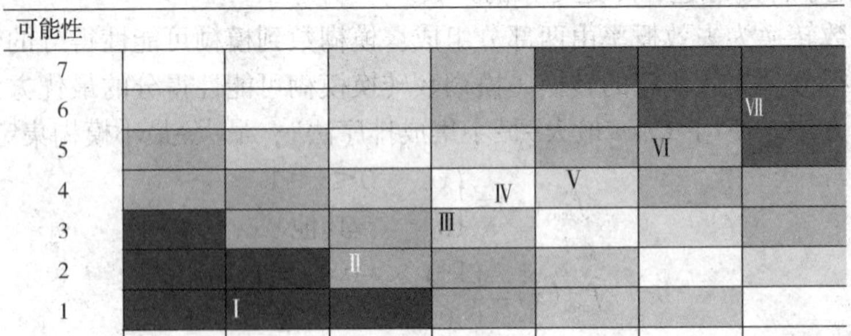

图 7-2　7×7 信息风险矩阵

表 7-1　失效概率定量等级标准

等级	年失效概率		状态描述
	定量准则	定性准则	
1	$<10^{-7}$	无泄漏	几乎没有发生过泄漏
2	$10^{-7}\sim10^{-6}$	泄漏率很低	极少存在超出使用寿命的泄漏
3	$10^{-6}\sim10^{-5}$	泄漏率低	在大量输油管道群可观察到超出使用寿命的泄漏
4	$10^{-5}\sim10^{-4}$	泄漏率中等	输油管道群偶尔观察到部分超出使用寿命的泄漏
5	$10^{-4}\sim10^{-3}$	泄漏率高	在少量输油管道群可观察到超出使用寿命的泄漏
6	$10^{-3}\sim10^{-2}$	泄漏率很高	在大量输油管道部位可观察到泄漏
7	$>10^{-2}$	存在泄漏	在少量输油管道可观察到明显泄漏

7.2.5　风险后果计算

输油管道起火爆炸事故的后果一般可以从人员伤亡、经济损失和环境破坏 3 个方面来考虑。人员伤亡是火灾爆炸事故最重要的后果，不仅涉及企业内部员工的伤害而且要考虑对周边社区的潜在威胁。发生事故时就会对设备造成破坏，不仅是管道而且相邻的装置管线甚至其他单元也会受到破坏，比如：设备报废、非计划停机、停产等，由此带来的直接经济损失和间接经济损失是巨大的，企业也会因此负债或者面临倒闭的情况。环境破坏主要涉及水、土壤和大气的污染，火灾爆炸产生的有毒气体会对空气造成局部持续性污染，随着气流也会扩散。环境污染是大众比较关注的焦点。事故发生的后果可能有其他方面，比如企业违法犯罪、销量骤降等。分析事故后果从最主要的 3 个方面展开讨论，那么在后果评价中应该考虑的基本因素如表 7-2 所示。参照 NASA 的事故后果标准等级标准如表 7-3 所示，事故后果的总损失计算可以参考表 7-4 所示，计算公式定义为：

$$C=\sum_{i=1}^{n}(P_i \cdot H_i+P_i \cdot M_i+P_i \cdot E_i) \tag{9}$$

式中，C 是事故的总损失；i 是事故后果；P_i是后果 i 的概率；H_i是后果 i 的人员伤亡损失；M_i是后果 i 的经济损失；E_i是后果 i 的环境破坏损失。

表 7-2　后果评价中的基本因素

人员伤亡	经济损失	环境破坏
冲击波爆裂	设备等损坏的维修购置费	有毒气体泄漏
残片射击	设备部件安装调试费	烟雾
火焰燃烧	停产经济损失	次生石油等危化品泄漏
高温体灼烫	名誉、社会影响损失	有毒液体土壤渗漏
高压流体冲击	伤亡人员赔偿费	—
间接伤害	原材料重购费	—

表 7-3　后果严重度分级

序号	损失/万美元	等级
1	<0.1	A
2	0.1~1.5	B
3	1.5~15	C
4	15~25	D
5	25~50	E
6	50~100	F
7	>100	G

表 7-4　分支事件总损失计算

事故	出现概率 P	分支事件后果指标			对总后果指标的贡献		
		人员	经济	环境	人员	经济	环境
1	P_1	H_1	M_1	E_1	$P_1\times H_1$	$P_1\times M_1$	$P_1\times E_1$
后果总损失	$P_1\times H_1+P_1\times M_1+P_1\times E_1$						

7.2.6　安全信息基础模型依据

在安全信息一般认知模型基础上构建出具体的安全信息认知模型，试图解释那些经常发生但未引起伤害的事故的机理，以更好地认知无伤害事故的本质，提出控制和杜绝措施，从源头上扼制其发展和伤害。为了构建无伤害事故安全信息认知模型，首先有必要阐明一些相关概念。基于上述描述，可以构建出无伤害事故的安全信息认知模型，模型构建在上文已详细阐述。事故安全信息认知传播图如图 7-3 所示。从图中可以看出，随着层层衰减和缺失，安全信息所带来的事故风险越大，信息的可认知性越弱。越往后，剩余的有效信息越少，掺杂的无效信息越多，信源的安全信息与人认知的安全信息差距越大。

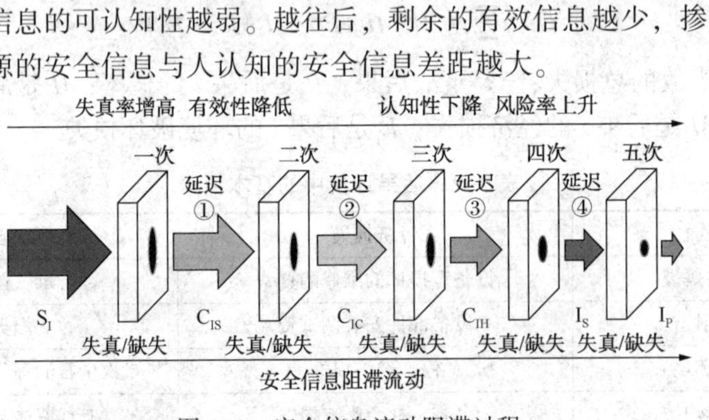

图 7-3　安全信息流动阻滞过程

注：①箭头粗细代表安全信息容量大小；②颜色从左向右渐变代表安全信息纯度降低；③箭头中间隔板代表安全性失真/缺失因素。

本次安全信息模型选取事故安全信息认知模型，通过该模型中的事故致因机理，可以揭示出输油管道事故中的安全信息流动机理，分析事故发生的原因并提出相应的对策措施。安全信息流动阻滞过程是安全信息综合风险评价的核心理论，通过此机理可以确定事故首因和关键环节因素。

7.3 构建输油管道信息风险评价指标体系

7.3.1 管道爆炸事故机理分析

结合上述建立的安全信息流动阻滞过程模型，可以得到中国石化“11・22”东黄输油管道泄漏爆炸事故中的基本安全信息缺失和延迟导致的事故机理。输油管道爆炸事故信息阻滞如图 7-4 所示。通过分析得到事故中的安全信息失真/缺失和时间空间延迟错误信息，如表 7-5 所示。

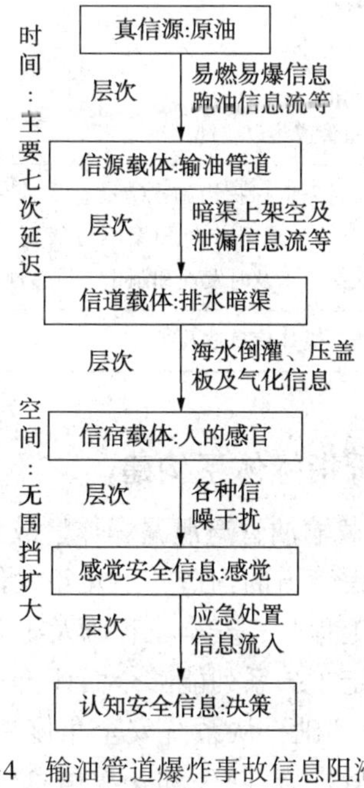

图 7-4　输油管道爆炸事故信息阻滞简图

表 7-5　输油管道爆炸事故信息机理过程

		事故信息 关键机理	信息 缺失/失真
信息失真	层次 1	① 未提示易燃易爆易沸溢危险信息 ② 实时原油蒸气浓度信息无探测 ③ 监控信息单一且无跑油防控信息	信息缺失/失真：原油特性不明 监测参数单一(压力)

续表

		事故信息 关键机理	信息 缺失/失真
信息失真	层次 2	① 管道腐蚀减薄破裂信息； ② 暗渠内环境干湿交替信息	信息缺失/失真：约束变敞流； 液态化气态
	层次 3	① 监控显示情况掩盖真实腐蚀信息； ② 正常检测信息干扰局部判断； ③ 可燃气体信息仅靠嗅觉获取； ④ 明渠改暗渠加盖板，缺失视觉信息； ⑤ 盖板遮挡管道视觉信息	信息缺失/失真：管道腐蚀点信息隐藏； 暗渠无盐雾环境； 蒸气浓度未达下限； 原油排进暗渠信息
	层次 4	① 精神困倦致视感觉刺激迟钝； ② 压力刺激信息的准确性降低； ③ 破碎锤撞击内隐火花信息	信息缺失/失真：泄漏信息灵敏度； 事故响应级别高
	层次 5	① 暗渠形成封闭空间； ② 原油难以汽化； ③ 暗渠比管道安全； ④ 海水稀释原油； ⑤ 防腐处理的管道难以腐蚀	信息缺失/失真：管道腐蚀破裂信息； 爆炸气体信息； 盐雾腐蚀管道等信息； 规范化应急处置信息； 管道保护措施信息
时间延迟	①管道交叉敷设时未及时采取保护措施；②没有及时发现管道腐蚀隐患；③泄漏后没有及时启动应急预案；④未及时提升应急预案响应级别；⑤未及时采取警戒和封路措施；⑥未及时通知和疏散群众；⑦未及时发现和制止人员违规违章操作等问题		
空间错位	管道泄漏区域没有围挡，爆炸信息波及扩大		

7.3.2 安全信息评价指标体系构建

以中国石化“11·22”东黄输油管道泄漏爆炸事故为探究目标，研究输油管道体系的特征和构造，综合考虑管道的构造、近几年设备的典型事故类型、管道泄漏事故资料，以及现场设备工程师、安全工程师及工艺工程师的意见，对相关资料进行了分析整理，最终确定了一系列能够全面评价管道运行风险的指标。此评价体系以 FTA 的基本事件为基础，从系统安全角度考虑选取主要风险因素对管道进行安全评价，从 5 次信息失真/缺失和 4 次信息传播的时间延迟两方面进行建立，以系统思维为框架建立评价体系。管道系统安全信息评价指标体系如图 7-5 所示。

综上所述，该评价指标体系简洁明了，同时全面准确地反映出与管道风险事故相关的因素。由于指标体系采用了相对独立的模块结构，所以实际使用的过程中不仅可以对管道本身风险大小进行评价，还可以对各其他指标系统进行风险评价。

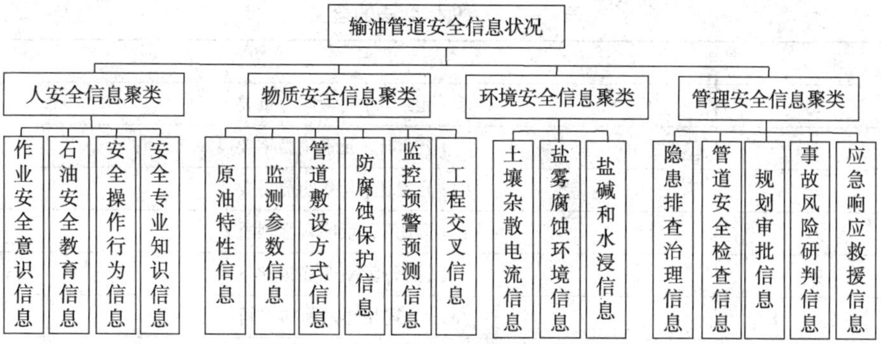

图 7-5　输油管道安全信息指标体系

7.4　基于优序图的信息指标权重计算

7.4.1　权重计算方法选择

1）层次分析法

层次分析法的基本思想是：按照分析目标的性质和评价的总目标，将评估系统中种种作用因子经由合理归类使之条理化；据对客观条件的规律性认知与判断，对每一种条件的权重进行量化显示；深入分析所要研究的评判系统后，将评判系统中所包括的种种因子进行归类，并将其综合成若干层，并且层与层之间的联系能够由相对重要性程度展现。使用条理分析法判定权重系数大致可分 4 步进行：①构建复杂问题的逐次阶梯结构；②构造两两比较的判断矩阵；③通过判别矩阵来计算被对比成分的相对重要性程度；④计算各层元素的组合权重。

构造两两比较的判断矩阵受人主观影响较大，它是熵权-层次分层法中判断矩阵时后续计算的唯一信息来源，它的准确客观直接决定着最终权重计算结果。由两两之间比较判断的方法决定各个成分排序是熵权-层次分层法的特点。调查时需要策划好寄义清晰明了的表格，反复咨询专业人士；针对准则 U，v_i与 v_j哪个相对来说更关键，相差多少，并且按照 1～9 的比例标度对权重赋值。表 7-6 是构造判断矩阵的标度表。

在咨询中容许发生判断的不统一的情况，例如专家做出这样的判别：重要性程度 A>B，B>C，C>A，这称为次序不统一；又比如 A>3B，A>3C，B>5C。

所以说，阶数 n 越大，判决矩阵越不容易通过统一性检测。该方法的最大缺点在于，所有错误的判断必然产生不正确的排列。专家完成表格时的随机性、主观大意和其他影响因子，都可能会使调查表在一致性检验时通不过，而且多次反馈的表也无法确定必然能用，导致工作耗时、耗力，但在复杂指标体系时应用熵权-层次分析法较准确。

表 7-6　1~9 标度法的含义

标度	含　义
1	i 元素与 j 元素同等重要
3	i 元素比 j 元素稍微重要
5	i 元素比 j 元素明显重要
7	i 元素比 j 元素明显强烈重要
9	i 元素比 j 元素明显极端重要
2，4，6，8	表示上述相邻判断的中间值
倒数	$1/\alpha_{ij}$ 表示 j 元素与 i 元素比较的结果，$\alpha_{ij}=1/\alpha_{ij}$

2）优序图法

优序图(Precedence Chart，PC)是美国人穆帝(P. E. Moody)于 1983 年首次提出的。它是用矩阵图示的办法分析各因素对目标的重要程度，为管理决策提供依据。优序图法是通过对多个指标或目标进行两两相对比较，最后给出重要性次序或者优先次序。该方法应用较为简便，既能处理定性问题，又能处理定量问题。优序图法由多个专家对系统指标或者工程方案，针对目的进行两两对比，最终确定系统指标重要程度或者工程方案优劣次序，以便对系统进行评价或者对工程方案决策进行优先排序。

这是一个 $n\times n$ 棋盘式图形，如图 7-6 所示，图的左侧和上部均表示评比目标的称号，图的左侧列和上方列分别是比较者和被比较者。在进行相互比较时，“1”代表“大的”“优的”“重要的”，“0”代表“小的”“劣的”“不重要的”，“0. 5”代表“同等重要的”。根据多位专家比较赋值的不一致性，在构造优序图和计算权重时引入多输入加权优序图，它是简单优序图相应格子上数字进行加法运算得到的，整合后可以算出各个指标的权重。优序图的互补检验很方便，在其判别各成分的好坏或关键性程度的排列时，通过比较对角线两侧对称方格里数字，若两方格里是“1”和“0”，或者均为“0. 5”，则表示数字填写无误，满足互补无须修改。

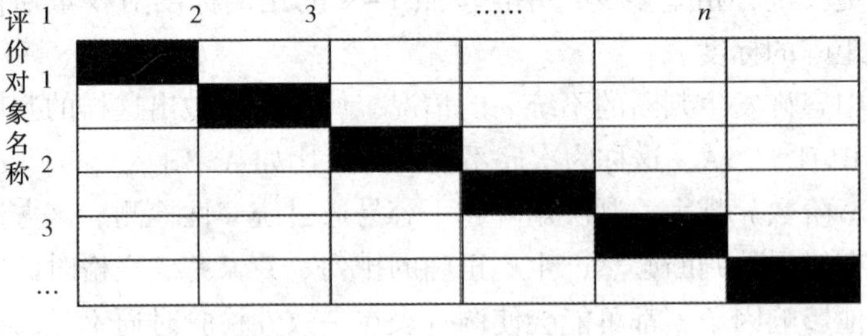

图 7-6　优序图示意模式图

优序图法同样是基于两两相互比较而建立的，表中的数据与初始数据一样，省时，因为图中仅仅包含“1”“0”“0.5”三个具体的数值，并根据数值判断哪个好，并没有对相对的水平进行表述，所以在数据比较多的时候比较适用，在简单指标体系中计算权重时简单准确省时。优序图的权重计算方法是：在求解指标重要性程度时，将优序图中每行数字相加，再分别与和做除法就可以求出每一指标的重要性程度值，其求解方程为：$T=\sum n/n(n-1)m/2$。其中，$\sum n$ 是全部目标的和；n 为被评的目标数；m 为参与评选的权重个数。

鉴于本章研究对象所建立的指标体系设计的指标因素较少，现场可使用简单省时的优序图法，其计算结果也较准确，快捷、方便、省时、省力的特点很适合现场人员掌握使用，故选择优序图法作为实施权重求解的最佳方法。

7.4.2 输油管道安全信息风险评价指标权重计算

根据建立的输油管道的风险评价指标体系，包括人安全信息聚类、物质安全信息聚类、环境安全信息聚类和管理安全信息聚类 4 个准则模块，底层有 18 个指标。综合考虑管道安全信息的风险因素，利用优序图法确定管道风险信息评价体系各指标的权重。以人安全信息聚类为例，按照优序图层次法对其下级指标进行权重计算。优序图法提供了目标重要性程度的简便而高效的计算方式，在构建两两比较矩阵时，通过 40 位专家打分确定各层指标之间的相对重要程度的量化值，“1”“0”和“0.5”分别表示重要、不重要和同等重要。通过优序图构建两两比较矩阵，实施一致性检查并调整归一化后得出判别矩阵，同理也可以构建出准则层 4 个指标的判别矩阵。矩阵构建及重要性程度计算数据如表 7-7 和表 7-8 所示。

表 7-7 优序图构建的判断矩阵

指标	判断矩阵						合计
U_1	■	25.5	18	16			59.5
U_2	14.5	■	24.5	20			59
U_3	22	15.5	■	25.5			63
U_4	24	20	14.5	■			58.5
U_{11}	■	19	26.5	18			63.5
U_{12}	21	■	25.5	12.5			59
U_{13}	13.5	14.5	■	18			46
U_{14}	22	27.5	22	■			71.5
U_{21}	■	34	17	24	28	12.5	115.5
U_{22}	6	■	28.5	2	25	8	69.5
U_{23}	23	11.5	■	17	22	16.5	90

续表

指标	判断矩阵						合计
U_{24}	16	38	23	■	10	29	116
U_{25}	12	15	18	30	■	35	110
U_{26}	27. 5	32	23. 5	11	5	■	99
U_{31}	■	13	37				50
U_{32}	27	■	31. 5				58. 5
U_{33}	3	8. 5	■				11. 5
U_{41}	■	26	16. 5	9. 5	20		72
U_{42}	14	■	28	34	30		106
U_{43}	23. 5	12	■	27	17		79. 5
U_{44}	30. 5	6	13	■	26		75. 5
U_{45}	20	10	23	14	■		67

表 7-8　各指标权重计算结果

目标层	准则层	优序图权重 A_i	指标层	优序图权重 A_{ij}
管道安全信息风险状况 U	人安全信息聚类 U_1	0. 2479	作业安全意识信息 U_{11}	0. 2646
			石油安全教育信息 U_{12}	0. 2458
			安全操作行为信息 U_{13}	0. 1917
			安全专业知识信息 U_{14}	0. 2979
	物质安全信息聚类 U_2	0. 2458	防腐蚀保护信息 U_{21}	0. 1925
			工程交叉信息 U_{22}	0. 1158
			原油特性信息 U_{23}	0. 1500
			监控预警预测信息 U_{24}	0. 1933
			管道参数信息 U_{25}	0. 1833
			管道敷设方式信息 U_{26}	0. 1650
	环境安全信息聚类 U_3	0. 2625	盐碱和水浸信息 U_{31}	0. 4167
			土壤杂散电流信息 U_{32}	0. 4875
			盐雾腐蚀环境信息 U_{33}	0. 0958
	管理安全信息聚类 U_4	0. 2438	事故风险研判信息 U_{41}	0. 1800
			规划审批信息 U_{42}	0. 2650
			隐患排查治理信息 U_{43}	0. 1988
			管道安全检查信息 U_{44}	0. 1888
			应急响应救援信息 U_{45}	0. 1675

优序图法计算的权重适用于结构清楚简单的指标体系，计算的准则层各因素和指标层的权重大小的结果也较准确可靠。准则层和指标层的权重柱状图如图7-7和图7-8所示。

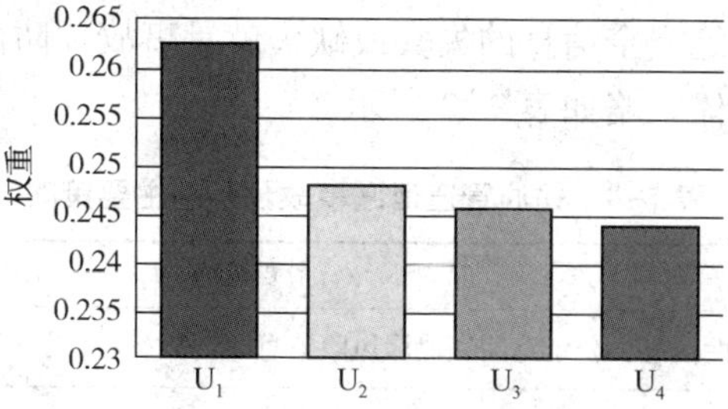

图7-7　准则层权重分布柱状图

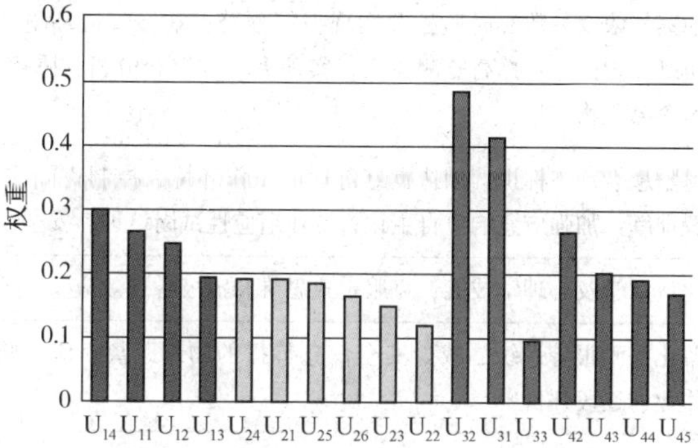

图7-8　指标层权重分布柱状图

由图7-7和图7-8可知，准则层人安全信息聚类和环境安全信息聚类两大类因素占据影响权重高达51%，环境信息层之下的指标层中土壤杂散电流信息占据权重最高是0. 4875，人信息层之下的安全专业知识信息和作业安全意识信息的权重分别是0. 2979和0. 2646。通过对准则层中各个指标的计算可知，人安全信息以及环境安全信息因素变成了影响输油管道安全运行的主要因素，在管道日常运行管理中应对设计及建设阶段的地质环境、投产运行阶段的人员行为信息等提高监控和防范，着力掌握及时、准确、全面的人员信息，加大管道管理、维护和巡检人员的日常培训教育，提高相关人员的安全意识和安全技能，消除人员的不安全行为，从而消除层次4和层次5中出现的安全信息缺失和失真的情况。通过对指标层中各个权重的计算可知，土壤杂散电流信息、盐碱和水浸信息、安全专业知识信息和作业安全意识信息等对整个信息流的影响明显。这也印证了环境和人员信息对管道安全的重要性。由此可知，这些信息的正常掌握是决定管道安全的必要条件，这些信息的缺失也是导致管道泄漏爆炸的决定性因素。

结合筛选出的信息指标和前述安全信息阻滞过程，就可以提出防止安全信息缺失或失真的措施。针对管道泄漏爆炸事故的重点还是在于提高人的自身安全意识，加强对于管道环境的管理和维护，减少不安全状态的出现。人的不安全行为在事故预防中的作用是非常重要的，模型中的 5 层失真和 4 次延迟是引发事故的根本原因。因此，杜绝安全信息的失真或缺失就是事故预防的基本思路。管道泄漏爆炸事故预防的具体策略如表 7-9 所示。

表 7-9　输油管道泄漏事故预防的主要策略

类　型	主要策略
层次 1	原油特性信息；公示跑油和泄漏风险信息
层次 2	管道参数优化；防腐材料随环境更换；消除管道外干湿交替的盐雾环境；原油输送避免凝冻
层次 3	石油蒸气浓度参数实时监控并实现报警预警；掌握管道环境杂散电流分布及强度，制定防腐保护措施；提高监测技术，实现多参数综合分析；隔离盐碱和水浸区域，降低土壤含氯化物容量
层次 4	管道隐患点动态标识；创造良好舒适的工作环境，控制夜间连续作业时长；进行险情处置训练，加强应急响应自主化；专业适应性试岗培训；安全专业知识学习
层次 5	强化认知学及心理学技能；克服定式思维和消极心理效应
时间延迟	密集化监测报警系统，减少安全信息传播的物理距离；应急响应多层级联网联动；分步作业，逐段评价
空间错位	设立围挡建立封闭系统，实现系统的空间独立和物理隔离

7.5　输油管道安全信息综合评价

7.5.1　鱼骨图应用

影响输油管道的风险信息因素有别于暴露在空气中的管道或者储气库，埋在地下的管道会经受自然环境的各种考验，尤其是腐蚀性和地质性是非常不利的因素之一。这部分案例将讨论青岛输油管道爆炸事故的安全信息要素，考虑到特殊环境和复杂情况，就需要利用安全信息的分析方法来避免严重事故发生。图 7-9 所示为青岛“11・22”黄岛输油管爆炸事故案例中受爆炸破坏的输油管道。

选择输油管道泄漏事故作为鱼骨图分析的最终结果，管道泄漏爆炸主要原因是裂纹拓展、应力断裂、外部穿刺和憋压。根据输油管道的基本情况，诸如腐蚀信息、误操作信息、设计缺陷信息、疲劳破坏信息等都是造成管道泄漏的信息因素。通过分析导致泄漏的根本原因，能辨识清楚引起结果事故的信息传播路径，进而采取相应措施较少或消除事故风险。鱼骨图分析一共考虑了 60 个基本事件，如表 7-10 所示，信息因素的鱼骨图如图 7-10 所示。

图 7-9　爆炸事故中受破坏的输油管道

表 7-10　鱼骨图分析基本原因信息

序号	原因描述	序号	原因描述	序号	原因描述	序号	原因描述
X_1	静电装置损坏	X_{16}	未按照规范加工	X_{31}	作业规程形同虚设	X_{46}	恐怖袭击
X_2	接地线损坏	X_{17}	制造流程简陋	X_{32}	操作行为不规范	X_{47}	报复社会
X_3	接地电阻不达标	X_{18}	焊接切割机器落后	X_{33}	检查流于形式	X_{48}	第三方施工
X_4	防腐涂层不导电	X_{19}	预应力集中严重	X_{34}	检查内容不全面	X_{49}	火山爆发
X_5	未设接地装置	X_{20}	检查不全面	X_{35}	心理紧张	X_{50}	山体崩塌
X_6	未设置阴极保护	X_{21}	奖惩力度小	X_{36}	马虎大意	X_{51}	洪水泛滥
X_7	焊接质量差	X_{22}	人员不足	X_{37}	不按照规程调峰配油	X_{52}	地震
X_8	结构不合理	X_{23}	监督无重点	X_{38}	未穿戴防护品作业	X_{53}	滑坡、泥石流
X_9	安装不当	X_{24}	安全检查不力	X_{39}	倒管压力过高	X_{54}	土壤杂散电流
X_{10}	材料选错	X_{25}	巡检维护不全	X_{40}	清管未关阀	X_{55}	罢工游行破坏
X_{11}	冗余量太低	X_{26}	清管倒管操作规程不完善	X_{41}	焊接前吹扫不净	X_{56}	周边设施爆炸
X_{12}	泄压阀失效	X_{27}	特种作业票制度缺失	X_{42}	未执行上锁挂签	X_{57}	缺乏安全意识
X_{13}	检测仪表有误	X_{28}	操作规程不完善	X_{43}	未办理许可证	X_{58}	管道憋压
X_{14}	安防装配不当	X_{29}	缺乏安全专业知识	X_{44}	人员未培训上岗	X_{59}	阀门调控失效
X_{15}	管材加工精度低	X_{30}	无人检查	X_{45}	盐碱高氯水浸	X_{60}	加压装置泄漏爆炸

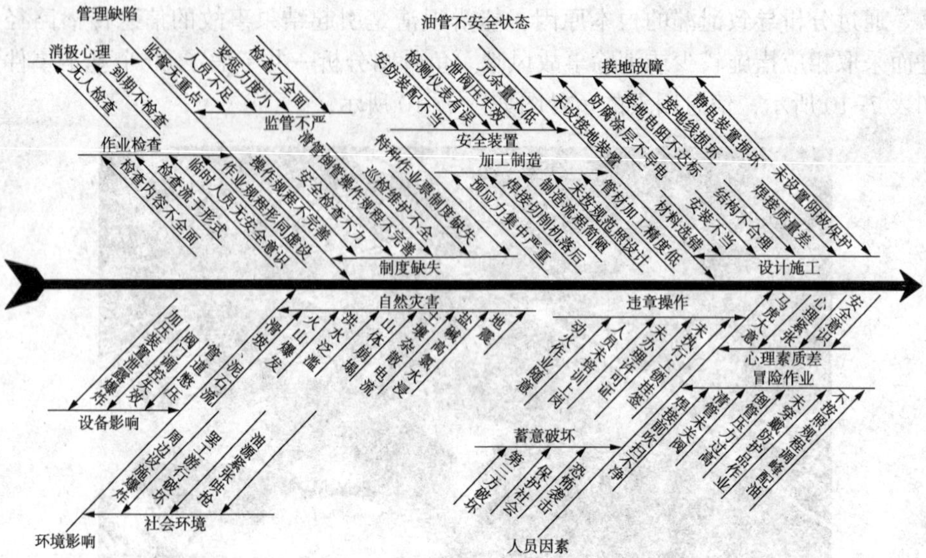

图 7-10　输油管道安全信息因素鱼骨图

7.5.2　泄漏概率及严重度计算

1）泄漏概率

为了避免专家意见存在偏差对结果的影响，应用多专家打分法和层次分析法相结合，通过熵权法修正权系数来确定专家能力权重。根据信息熵的定义，对于某项指标，可以用熵值来判断某个指标的离散程度，其信息熵值越小，指标的离散程度越大，该指标对综合评价的影响(权重)就越大。如果某项指标的值全部相等，则该指标在综合评价中不起作用。因此，熵权法能最大限度地抵消主观因素对结果的偏差，本案例以专家能力建立的指标体系，如图 7-11 所示。

图 7-11　层次分析法的专家权重体系

用 AHP 及熵权修正后得到 3 位专家能力权重为：

$$w=(0.1365,\ 0.3750,\ 0.4885) \tag{10}$$

为了整合专家意见得到综合观点，利用公式(2)计算得出各事件集成模糊数，现以原因事件 X_{20} 为例子来讨论。3 位专家的自然语言描述分别是相对低、中等和高，集成模糊数用下式来描述：

$$f(x)=w_1 \cdot f_{RL}(x)+w_2 \cdot f_M(x)+w_3 \cdot f_H(x) \quad (11)$$

通过计算相应的模糊关系方程定义为：

$$f(x)=\begin{cases} \dfrac{x-0.52}{0.1} & (0.52,\ 0.62) \\ 1 & (0.62,\ 0.63) \\ \dfrac{0.73-x}{0.1} & (0.63,\ 0.73) \\ 0 & (\text{其他}) \end{cases} \quad (12)$$

然后利用公式(5)和公式(6)分别计算左右效用得分：$F_{MR}=0.6636$，$F_{ML}=0.4364$，代入公式(7)计算出 $F_M=0.6136$，最后根据经验公式(8)计算出事件 X_{20} 失效概率 $F=0.010659$。同理，其他事件的失效概率如表 7-11 所示。

表 7-11　原因事件概率

序号	概率	序号	概率	序号	概率	序号	概率
X_1	0.007715	X_{16}	0.008686	X_{31}	0.009213	X_{46}	0.007713
X_2	0.007947	X_{17}	0.009213	X_{32}	0.010858	X_{47}	0.009022
X_3	0.009025	X_{18}	0.006938	X_{33}	0.007713	X_{48}	0.007713
X_4	0.007900	X_{19}	0.009213	X_{34}	0.008946	X_{49}	0.007010
X_5	0.005853	X_{20}	0.005251	X_{35}	0.008686	X_{50}	0.008140
X_6	0.006836	X_{21}	0.006148	X_{36}	0.006834	X_{51}	0.007262
X_7	0.007947	X_{22}	0.007947	X_{37}	0.009213	X_{52}	0.006834
X_8	0.007947	X_{23}	0.006959	X_{38}	0.008190	X_{53}	0.006834
X_9	0.008674	X_{24}	0.007713	X_{39}	0.007944	X_{54}	0.018306
X_{10}	0.006836	X_{25}	0.008949	X_{40}	0.007947	X_{55}	0.008432
X_{11}	0.007045	X_{26}	0.006834	X_{41}	0.006836	X_{56}	0.006834
X_{12}	0.008688	X_{27}	0.008688	X_{42}	0.008949	X_{57}	0.012151
X_{13}	0.007713	X_{28}	0.007445	X_{43}	0.006986	X_{58}	0.007947
X_{14}	0.008946	X_{29}	0.010872	X_{44}	0.006954	X_{59}	0.010340
X_{15}	0.008185	X_{30}	0.008946	X_{45}	0.012264	X_{60}	0.009213

根据事故树定量计算方法，在获得所有原因事件的失效概率后，可以计算出结果事件的发生概率：结果事件管道泄漏的概率为 0.0002365，判断管道泄漏信息风险等级属于 5，此等级的管道泄漏发生率高，在少量管道群可观察到超出使用寿命的泄漏发生。此概率下的管道在日常运行管理过程中，容易因其他要素产生劣化、裂纹、蠕变和开口等故障隐患。由此可得出，该管道的风险信息已经出

现缺失或失真，并且信息缺失风险等级较高。

2）泄漏后果

为了评价泄漏后果，分析了东黄输油管道泄漏事故，事故发生主要由为鱼骨图分析中的 X_7、X_{15}、X_{16}、X_{24}和 X_{30}等事件发生所致，这些原因事件连锁反应使管道发生泄漏爆炸事故。事故造成的总损失（人员、经济和环境）超过 3.0×10^9美元，管道泄漏的概率为 2.365×10^{-4}，代入公式（9）计算得出泄漏事故后果 $C=709500$ 美元，相对应于表 7-3 中的 F 等级水平。

综合上面所讨论的，结果事件管道泄漏的失效概率等级是高水平，因此在 7×7 风险矩阵中泄漏概率的风险等级是 5 级，说明该管道的泄漏率高。泄漏后果等级评定为 F 级，说明泄漏后果损失很高了，结合风险矩阵判断得出管道泄漏风险等级为Ⅵ级，综合风险研判为高风险，表明安全信息出现全局性缺失且出现时空延迟，需要立即加强实时监控启动周期性维护策略。这样就必须立即采取补救措施来减轻或消除管道泄漏风险事故发生。

上述分析计算得出的结果验证了东黄输油管道的实际事故原因，给出的风险信息等级判定出此管道状态为高风险级，分析结果与实际管道事故后果一致。该综合法也对实际事故的追溯和过程控制提供了思路。同时，通过鱼骨图分析可以确定发生概率较高的 5 个信息缺失事件分别为 X_{54}、X_{45}、X_{57}、X_{29}和 X_{32}，说明它们平时在管理中存在诸多较突出的问题，所以必须针对性地合理调油配输、加强工艺管理、落实对施工方的培训和检查制度、对现场作业安全风险信息实施评估及时控制和消除隐患信息。通过定量计算得到的概率较高的 5 个信息分别与上述的管道安全信息评价结果符合，对比事故后的信息缺失种类和事故前的综合信息评价结果，两者的结果互相印证了输油管道的信息缺失与实际相符。

7.5.3 安全信息风险综合评价总结

安全信息认知模型的建立为事故机理给出了新解释，其应用可分为安全信息评价和信息风险评价两个方面。安全信息评价主要目的是根据评价对象建立的信息指标体系，求出各指标权重，从而判断影响对象信息缺失或失真的最明显因素信息。信息风险评价旨在依据定量概率计算的基础，得出导致事故发生的最可能的信息事件集，即风险最大信息事件，为事前预防提出针对性信息管理方案。安全工作的重点就是要极大降低最大风险信息事件的发生概率，从源头上杜绝事故发生的导火索。

安全信息风险综合评价在输油管道的安全管理中扮演着极重要的角色。输油管道的泄漏可能导致灾难性事故和巨大的经济损失，因此，综合安全信息评价和综合信息风险评价法能有助于确定和减少管道的风险信息源并削减风险水平。风险矩阵、鱼骨图和事故树分析法的结合实现了输油管道的综合安全信息评价，结合实例定义了管道风险信息管理的等级。鱼骨图在本章中作为一种定性分析模型；事故树分析在于通过定量计算结果事件发生概率，将一种集成的定量化风险分析方法和后果评价系统引入到鱼骨图和事故树分析中；原因事件概率的定量计算通过模糊理论实现，熵权-层次分析法确定出专家权重后将语言描述转化为失效概率值；后果定量方面由 3 个因素——人员伤亡、财产损失和环境破坏来定义；最后利用改进风险矩阵，结合失效概率等级标准和损失等级标准确定出输油管道泄漏的定量风险等级。

参 考 文 献

[1] Shannon C E. A mathematical theory of communication[J]. The Bell System Technical Journal, 1948, 27(01): 379-423.

[2] 沈昌祥，张焕国，冯登国，等. 信息安全综述[J]. 中国科学(E 辑: 信息科学), 2007, 37(02): 129-150.

[3] Simonet D V, Narayan A, Nelson C A. A Social-Cognitive Moderated Mediated Model of Psychological Safety and Empowerment[J]. Journal of Psychology, 2015, 149(08): 818-845.

[4] Hamdar S H, Mahmassani H S, Treiber M. From behavioral psychology to acceleration modeling: Calibration, validation, and exploration of drivers' cognitive and safety parameters in a risk-taking environment[J]. Transportation Research Part B: Methodological, 2015, 78(01): 32-53.

[5] Mitropoulos P T, Cupido G. The role of production and teamwork practices in construction safety: A cognitive model and an empirical case study[J]. Journal of Safety Research, 2009, 40(04): 265-275.

[6] Anstey K J, Horswill M S, Wood J M, et al. The role of cognitive and visual abilities as predictors in the Multifactorial Model of Driving Safety[J]. Accident Analysis & Prevention, 2012, 45(05): 766-774.

[7] Gore B F. Human performance cognitive-behavioral modeling: a benefit for occupational safety[J]. International Journal of Occupational Safety and Ergonomics, 2002, 08(03): 339-351.

[8] Woodley J, Smith S. Safety behaviors and dysfunctional beliefs about sleep: Testing a cognitive model of the maintenance of insomnia[J]. Journal of Psychosomatic Research, 2006, 60(06): 551-557.

[9] Chang Y, Mosleh A. Cognitive modeling and dynamic probabilistic simulation of operating crew response to complex system accidents[J]. Reliability Engineering and System Safety, 2007, 92(09): 1041-1060.

[10] Huang Y, White C, Xia H. A computational cognitive modeling approach to understand and design mobile crowdsourcing for campus safety reporting[J]. International Journal of Human-Computer Studies, 2017, 102(11): 27-40.

[11] Clarke D M. Cognition and safety: An integrated approach to systems design and assessment[J]. Risk Analysis, 2006, 26(06): 1729-1730.

[12] Li Y, Xia W, Tang H. An Investigation on Urban Office Workers' Cognition on Food Safety when Eating Out[M]. Beijing: Advanced Materials Research, 2013: 1661.

[13] Lee S. Development of Cognition Character Model for Road Safety Facilities on Vertical Alignment Sections[J]. Korean Society of Transportation, 2005, 23(03): 73-84.

[14] Linda D, George B. Exploring effectiveness of safety information for workplace visitors[J]. Safety Science, 2016, 88(08): 224-231.

[15] Keller B M, Cunningham T R. Firefighters as distributors of workplace safety and health information to small businesses[J]. Safety Science, 2016, 87(01): 87-91.

[16] Kamalou S, Shaughnessy K, Moscovitch D. Does Level of Safety Matter? Online vs. Offline Safety Behaviours in Social Anxiety[J]. Personality and Individual Differences, 2016, 101(01): 487-487.

[17] Huh K. An analysis of consumers' perceptions and behaviors for consumer safety of products and suggestions for improving consumer safety of products by economic agencies: focused on information, education, and policy for safety[J]. Consumer Policy and Education Review, 2011, 7(03): 101-121.

[18] Huh K. Direction of government's effective safety information policy to obtain consumer safety: focused on consumer's safety information behavior and reviewing safety information system in foreign country[J]. Journal of consumer policy studies, 2014, 45(03): 55-79.

[19] Lee S S. Safety-Oriented Consumer Behavior Associated with Safety Information Search[J]. Family and Environment Research, 2012, 50(05): 101-113.

[20] Gangemi A, Mancini F, Marcel V H. Behavior as information: "If I avoid, then there must be a danger"[J]. Journal of Behavior Therapy and Experimental Psychiatry, 2012, 43(04): 1032-1038.

[21] Nwagwu W E, Igwe E G. Safety Information-Seeking Behavior of Artisanal and Small-Scale Miners in Selected Locations in Nigeria[J]. Libri, 2015, 65(01): 71-90.

[22] Andrew T, Vasconcelos A C, David E. An investigation into the impact of information behavior on information failure: The Fukushima Daiichi nuclear power disaster[J]. International Journal of Information Management, 2015, 35(01): 57-63.

[23] Abigail K, Bell K P, Noblet C L. An Economic Analysis of Coastal Beach Safety Information-Seeking Behavior[J]. Agricultural and Resource Economics Review, 2017, 46(02): 365-387.

[24] Van B M E, Beirens T M J, Struijk M K. 'BeSAFE', effect-evaluation of internet-based, tailored safety information combined with personal counselling on parents' child safety behaviors: study design of a randomized controlled trial[J]. BMC public health, 2010, 10(01): 466.

[25] Von T T L. Distributed information behavior: A study of dynamic practice in a safety critical environment[J]. Journal of the American Society for Information Science and Technology, 2008, 59(10): 1555-1569.

[26] Marcel V H, Amelia G, Francesco M. Behavior as information about threat in anxiety disorders: A comparison of patients with anxiety disorders and non-anxious controls[J]. Journal of Behavior Therapy and Experimental Psychiatry, 2014, 45(04): 489-495.

[27] Conchie S M, Calvin B. Improving occupational safety: using a trusted information source to communicate about risk[J]. Journal of Risk Research, 2009, 12(01): 13-25.

[28] Wim V, Frewer L J, Joachim S. Why consumers behave as they do with respect to food safety and risk information[J]. Analytica Chimica ACTA, 2007, 586(01): 2-7.

[29] 김민정, 정희진. A Case Study on Safety Information Design for Safety Education of Youth[J]. Journal of the Korean Society of Design Culture, 2015, 21(03): 91-101.

[30] Lu S, Yang Z, Chengwu Jiao, et al. Traffic safety based on In-Vehicle Information System

[M]. Progress in safety science and technology series, 2006: 2027-2031.
[31] Fleischer A, Tchetchik A, Toledo T. Does it pay to reveal safety information? The effect of safety information on flight choice[J]. Transportation Research Part C: Emerging Technologies, 2015, 56(01): 210-220.
[32] GB/T 13745—2009, 中华人民共和国学科分类与代码[S].
[33] 张勇, 朱鹏. 安全信息工程的体系结构研究[J]. 中国安全生产科学技术, 2012, 08(01): 168-172.
[34] 刘嘉琴. 安全信息促进企业安全生产[J]. 川化, 2001, 11(03): 9-14.
[35] 杜学胜, 王恩元, 何学秋, 等. 安全信息有效沟通在增强企业安全文化中的作用[J]. 中国安全科学学报, 2009, 19(02): 78-84.
[36] 黄仁东, 刘倩倩, 吴超, 等. 安全信息学的核心原理研究[J]. 世界科技研究与发展, 2015, 37(06): 646-649.
[37] 赵潮锋, 周西华. 安全信息缺失事故致因理论的初步研究[J]. 世界科技研究与发展, 2012, 34(01): 6-9.
[38] 杨秀军. 浅谈安全信息的收集和隐患排查[J]. 煤矿安全, 2003, 34(07): 55-57.
[39] 李子建. 运用安全信息进行安全管理[J]. 河南冶金, 2004, 12(04): 51-53.
[40] 毕远志, 姜晨光, 孙若昕, 等. 建筑施工现场安全信息定置管理技术研究[J]. 中国安全生产科学技术, 2010, 06(05): 118-123.
[41] 史亚杰, 陈艳秋. 航空安全信息管理的问题与对策[J]. 中国安全生产科学技术, 2010, 06(03): 116-120.
[42] 胡炎, 谢小荣, 韩英铎, 等. 电力信息系统安全体系设计方法综述[J]. 电网技术, 2005, 29(01): 35-39.
[43] 韩杨, 曹斌, 陈建先, 等. 中国消费者对食品质量安全信息需求差异分析——来自1573个消费者的数据检验[J]. 中国软科学, 2014, 15(02): 32-45.
[44] 蔡善柱, 陆林. 黄山市旅游安全信息管理: 体系构建、问题与对策[J]. 安徽师范大学学报(自然科学版), 2012, 35(06): 583-588.
[45] 田锐, 刘俊, 贺义勇. 铁路行车安全信息系统设计探讨[J]. 铁道运输与经济, 2015, 37(05): 32-37.
[46] 李明. 大数据技术与公共安全信息共享能力[J]. 电子政务, 2014, 30(06): 10-19.
[47] 胡振中, 张建平, 张旭磊. 基于4D施工安全信息模型的建筑施工支撑体系安全分析方法[J]. 工程力学, 2010, 27(12): 192-200.
[48] 郝军, 田辛玲. 高校安全信息管理机制及对策研究[J]. 情报科学, 2013, 31(11): 39-41.
[49] 齐晓云, 刘玲莉, 包随义. 民航安全信息管理能力评价体系研究[J]. 安全与环境学报, 2017, 17(02): 565-572.
[50] 欧三任. 我国公共安全信息服务的问题与对策[J]. 重庆邮电大学学报(社会科学版), 2012, 24(05): 126-132.
[51] 肖玉蓉. 茶叶质量安全信息不对称与消费者行为分析[J]. 武夷学院学报, 2011, 30(02): 11-15.

[52] 刘全，苏振民，朱素业. 建筑施工项目安全监控信息协同系统构建[J]. 土木工程与管理学报，2016，33(05)：115-121.
[53] 王延明，许宁. 高校信息安全风险分析与保障策略研究[J]. 情报科学，2014，32(10)：134-138.
[54] 赵巧妮，熊俊皓. 刍议航空安全信息管理的问题与措施[J]. 通讯世界，2014，20(06)：96-97.
[55] 李辉，张京平. 物流安全信息系统体系研究[J]. 物流技术，2010，29(12)：132-134.
[56] 古川，安玉发. 食品安全信息披露的博弈分析[J]. 经济与管理研究，2012，33(01)：38-45.
[57] 张秀丽. 食品安全信息传播中政府舆情引导及媒体责任[J]. 食品与机械，2014，30(04)：271-273+280.
[58] 方婷，李欲晓. 安全与隐私：美国网络安全信息共享的立法博弈分析[J]. 西安交通大学学报(社会科学版)，2016，36(01)：69-76.
[59] 闵艳. 论我国食品安全信息披露制度[J]. 安徽农业大学学报(社会科学版)，2013，22(04)：28-33.
[60] 陈素云. 公司治理、股权性质与食品安全信息披露[J]. 中国农村经济，2017，33(03)：86-96.
[61] 孙奕捷. 航空公司安全信息管理水平评价方法研究[J]. 安全与环境学报，2015，15(06)：165-170.
[62] 周艳芳，李为为，杨淑贤. 交通运输行业网络与信息安全信息通报机制研究[J]. 信息网络安全，2015，15(12)：72-77.
[63] 马琳茹，杨林，王建新. 多源异构安全信息融合关联技术研究[J]. 系统仿真学报，2008，20(04)：981-985+989.
[64] 李瑾，杨利琼，秦向阳，等. 信息不对称与食品安全监管策略分析[J]. 湖北农业科学，2010，49(09)：2296-2300.
[65] 邓玉，李祥洲. 农产品质量安全信息预警机制构建研究[J]. 中国食物与营养，2014，20(12)：5-9.
[66] 赵怀全. 我国药品安全信息的管理与交流探讨[J]. 中国药房，2012，23(33)：3078-3080.
[67] 夏冰. 质量安全信息扩散模型研究[J]. 科技管理研究，2015，35(09)：149-153.
[68] 乌家培，谢康，王明明. 信息经济学[M]. 北京：高等教育出版社，2002：17-19.
[69] 邬焜. 哲学信息的态[J]. 潜科学，1984，3(03)：2-11.
[70] 邬焜. 物质思维·能量思维·信息思维——人类科学思维方式的三次大飞跃[J]. 学术界，2002，17(02)：60-91.
[71] 张永健. 安全信息管理技术的研究与开发[J]. 安全，1999，6(02)：4-9.
[72] 李琳琳，巩慧芳. 信息化时代企业管理的创新思考[J]. 企业改革与管理，2016，23(01)：55-56+11.
[73] 罗云，程五一. 现代安全原理[M]. 北京：化学工业出版社，2004.
[74] 李思贤，吴超，王秉. 多级安全信息不对称所致事故模式研究[J]. 中国安全科学学报，

2017，27(07)：18-23.
[75] 王秉，吴超，黄浪. 基于安全信息处理与事件链原理的系统安全行为模型[J]. 情报杂志，2017，36(09)：119-126.
[76] 李仪欢，陈国华. 安全管理信息系统学的创建、内涵与外延[J]. 中国安全科学学报，2007，17(06)：129-134+177.
[77] 王起全. 企业安全生产信息管理系统构建研究[J]. 中国安全科学学报，2010，20(05)：109-113.
[78] 罗通元，吴超. 安全信息学的方法论研究[J]. 中国安全生产科学技术，2017，13(11)：5-10.
[79] 王秉，吴超. 安全信息视阈下的系统安全学研究论纲[J]. 情报杂志，2017，36(10)：48-55+35.
[80] 罗通元，吴超. SIC 思维下的事故致因模型构建与实证分析[J]. 中国安全科学学报，2017，27(10)：1-6.
[81] 王秉，吴超. 安全信息-安全行为(SI-SB)系统安全模型的构造与演绎[J]. 情报杂志，2017，36(11)：41-49+98.
[82] 吴超. 安全信息认知通用模型构建及其启示[J]. 中国安全生产科学技术，2017，13(03)：5-11.
[83] 吴超. 安全科学学的初步研究[J]. 中国安全科学学报，2007，17(11)：5-15.
[84] 李杰. 安全科学研究主题结构及前沿分析[图][EB/OL]. 科学网. http：//blog. sciencenet. cn/blog-554179-1033450. html[2017-02-13].
[85] Drupsteen L，Boustras G. Exploring effectiveness of safety information for workplace visitors[J]. Safety Science，2016，88(Supplement C)：224-231.
[86] Menges G. Heidelberger Jahrbücher XVIII：Laudatio auf Jacob Marschak[M]. Berlin Heidelberg：Springer Group，1973：12-13.
[87] 钟义信. 信息科学原理[M]. 5 版. 北京：北京邮电大学出版社，2013.
[88] 昝廷全. 论传播的分类及其数学模型[J]. 中国传媒大学学报(自然科学版)，2006，13(02)：7-10.
[89] 刘俭云. 对香农定理与传播学理论构建关联的再讨论[J]. 电化教育研究，2009，29(05)：30-33.
[90] 陆小华. 传播模式的变化与趋势(续)[J]. 新闻战线，2010，54(06)：8-11.
[91] 解红涛，张丽娜. 香农-施拉姆模式的改进及应用研究[J]. 西南民族大学学报(自然科学版)，2011，37(01)：136-139.
[92] 杨同华. 基于香农-韦弗传播模式的企业内知识转移影响因素分析[J]. 商业时代，2013，31(34)：74-75.
[93] 郑燕林，马诗婧，刘爽. SMCR 模式视角下 MOOC 建设的路径选择[J]. 中国电化教育，2014，10(10)：36-41+64.
[94] 吴超，杨冕. 安全科学原理及其结构体系研究[J]. 中国安全科学学报，2012，22(11)：3-10.
[95] 刘浪，程运材，陈建宏，等. 现代企业安全管理信息系统的构建[J]. 中国安全科学学

报，2008，18(03)：133-137+176.
[96] 俞雁苹，谢贤平，邢冀. 企业安全生产管理信息系统需求分析[J]. 采矿技术，2008，8(04)：124-126+128.
[97] 贾楠，吴超. 安全相似系统学[M]. 北京：化学工业出版社，2018.
[98] 周守仁. 前沿科学方法论与创新思维[J]. 江苏科技大学学报(社会科学版)，2004，04(04)：1-7.
[99] 张明剑. 煤矿安全生产闭环管理技术研究与应用[J]. 煤炭科学技术，2011，39(10)：58-61+64.
[100] 陈晓鹿. 闭环管理模式与行动的协调一致[J]. 安徽冶金科技职业学院学报，2013，23(01)：69-71.
[101] 罗云. 安全文化的基石——安全原理[J]. 科技潮，1998(03)：60.
[102] 隋鹏程. 安全信息原理[J]. 现代职业安全，2006(07)：97-99.
[103] 百度百科. 信息传递方式. [OL/D]. https：//zhidao. baidu. com/question/91472692. html，2020. 0531. 2020-06-22.
[104] 中国社会科学院语言研究新词典编辑室. 现代汉语词典[M]. 北京：商务印书馆出版，1983.
[105] 陈寿灿. 方法论导论[M]. 大连：东北财经大学出版社，2007.
[106] 袁运开，陈其荣，缪克成，朱长超. 方法科学手册(交叉学科手册丛书)[M]. 上海：上海科学技术出版社，1989.
[107] 徐德蜀，邱成. 安全文化通论[M]. 北京：化学工业出版社，2004.
[108] 刘潜. 安全科学和安全学科的创立与实践[M]. 北京：化学工业出版社，2010.
[109] 吴超. 安全科学方法学[M]. 北京：中国劳动社会保障出版社，2011.
[110] Rasmussen J. Information Processing and Human[M]. North-Holland，Amsterdam：Machine Interaction，1986.
[111] 黄浪，吴超. 风险感知偏差机理概念模型构建研究[J]. 自然灾害学报，2017，26(01)：60-66.
[112] Ackoff R L. From data to wisdom[J]. Journal of Applied Systems Analysis，1989，15(06)：3-9.
[113] 于景元，周晓纪. 系统科学与系统工程的发展[J]. 复杂系统与复杂性科学，2004，01(03)：4-9.
[114] 赵璟玲，罗斯达，宫运华，等. 贮罐类重大危险源三维风险分级模型研究[J]. 中国安全科学学报，2015，25(02)：135-140.
[115] 王令训. 论事物的多维属性[J]. 怀化学院学报，2011，30(10)：35-36.
[116] Shelah S. Multi - dimensionality [J]. Israel Journal of Mathematics，1991，74(02)：281-288.
[117] Bécavin C，Benecke A. New dimensionality reduction methods for the representation of high dimensional ‘omics’ data[J]. Expert Review of Molecular Diagnostics，2011，11(01)：27-34.
[118] 方来华. 安全系统的功能安全的发展及实施建议[J]. 中国安全生产科学技术，2012，

08(09): 85-90.
[119] 王峥. 认知因素在言语理解中的作用[D]. 东北林业大学, 2005.
[120] 刘潜. 从劳动保护工作到安全科学(初稿)之二——有关创建安全科学的问题[J]. 劳动保护, 1988, 10(06): 21-23.
[121] 吴超, 易灿南, 胡鸿. 比较安全学的创立及其框架的构建研究[J]. 中国安全科学学报, 2009, 19(06): 17-28.
[122] 叶青. 现代城市规划与城市设计方法论的演变[D]. 同济大学, 2007.
[123] 曹莹莹, 吴超. 比较安全学的方法论研究[J]. 中国安全科学学报, 2013, 23(05): 3-9.
[124] 冯增俊, 陈时见, 项贤明. 当代比较教育学[M]. 北京: 人民教育出版社, 2008: 71-99.
[125] 肖峰. 信息方法与方法论信息主义[J]. 中国人民大学学报, 2009, 23(06): 62-69.
[126] 迪莉娅. 西方信息行为认知方法研究[J]. 中国图书馆学报, 2011, 37(02): 97-104.
[127] 胡双启. 安全科学研究方法论[J]. 中国安全科学学报, 2003, 13(09): 4-7+1.
[128] 吴超, 黄浪, 王秉. 新创理论安全模型[M]. 北京: 机械工业出版社, 2018.
[129] 万资姿, 王虎学. 从"物质能量型"到"信息符号型"——论人类文化创造模式的符号化转换[J]. 新疆社会科学, 2009, 18(01): 83-86+130.
[130] 刘晓松, 郭玲玲. 基于管理因素的企业信息安全事故分析[J]. 企业经济, 2013, 32(01): 55-58.
[131] Van Niekerk J F, Von Solms R. Information security culture: A management perspective[J]. Computers & Security, 2010, 29(04): 476-486.
[132] Debi A. Information security management: A human challenge[J]. Information Security Technical Report, 2008, 13(01): 195-201.
[133] Underwood P, Waterson P. Systemic accident analysis: Examining the gap between research and practice[J]. Accident Analysis & Prevention, 2013, 55(Supplement C): 154-164.
[134] Bellamy L J, Geyer T A W, Wilkinson J. Development of a functional model which integrates human factors, safety management systems and wider organisational issues[J]. Safety Science, 2008, 46(03): 461-492.
[135] Hovden J, Albrechtsen E, Herrera I A. Is there a need for new theories, models and approaches to occupational accident prevention? [J]. Safety Science, 2010, 48(08): 950-956.
[136] 邹铁方, 余志, 蔡铭, 等. 基于Pc-Crash的车-人事故再现[J]. 振动与冲击, 2011, 30(03): 215-219.
[137] Leveson N. A new accident model for engineering safer systems[J]. Safety Science, 2004, 42(04): 237-270.
[138] John R A. Cognitive Psychology and It's Implications(seventh edition)[M]. Beijing: People's Posts and Telecommunications Press, 2016: 9-10.
[139] 箱田裕司. 认知心理学[M]. 上海: 华东师范大学出版社, 2013.
[140] 罗春红, 谢贤平. 事故致因理论的比较分析[J]. 中国安全生产科学技术, 2007, 03

(05)：111-115.
[141] 牛聚粉. 事故致因理论综述[J]. 工业安全与环保，2012，38(09)：45-48.
[142] 吴顺利. 不可忽视无伤害事故[J]. 煤矿安全，1993，10(02)：46.
[143] 朱建军. 对未遂事故的分析与管理[J]. 煤炭工程，2005，08(11)：85-86.
[144] 石建松，吴雨佳. 对轻微伤害及无伤害事件管理的探讨[J]. 内蒙古煤炭经济，2012，12(06)：23-24.
[145] Swuste P，van Gulijk C，Zwaard W. Safety metaphors and theories，a review of the occupational safety literature of the US，UK and The Netherlands，till the first part of the 20th century[J]. Safety Science，2010，48(08)：1000-1018.
[146] 邹铁方，余志，蔡铭，等. 基于Pc-Crash的车-人事故再现[J]. 振动与冲击，2011，30(03)：215-219.
[147] Hughes B P，Newstead S，Anund A，et al. A review of models relevant to road safety[J]. Accident Analysis & Prevention，2015，74(Supplement C)：250-270.
[148] 黄浪，吴超，贾楠. 安全理论模型构建的方法论研究[J]. 中国安全科学学报，2016，26(12)：1-6.
[149] 国家安全监管总局出台关于推动安全生产科技创新的若干意见[J]. 中国安全生产科学技术，2016，12(11)：23.
[150] 谢伟，黄璜，沈建凯. 植物水肥耦合研究进展[J]. 作物研究，2007，(S1)：541-546.
[151] 诸凯，王雅博，安娜，等. 肾器官冷灌注过程中的热结构耦合模拟[J]. 工程热物理学报，2014，35(05)：956-959.
[152] 曹霞，陈云香，崔雷. 基于Sci~2的国外医学信息学文献引文耦合分析[J]. 医学信息学杂志，2015，36(02)：45-50.
[153] 胡甚平，黎法明，席永涛，等. 海上交通系统风险成因耦合机理仿真[J]. 应用基础与工程科学学报，2015，23(02)：409-419.
[154] 徐新河，刘鹰，甘月红，等. 磁电耦合超材料本构矩阵获取方法的研究[J]. 物理学报，2015，64(04)：116-122.
[155] 周印佳，孟松鹤，解维华，等. 高温氧化对超高温陶瓷材料耦合传热的影响[J]. 复合材料学报，2016，33(05)：1079-1086.
[156] 王玉梅. 企业技术创新动态发展过程中知识管理与人才管理耦合演化过程分析[J]. 情报理论与实践，2011，34(06)：35-39+11.
[157] 葛宝山，高洋，杜小民. 公司创业下的机会开发与战略管理耦合研究[J]. 科学学与科学技术管理，2013，34(02)：103-111.
[158] 冯显富，王艳，张科宇，等. 火灾爆炸事故多米诺效应耦合模型研究[J]. 中国安全生产科学技术，2013，09(03)：51-55.
[159] 吴贤国，吴克宝，沈梅芳，等. 基于N-K模型的地铁施工安全风险耦合研究[J]. 中国安全科学学报，2016，26(04)：96-101.
[160] 何刚，朱艳娜，张贵生，等. 基于SEM的煤矿员工安全风险成因耦合模型[J]. 矿业安全与环保，2016，43(06)：103-106+111.
[161] 冯显富，王艳，张科宇，等. 火灾爆炸事故多米诺效应耦合模型研究[J]. 中国安全生

产科学技术，2013，09(03)：51-55.
[162] 吴国斌，王超. 重大突发事件扩散的微观机理研究[J]. 软科学，2005，12(06)：4-7.
[163] 夏喆，邓明然，黄洁莉. 企业风险传导进程中的耦合性态分析[J]. 上海管理科学，2007，28(01)：4-6.
[164] 郝晓东. 安全管理信息系统的构建及相关问题探讨[D]. 中北大学，2006.
[165] 李增波. 浅析安全生产信息传播理论的宣传效果——以新《安全生产法》宣传效果为例[J]. 中国安全生产，2016，11(11)：30-32.
[166] 王秉，吴超. 安全信息供给：解决安全信息缺失的关键[J]. 情报杂志，2018，37(05)：146-153.
[167] 吴维，陈杏梅，刘福娟. 安全生产管理地理信息系统的研究与应用[J]. 电子技术与软件工程，2018，12(20)：175+224.
[168] 徐东超. 企业安全生产管理信息系统的建设思路[J]. 安全，2018，39(06)：48-50.
[169] 郝晓东. 应急决策论[D]. 中北大学，2006.
[170] 孙元明. 国内城市突发事件应急联动机制与平台建设研究[J]. 重庆邮电大学学报(社会科学版)，2007，23(01)：59-65.
[171] 周爱保，何立国. 重大突发事件的心理影响机制及个体的应对策略[J]. 河西学院学报，2005，12(01)：106-109.
[172] 王秉，吴超. 安全信息行为元模型[J]. 情报理论与实践，2018，41(01)：43-49.
[173] 王少康，孙桂菊，陈国威，等. 超市食品从业人员食品安全宣教效果评价[J]. 现代预防医学，2007，03(03)：429-431.
[174] 张余，罗俊仪，王长君，等. 基于模糊评判的交通安全宣传效果评价模型[J]. 交通运输系统工程与信息，2007，07(02)：119-123.
[175] 黄玥，田明胜，王淑珍，等. 上海市某连锁超市食品从业人员食品安全宣教效果评价[J]. 中国食物与营养，2009，05(05)：61-64.
[176] 刘隆，孟波，王雷，等. 道化学安全评价法在 LNG 储罐安全评价中的应用研究[J]. 中国安全生产科学技术，2014，10(09)：192-196.
[177] 百度百科. 风险. [DB \ OL]. https：//baike. so. com/doc/1002008-1059378. html，2020. 06. 26.
[178] 刘燕. 风险管理及其模型[M]. 郑州：郑州大学出版社，2015.
[179] 中国质量协会. QC 小组基础材料[M]. 北京：中国社会出版社，2004.
[180] 罗宜美，黄胜延，曹式有. 改进鱼骨图在生产管理中的应用[J]. 工业工程，2007，08(02)：138-141.
[181] 邓小文，陈庆辉，蒋东翔. 鱼刺图分析法在汽轮机超速事故预防中的应用[J]. 广东电力，2013，26(02)：73-77.
[182] 赵煜晖，乔蓓，徐俊，等. 基于鱼骨图分析的城市燃气运营风险要因剖析[J]. 石油与天然气化工，2015，44(04)：119-124.
[183] 刘永清，鲁守荣，岳睿. 鱼骨图分析法在基于问题教学中的应用[J]. 中国教育技术装备，2016，10(10)：77-79.
[184] Rny Rothwell. successful induslrial innovation：Critical Factors for the 1990s[J]. R&D

management, 1992.
[185] 甲斐章人. 图解生产管理实务[M]吕山海，译. 台北：书泉出版社，1989.
[186] 王楷. 基于事故树分析的压力管道风险评价方法研[D]. 武汉：武汉理工大学，2009.
[187] 郝彩霞，许彦，龚声武. 事故树分析法在LPG储罐火灾爆炸事故中的应用[J]. 中国安全生产科学技术，2012，08(08)：154-159.
[188] 杨纶标，高英仪，林卫星. 模糊数学原理及应用[M]. 5版. 广州：华南理工大学出版社，2011.
[189] Wang D，Zhang P，Chen L. Fuzzy fault tree analysis for fire and explosion of crude oil tanks [J]. Journal of Loss Prevention in the Process Industries，2013，26(06)：1390-1398.
[190] Chen S J，Hwang C N. Fuzzy Multiple Attribute Decision Making. [M] Methods and Applications 1991.
[191] Onisawa T. An application of fuzzy concepts to modelling of reliability analysis[J]. Fuzzy Sets and Systems，1990，37(03)：267-286.
[192] 朱启超，匡兴华，沈永平. 风险矩阵方法与应用述评[J]. 中国工程科学，2003，05(01)：89-94.
[193] 陈志敏. 高技术计划项目的风险评价系[J]. 西安交通大学学报(社会科学版)，2008，28(03)：49-52.
[194] 陈健，李忠民，汤淑春，等. 基于改进风险矩阵方法的武器装备采办风险评估[J]. 系统工程与电子技术，2008，30(10)：1918-1923.
[195] 翁永基. 油气管道泄漏事故的定量风险评价[J]. 石油学报，2004，25(05)：108-112.
[196] Kim D R. The Effect of Fishbone Diagram-used Inquiry Instructions on Middle School Students' Academic Achievements and Attitudes toward Science Writing[J]. Biology Education，2014，42(02)：178-193.
[197] 李洪兴，汪培庄. 模糊数学[M]. 北京：国防工业出版社，1994.
[198] 许国志，顾基发，车宏安. 系统科学[M]. 上海：上海科技教育出版社，2000.
[199] 夏萍，汪凯，李宁秀，等. 层次分析法中求权重的一种改进[J]. 中国卫生统计，2011，28(02)：151-154+157.
[200] 郭立，刘颖果. 多输入加权优序图法在工程项目风险分析中的应用[J]. 职业时空，2007，11(11)：22.
[201] 周辉仁，郑丕谔，张扬，等. 基于熵权法的群决策模糊综合评价[J]. 统计与决策，2008，08(08)：34-36.
[202] 丰朴春，陈大勇，杨蕾馨. 优序图法在投标项目选择中的应用研究[J]. 价值工程，2011，30(28)：62-63.
[203] 王清源，潘旭海. 熵权法在重大危险源应急救援评估中的应用[J]. 南京工业大学学报(自然科学版)，2011，33(03)：87-92.
[204] 邹志红，孙靖南，任广平. 模糊评价因子的熵权法赋权及其在水质评价中的应用[J]. 环境科学学报，2005，25(04)：552-556.
[205] 付海波，孔锐. 基于熵权法的矿产资源竞争力比较评价[J]. 资源与产业，2010，12(03)：66-70.

附录　术语缩写列表

缩写	全　称	中文对照
AHP	Analytical Hierarchy Process	层次分析法
AM	Accident Mechanism	事故机理
ASIM	Accident Safety Information Model	事故安全信息模型
CSIM	Coupling Safety Information Model	安全信息耦合模型
FD	Fishbone Diagram	鱼骨图
FTA	Fault Tree Analysis	事故树分析
IOP	In-Out Processing	由内而外加工
OIP	Out-In Processing	由外而内加工
PC	Precedence Chart	优序图
SI	Safety Information	安全信息
SIC	Safety Information Cognition	安全信息认知
SICM	Safety Information Cognitive Model	安全信息认知模型
SIM	Safety Informatics Methodology	安全信息学方法论
SIP	Safety Informatics Principle	安全信息学原理
SIS	Safety Information Science	安全信息科学